Media
TECHNOLOGY
传媒典藏

音频技术与录音艺术译丛

录音师
实战技巧（第4版）

RECORDING TIPS FOR
ENGINEERS 4TH EDITION

[加] 蒂姆·克里奇 (Tim Crich) ◎著

刘心睿 赵颖◎译　李大康◎审

U0265054

人民邮电出版社
北　京

图书在版编目（ＣＩＰ）数据

录音师实战技巧：第4版 / （加）蒂姆·克里奇
(Tim Crich) 著；刘心睿，赵颖译. -- 北京：人民邮
电出版社，2022.4
（音频技术与录音艺术译丛）
ISBN 978-7-115-58543-1

Ⅰ．①录… Ⅱ．①蒂… ②刘… ③赵… Ⅲ．①录音一
基本知识 Ⅳ．①TN912.12

中国版本图书馆CIP数据核字(2022)第034628号

版权声明

♦ 著　　　[加]蒂姆·克里奇（Tim Crich）
　　译　　　刘心睿　赵　颖
　　责任编辑　黄汉兵
　　责任印制　马振武
♦ 人民邮电出版社出版发行　　北京市丰台区成寿寺路 11 号
　　邮编　100164　电子邮件　315@ptpress.com.cn
　　网址　https://www.ptpress.com.cn
　　大厂回族自治县聚鑫印刷有限责任公司印刷
♦ 开本：787×1092　1/16
　　印张：18.25　　　　　　2022 年 4 月第 4 版
　　字数：431 千字　　　　 2022 年 4 月河北第 1 次印刷
　　著作权合同登记号　图字：01-2017-9197 号

定价：109.80 元

读者服务热线：(010)81055493　印装质量热线：(010)81055316
反盗版热线：(010)81055315
广告经营许可证：京东市监广登字 20170147 号

内容提要

　　《录音师实战技巧（第4版）》是一本由拥有超过25年工作经验的资深录音师蒂姆·克里奇（Tim Crich）编写的实用录音技巧大全型图书。他曾与滚石乐队（The Rolling Stones）等许多著名乐队合作，与其合作过的世界知名艺人及大牌制作人更是不胜枚举。他还著有 *Assistant Engineers Handbook* 一书。

　　作者在本书中分享了多年来与众多知名艺人、制作人和乐队合作所积累的丰富经验，这其中包括了大量的录音技巧及录音捷径。

　　本书主要内容包括：录音工程师、声音的特性、录音棚的搭建、架子鼓的话筒设置、电吉他的话筒设置、声学乐器的话筒设置、人声的录制、控制室的设置、录音的起点、信号通路、录音与混音等。

　　本书提供的指导建议简单明了，对录音棚工作十分方便。尤其是清晰明了的表格和图示，可令你节省很多宝贵的时间，使查阅更为便捷。本书将为您成为专业级录音师铺垫好必要的基石。

　　第4版中新增内容包括：

　　● 在当今这个需要频繁上传、下载、共享及转换音频文件和数据的时代，探讨了如何对文件进行存储及处理的相关问题；

　　● 数字音频工作站的相关问题；

　　● 与房间声学处理方面有关的更多内容。

谨以此书献给我亲爱的

Melissa

——前世今生，你是唯一

推荐序

  《录音师实战技巧（第 4 版）》是作者蒂姆·克里奇（Tim Crich）多年录音经验的精华，他细致地将录音准备过程、录制过程、后期处理过程等许多与录音相关的环节都做了归纳总结，将自己多年的录音经验整理成一套详细、丰富、简练的指导手册。我认为这本书不论是对录音爱好者，还是对从事录音工作的人来讲都是一本极为实用的工具书。书中各个章节含有大量的插图，尤其是话筒摆放位置，插图简单易懂且不失幽默。

  与第 3 版相比，第 4 版新增了关于文件存储及处理的相关问题、数字音频工作站和房间声学处理方面有关的内容。

  作者蒂姆·克里奇（Tim Crich）是加拿大的著名录音师，他曾经与多位大牌歌手及乐队合作过，所专注的录音方向是流行音乐录音，因而在本书中他所写的录音技巧大多也偏重于流行音乐录音。但对于其他形式的录音工作，也有很多环节是相同和相通的。当然有的方法并非适用其他形式的录音，其中有些内容及观点与国内的有所出入，国外对一些拾音方式的归类也与国内不尽相同。希望各位录音同仁在看过本书之后，适当地对书中内容进行实验、实践，再结合自身工作条件作出判断。

  现在关于流行音乐录音的方式尤其是关于后期混音的方法、观点的文章有不少，市面上有关录音的图书也有很多，但少有这类条理分明、实用性和针对性都很强的图书。相信这本书会令广大读者受益匪浅。

李大康

2021 年 8 月 15 日

译者序

在录音行业里，经验常常是很重要的。一个录音师的水平很多时候取决于他的积累和经验。一个新手要成为一名"抢手"的录音师，背后往往经过了数不清的磨炼。一个好师父的言传身教，常常能够帮助一些新人少走很多弯路。而高手之间的切磋，往往能使双方相得益彰。同行之间进行录音经验的传授和交流，对于每一个录音同行而言，都是很好的机会。

作者 Tim Crich 与大牌摇滚乐队合作多年，作为一名资深的录音师，他把自己多年的宝贵经验在本书中进行了详细而系统的描述。从基础理论的介绍，到每样乐器的详细录音方法，甚至是录音棚里的为人处世，作者都一一进行了归纳和总结，很多是作者的肺腑之言。书中内容通俗易懂，技巧简单实用，目录清晰明了，技术包含广泛，不仅涉及录音常见的各种乐器，而且对于很多乐器的录音方式也提出了多种方法，这些方法可供读者根据具体情况选择试用。如果本书真能让读者得到一些收获，实为译者之大幸。

本书为录音师提供了相当多的行之有效的经验。而对于录音爱好者来说，则能够帮其迅速掌握有效的录音技巧。

本书的审校工作由国家一级录音师李大康老师完成。此外，还有李伟、于弦、杨杰、曾山、姜晓东、陈上、陈之熙、Philipp Lorenz Kirchner、李雪莱（排名不分先后）等多位师长及友人在翻译中给予了很多参考意见，在此我们对他们的无私帮助表示由衷的感谢。

对我们（两位译者）的母校：北京广播学院（现中国传媒大学）录音艺术学院全体老师的辛勤培养表示衷心的谢意。

本书的出版，得到了人民邮电出版社的全力支持，在此对人民邮电出版社的有关工作人员也一并表示感谢。没有他们的策划及支持，就不会有本书的顺利出版。

由于水平有限，书中难免存在不妥之处，希望读者不吝批评指正。

刘心睿　赵颖
2021 年 8 月 22 日

目录

第1章

录音工程师

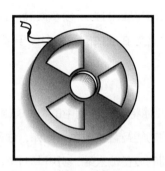

在录音过程中，录音工程师的职责是使录音过程正常有序——包括了解所有设备的使用方法，根据录音需要对控制室进行设置，以及话筒的选择、信号通路的组织、音轨的布局设计和在试听满意后按下录音键等。录音师还应具有根据声音分析及判断是否停止录音的能力。

1.1 成为一名优秀的录音工程师

使用较低监听音量

对于录音师而言，耳朵是你最重要的财产。你的听力是需要你在平时的生活工作中随时呵护的。在监听音量较低的环境下，声音会变得更加精准，同时也使得耳朵的疲劳感降至最低限度。在录音棚中没有比听力更重要的了，若要成为录音行业的常青树就意味着要在数十年内都能保持良好的听力。另外，大音量可能会吵醒你不希望打扰的制作人。

Top Ten

以耳塞来应对高音量

一些作风老派的艺人或制作人喜欢在高声压级的环境下工作，他们喜欢全程以很高的监听音量来播放所有声音内容。这时，如果声压级超过了你的忍受范围，那么请在戴上你的隔音耳塞后，再将监听音量提升起来吧。当然，为了保证声音质量，你也要时不时地摘掉耳塞，在适合你的低监听环境下来检查一下制作成果。

理解音乐

如果你理解了即将录制的音乐，那么录音就变得容易一些。音乐在大多数录音中都扮演着重要的角色，因此很多客户更喜欢"懂音乐"的录音师。如果你不会演奏乐器，那么可以买把吉他或者键盘，学些简单的歌曲。学习演奏某件乐器可能会让人感到前途渺茫，但是你并不需要成为专业演奏家。你只需要领悟歌曲的结构、具有一定的乐感。如果你理解音乐，就能得到这份工作。

善于适应并学习

在当今时代环境下，各类技术和设备的更新频率很高。如果你有能力随时在工作过程中运用新的技术及技巧，那么这一定会让你在业内的竞争力优于那些落后于时代的录音师。

善用你的设备

找个时间静静地坐下来，仔细地将你录音棚中的每个效果器、每个话筒、每个录音设备研究一遍，弄清楚每个设备、插件的功能及音响效果。比如，你可以用一把吉他，或一个正弦波信号，甚至是一个节拍轨输入到不同的设备输入端，听听其对不同声音的处理效果。另外，你也可以利用互联网，参考一下其他录音师对这件设备的使用心得，以此为根据亲自做一下实验。做这些的目的不仅是为了让你对设备的使用技巧更为娴熟，更是为了让你能在不经意间惊艳到你的客户——你可以准确地回答出客户所提出的每个技术问题，比如你在做什么及你为什么要这么做，等等。正所谓，"知己知彼，百战不殆"，对于你手中的设备而言也是如此。

完美的监听环境造就了完美的混音作品

虽然在家里的工作室中混音听起来没什么问题，但成功的混音作品往往出自那些经过了恰当声学设计及调试的监听控制室。如果你对混音环节很重视，那么在某种程度上，你需要拥有一个你所信任的监听环境来完成这项工作（哪怕是你不得不亲手建造一个）。幸运的是，每个人身边总会有一些拥有同样目标的人，因此为什么不和业内人士一起合作共赢呢？

坚持不懈的努力

高质量的作品可不是光靠运气就能做出来的，成功来自于每天精益求精的工艺，需要我们努力地工作和奉献。正所谓养兵千日，用兵一时。你最终的目标是凭借自己优秀的听力、专业的技术、良好的谈吐及你收集的那些令人印象深刻的乐队的 T 恤衫，成为每个人都想聘请的录音师。

健康是本钱

一定要注意身体，否则长时间的连续工作会让你的身体吃不消。就像汽车一样，如果给它加上最好的汽油，它才能发挥出优良的性能。健康饮食，多补充水分。在录音开始前吃一顿健康餐会让你的工作状态更加完美。

远离毒品和酒精

既然这是你的工作，那就把它做好。我见过一些录音师由于酗酒而根本无法工作，甚至因此丢掉了工作。学学我的做事风格——等到哪天没有工作安排的时候，才敢从早上 7 点就开始开怀畅饮。

微笑服务

态度决定一切。在整个录音过程中你要努力保持脸上挂着真诚的微笑，以此让客户感到他能赢得你的尊重。如果你能像对待一位音乐天才一样对待你的客户，那么相信录音过程中的气氛一定会非常和谐。

别冲动，冷静

拥有一个平和的心态更容易使人保持一颗恒心。任何工作中都会出现错误和挫折，但从长远来看，这又算得了什么呢？一名优秀的录音师应该保持轻松的工作状态，特别是在工作压力大的时候，这种素质就显得更加重要了。你希望自己在客户和合作者心目中的形象是一名脾气暴躁的录音师，还是一名可以在任何环境下工作且技术过硬的录音师呢？

不要催促别人，或者让别人催促你

没有人会从一堆录得很糟糕的音轨中获得好处。试图去催促某位艺人或演奏者加快录音进度往往会产生负面效果。我曾经合作过的一位制作人，就很喜欢在艺人面前边敲着手表边说："赶紧的，亲，时间不等人。"这样做其实对录音一点儿好处都没有。

呼吸新鲜空气

当你挨着合作者坐在调音台前，一起连续工作了几个小时后，有必要刷刷牙、漱漱口，再吃块能清新口气的薄荷糖。

如果做错了，就大胆承认错误

作为一名录音师，有责任对录音内容负责。如果不小心出了错或误删了些什么（放心，每个人都会有失误的时候），直说无妨。从长远看，这会使你赢得更多的尊重。

掌控录音

录音师的判断力意味着他能够把握何时调整重放的音量，何时转动旋钮降低音量，何时继续录下去。作为录音师，你要掌握录音的主控权，好比制作人拿着地图指引通往目的地的道路一样，但是通过哪条路到达目的地却是由你这个司机来决定的。

录音不只是听的享受

　　一些录音师认为只要摆完话筒，再按下录音键就万事大吉了。但实际上录音过程也是一个展示、炫耀你精湛技巧的艺术过程。这点与烹饪很像，菜肴的色泽、外观同样也是整体的一部分。

知道什么时候该说，什么时候不该说

　　控制室中的人数多寡直接决定了录音师话语权的多寡。如果在录音过程中，只有你与演奏者双方参与其中，那么通常你是可以随意发表看法的，比如还需要录制哪些声音素材，哪些素材会对作品加分而哪些则会画蛇添足等。但是，如果两方甚至多方人马加入到这个讨论的过程中来，除非你是那个拥有决定权的制作人，否则你所需要做的就是保持安静，干好本职工作。

少说话多干事

　　录音师没有必要向每个人汇报你正在处理的是乐器的声音还是人声，你只要安静地做就行了。如果有人问，告诉他们只做了很小的改动。如果向大家宣布说："我给人声做了很多均衡。"这对所有人来说都是没有任何益处的。你只需要把声音录好即可，让音乐自己"说话"。

乐曲需要什么就录什么

　　如果歌曲需要风笛的声音，那么就请直接去录风笛声，而不要录那些类似风笛音色的乐器发出的声音。一时贪图省事可能会节省部分时间和金钱，但久而久之，即使没有了时间和金钱上的烦恼，你也只能处于一个二流录音师的水平。钱挣回来又会花出去，但一个录音作品却是永恒的，特别是像风笛这种特殊的乐器。

录音就是要再现乐器本身的音色

　　这应该是众所周知的，但如果是给一件你不熟悉的乐器录音，就要先进录音棚听听这件乐器的声音，并向演奏者请教一下这件乐器的声音特点。一些乐器发声主要集中在特定的频率范围内，且随频率的变化而变化。如果某件乐器的声音只集中在一个有限的频率范围内，不要用处理器去"修正"它——要再现此乐器的本来音色。但是，如果你听到的不是这件乐器的自然声，那不是乐器部件出了问题，就是用错了乐器，或是两个问题都存在。

以作曲家的角度来解读和录制歌曲

　　不同的歌曲种类自然其风格也是各不相同的。例如，金属类摇滚乐中的小军鼓的声音通常会占比非常高；低音吉他奏出的声音则会听起来更加"肥厚"，且会用到较大的延时量；乡村民谣类歌曲则一般会选择钢弦吉他作为主奏乐器。所以说，当你的录制对象是一个欧美男团，那么在满足客户需求的前提下应该将你的录音风格定位在流行歌曲。而如果你的客户是一群带着西部牛仔帽的人时，那么波尔卡舞曲风肯定不在你的可选范围内。总而言之，作曲家的意图直接决定了你的录制风格。

尽快录得令人满意的声音

如果一名录音师只录电贝斯就花了 3 个小时，那么人们就会对这种声音产生审美疲劳，进而分辨不出声音的好坏。所以只要听起来还不算太糟糕，你就可以继续录音，过段时间再回头琢磨怎么才能录出更好听的声音。

大量的时间花在最重要的地方

如果录音计划中的重头戏是人声录制，那么就请不要为录鼓声花太多的时间。

在对比中加以改进

当处理完一条声音后，按下旁路键，与未经处理的声音进行对比，发现声音确实有所改善后，再进行后面的工作。

不要以单独选听方式监听声音

Solo（单独选听）某件乐器的声音和混合其他音轨信号监听时的声音有很大的不同。

优先选择话筒的型号、设置和摆放来获得完美的声音，其次才是后期处理

在使用均衡器和压缩器前优先调整话筒，有时略微移动一下话筒就能够得到更好的声音。尽量试着避免在录制基础音轨时就运用极端的均衡处理。

对声音负责

有信心的录音师会说："这就是我们想要的声音，开始录吧。"而不是问："这个声音怎么样？"如果这么问，每人都应该对这个声音表示认可，除非是确实不喜欢这样的声音。但是这样回答的前提必须是你是正确的。没有自信的录音师会把"这声音听起来很棒！"表达为"哎呀，我不知道，你觉得如何？"，这样的表达方式很可能会给你的整个录音过程添加不少麻烦。

1.2 制作原则

让客户的声音在作品中听起来是最棒的。

先于约定时间到达才算准时，如果你在约定时间才到，就已经迟到了

必须守时，迟到就意味着你在暗示："我对这次录音并不怎么重视。"但客户希望得到录音

师的重视。否则，即使你做错了一点小事，他也会说："哼，他不仅业务不精还从来都不守时。"

同理，不要在工作时间玩手机，记清楚每个人的名字，重视工作中遇到的每个乐队和每个项目，把他们看成你的潜在客户群。集中精力对待每个细节，才能为将来的成功打好基础。

尊重音乐

对于客户提供的滑稽版本的作品，自己保存即可。作为一名专业人士，应该尊重歌曲的词作者。修改歌词这样的建议不应该是你提出来的，更不要说"唉，这首歌听起来像……"这种话，这不仅起不到任何积极的作用，反而会把作曲者说得像个非专业的廉价艺人。

不要过多地单独练习自己的声部

鼓励乐队尽可能地跟着节拍音轨去彩排所有要参与录制的歌曲，有条件还应该将这些彩排也录制下来以供后期参考、分析。

不要将别人的承诺太当真

不要过多地陷在某一项工作中。客户们会说他们很欣赏你，很喜欢你的作品，并信誓旦旦地承诺下次还要继续与你合作，称赞你是行家里手，录出来的作品堪称完美等。但是过了一周，你却听说他们与另外一名录音师合作了。请不要为这种事情烦心，还是安心做好自己的工作吧。终将有一天，你会明白只要你的技术不过关，无论客户跟你如何许诺，你都得不到下次录音的机会。

为所有录过的作品留个副本

谁知道下一个明星会是谁呢。你可以做的是记录下自己作为录音师点点滴滴的进步。即使你认为再也用不到它，也请保存副本。

长时间在录音棚中工作让人疲惫

一些客户希望录音师能马不停蹄地连续工作多日，但其实这对谁都没有好处。连续 10 天、每天 18 个小时的工作会使出现错误的概率变大。你希望客户记住的是你作为录音师的高超技巧，而不是由于疲惫错误地删掉了底鼓音轨。一旦你长时间工作了一次，客户就希望你以后次次如此。

作为录音师，尽管工程预算与你无关，但要做到心中有数

为一段不重要的录音花费大量的宝贵混音时间是不值得的。你没有理由为水平一般的缩混歌曲找任何借口。同样，你的工作职责之一还包括在录音陷入瓶颈时及时地推动工作进度。在出现这种情况时，也许轻轻地提醒一句："好了，我觉得我们应该先跳过这部分，继续下面的录音。"会是很必要的。不要轻易因为某件事的卡壳而影响你的录音进度，有时最好的处理方式就是跳过这个障碍继续前进，而后在你有空的时候再分析出现这类问题的原因即可。

注意你的言行，我也不是好欺负的

如果在录音过程中与某人相处得不够融洽，一定要及时协调与此人的关系。有时，很可能你（初级录音师）会比他（有名的资深音乐人）做得好。从另一个角度讲，人生苦短，所以不必委曲求全。如果他们对你非常无礼，那么就正气凛然地直视他们，然后走人。

严肃

当录音工作不在你的掌控中时，作为录音师，就算不情愿也一定要适时摆出严厉的态度。比如要坚定而专业地说："你不能在控制室吸烟""请不要把饮料放在调音台上"或"姑娘们，快穿上你们的衣服"！

1.3　收取报酬

不要免费录音

刚入门的录音工程师有时为了获得经验会为乐队免费录音，最好不要这么做。录一次音而不收取报酬只会让客户觉得你的工作是一文不值的。即使客户付了 10 美元的午餐费，也应该收下。

文书的重要性超过音乐

看起来很专业的文书给客户留下的印象是：你是一名专业的录音师，而不是某些只有手写单据、没有名片的临时员工。如果你很专业化地做生意，那么别人也会当你是一名专业人员。

诚信是金

无论你多么努力地工作、在外的名声有多大，你都应该一直以诚实守信的态度和专业的方法来对待你的工作。要知道录音行业不大，往往会"坏事传千里"。

1.4　与时俱进

在计算机上安装 DAW（数字音频工作站）编辑软件

虽然现今市面上有很多民用级的音频编辑软件，但是我还是建议大家要学会熟练使用一到两种专业音频工作站的操作方法，以此来提升你对编辑、均衡、压缩及录音等操作的能力及精度。在购买录音软件之前，可以先上网参考一些相关的评论文章，从网站上搜索并下载试用版。所有的产品厂家都会在网站上提供软件试用版。当你在调研并了解了业内行情之后，再购买、安装最适合工作需求的那款软件和硬件。

买一块质量过硬的声卡

便宜的声卡电路质量较差，使用时间一长就容易出现过载的问题。

保存，拷贝，再保存

一个合格的录音师都会将这个"咒语"烂熟于心。不要为丢失音轨或文件找借口。多保存一些工程文件的（经过恰当命名）副本，总比要用到这些文件的时候却找不到强。

至少买一支好话筒

很快你就会熟悉这支高质量话筒的特性，并能把它与其他话筒的音质进行对比。当与一支放在它旁边的话筒对比时，你会说："这支话筒比我的那支话筒声音更明亮"或者"低频更模糊"，现在话筒的性价比都是很高的。

但是请注意，音频行业有时会刮起一阵每个录音室都会添加最新设备的"时尚风"，但是随着时间的推移，人们会逐渐认识到这款设备的性能并没有那么理想。买设备的"时尚风"还会持续一段时间——请从声誉良好的代理商那里购买。

好好学习，天天向上

阅读所有业内杂志，跟上最新技术的步伐。阅读所有录音棚手册，参加展会，浏览产品网站，在相关网站上搜索相关视频，寻找更为有效的均衡调节方法和信号测试碟。只有掌握了现代录音棚中所有工作的细节，你的事业才会更加风生水起。顶级录音师都知道这个道理。

1.5　找活儿干

音乐行业里需要坚韧的努力

在录音行业中，想找到合适的工作并不容易，所以只能靠坚持不懈，争得属于自己的一片天地。找到当地的所有录音棚，给他们留下名片。尝试着与其中某些录音棚建立良好的合作关系。如果你能给录音棚介绍几个需要录音的乐队，那么这几个录音棚的棚时费可能会更便宜一些。更重要的是，如果录音棚的工作人员也肯定你在录音方面的造诣，那么当以后他们需要录音师时，就可能打电话找你帮忙。

听力检查

在你正式成为一名活跃在一线的录音师之前，检查一下听力。如果你的听力有问题并且这个问题不是暂时的，那么这对你的录音事业就会产生很大影响。试想一下：如果客户见到自己聘用的录音师在调整自己的助听器，他们一定会被吓得目瞪口呆。

建立网站

将你最出色的作品（也许只是几首歌或曲子）上传到你的网站上。如果没条件在自己的录音棚里制作完成，哪怕花钱租棚也一定要完成这项工作。也许你所做的只是将这些音轨做恰当的母带处理，从而使其听起来非常专业，但这些都不要紧，重要的是你要有自己拿得出手的作品。另外值得注意的是，如果你没有需要上传的作品的版权，那么还是请你向其版权所有者申请一下书面许可。

扩大知名度

在当地的音乐刊物上刊登广告，并说明你可以为乐队录音，并且价格非常合理（你可以通过许多网站联系到各类乐队）。去酒吧跟乐队歌手聊聊，看他们有没有意向与你合作。当然，你还要随身带着印有你网站和联系方式的名片。

拓宽接触面

在音像店和录音设备店里闲逛的时候，尽量多认识一些音乐行业内的人，多参加展会、多支持本地艺术家。即使目前不出名的录音师、经理人和本地乐手也可能在将来成为知名的制作人、录音棚老板和摇滚巨星。

击球，得分

你参加过曲棍球、棒球、保龄球、冰壶运动，那么参加过管乐队吗？很多城市都有音乐人组成的运动队，参加这个运动队是进入录音行业的一个好方法。这使你更容易融入这个行业，说不定能对你有所帮助。

拓宽知识面

多参加 AES 和 NAMM 等重要音频会议和展示会。学习新兴的、有前景的知识，并且尽量多与音频行业的领导者们交流。

去外面的世界看看

你也许希望搬到拥有更多录音棚的地方，比如洛杉矶、纽约或者纳什维尔。除了这 3 个主要城市，还有很多二级城市。要知道，录音棚越多就意味着彼此之间的竞争也更激烈，所以不一定每个人都适合大城市。

成 立 团 队

只靠一名录音师独挑一摊，并不足以引来大量的工作机会。行业中的竞争是非常激烈的。因此很多录音师和制作人、混音师等一起组成团队，创办自己的制作公司。这样会使得设备花费降低，这也成了一些人的选择。

最 大 限 度 地 利 用 计 算 机

利用网络查看录音室、最新设备和最新技术的信息、数据。很多网站都能搜索到附近可供租用的录音棚及一些新兴技术的信息。

创建一份记有录音棚资料的档案，包括介绍每个录音棚的特性及其经理人和老板的姓名等。

创建网站，附上你的照片，标明录音费用、工作时间等。再上传录音小样（可以是录音作品的一小部分）。但是不要上传任何未经官方发行的作品。

同样，当你学习演奏乐器的时候，计算机也是个很好的工具。通过计算机你可以参加在线的音乐课、下载乐谱，甚至可以与其他的在线学习者一起演奏乐器。

创 建 乐 队

演奏乐器是让一个人拥有乐感的最佳方法。无论你的演奏水平如何，总会有与你水平相当的人。即使你只能弹出 3 个和弦，也能组建一支能演奏 3 个和弦乐曲的乐队。但是，这只是为了消遣，得到些经验罢了。这种水平登台演出是不太可能的。在乐队里获得的演奏经验，可以让你对音乐有更深的了解、使你更容易掌握乐曲的节拍及音调，也更有利于今后与音乐家们相互交流——这也使你可以更好地将艺术与技术相互结合、合二为一。另外，单纯地说一句"没错，我自己也玩儿乐队"。也立刻会让别人高看你一眼。

第 2 章
声音的特性

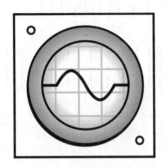

在安装、摆放话筒、话筒架、线缆、功放（吉他音箱）或乐器之前，你最应该做的是了解掌握声音的各项特性。如果你连声音的基本物理原理都搞不清楚，那么就无法拾取到一个完美的声音。

2.1 声音的特性

什么是声音

众所周知，声音就是在空气中传播的声能，它通过气压的变化向周围扩散。也就是说，声波是由于空气分子之间的相互挤压、碰撞而产生的。

人耳的工作原理与话筒的工作原理很像，它将所拾取到的声波转换为微弱的电流脉冲，然后将这些信息送至人体的中心处理器——大脑，最终成为可辨识的声音信号。

什么是声波

声波就是一系列的波形，它包含了波长（频率）和振幅（声压）两个要素，如图 2.1 所示。① 代表一个处于非工作状态下的扬声器，其对空气没有产生任何压力。而当我们给扬声器发送一个正弦波或单一频率的信号时，就会使扬声器单元前的空气发生挤压（②）和传导（③）。这个过程不断地循环（④），便产生了声波。声波在空气中传播的速度是恒定的，约为 342m/s。

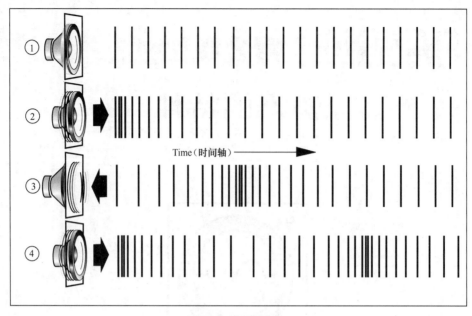

图 2.1　声压的变化

什么是频率

频率——每秒钟内所包含的声波数量，也就是每秒钟声波的重复次数。其单位为赫兹（Hz）。一架普通钢琴上的最低音为 A——大约为 27.5Hz，这说明当琴槌敲击琴弦时，琴弦每秒所振动的次数为 27.5 次（基频）。钢琴中央 C 的频率为 261Hz，小字一组的 A 音约为440Hz。通常，钢琴上最高音的频率为 4186Hz，当然，你要知道，这些音的谐波频率则要高很多，有时甚至会超出人耳的听觉范围。

什么是波长

波长——声波的长度，指声音在传播过程中要完成一个完整循环所需要的实际距离，如图 2.2 所示。声波波长等于声音传播速度除以频率。例如，220Hz 的声波波长约为 5ft（1ft =0.304 8m），440Hz 的声波波长约为 2.5ft，其具体计算方法为音速（1125ft/s）÷ 频率（440Hz）=2.55ft/s。那么，知道这些知识与录音师有什么关系呢？等到需要控制声学环境中的房间低频共振频率时就会用到。

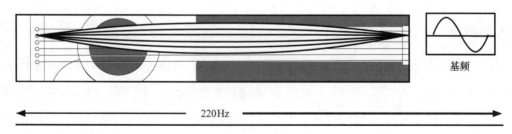

图 2.2　波长

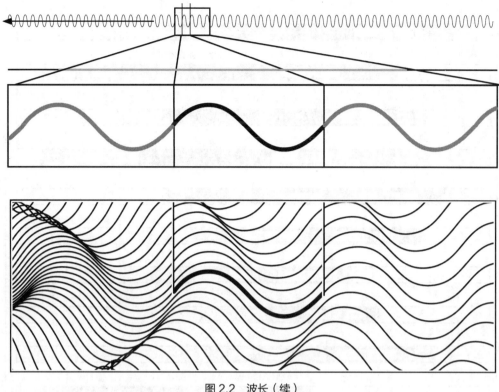

图 2.2 波长（续）

什么是频谱

　　频谱所显示的是某件乐器可发出的在人耳听觉频率范围内的频率响应。由于人们的可听频率范围不尽相同（如受到年龄因素的影响），因此我们就暂把此范围缩小到大众都能接受的 40Hz ～ 16kHz。世界上的乐器种类繁多，而每件乐器又拥有其独特的发声特性。一般来说，一件乐器的基频位于低频至中低频段，其泛音频率则位于中、高频段内。图 2.3 列举了几种乐器的基频及其谐波的所在频段的实例。

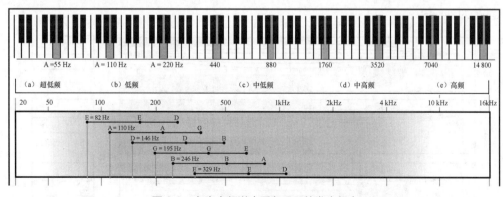

图 2.3 在声音频谱中看各乐器的发声频率

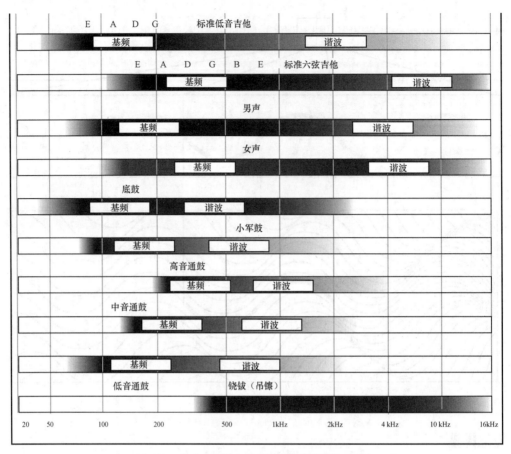

图2.3　在声音频谱中看各乐器的发声频率（续）

什么是基频

所谓基频就是一件乐器所能发出最低八度的声音。如图2.4所示，当我们弹奏一把声学吉他的A弦时，其振动的频率为220Hz—— 这就是A弦的基频。一件乐器的基频大体取决于体积的大小。比如尤克里里琴（又称夏威夷四弦琴）上A弦的基频就比声学吉他的A弦基频高一个八度，为440Hz。

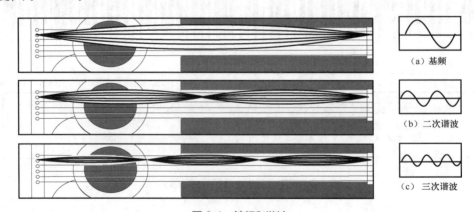

图2.4　基频和谐波

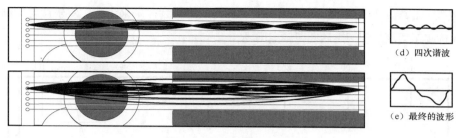

（d）四次谐波

（e）最终的波形

图 2.4　基频和谐波（续）

什么是谐波与泛音

当一根吉他弦在振动时，它所发出的声音成分中除去基频，剩下的那些与基频成整数倍的谐振频率——我们称之为泛音，其中既包含乐音成分，也包含非乐音的成分。其中，泛音成分中的乐音部分指的就是谐波。你可以感觉到，其实一件乐器音色的丰富程度，是全凭这些泛音和其他谐波所决定的。这些因素也是用以区分一件乐器与另一件乐器音色差别的根本。如果没有泛音的存在，那么世界上所有的乐器听起来都将没有任何区别。

如图 2.5 所示，（a）为基频，（b）为 二次谐波，（c）为三次谐波，（d）为四次谐波，以此类推。而最终由这些正弦波所组成的音响效果（e），就是我们所说的这件乐器的音色。

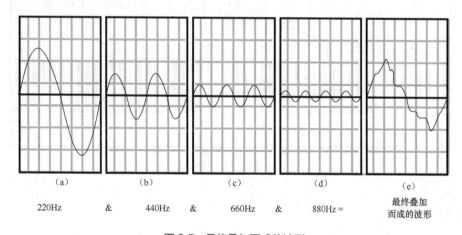

(a)	(b)	(c)	(d)	(e)
220Hz ＆	440Hz ＆	660Hz ＆	880Hz ＝	最终叠加而成的波形

图 2.5　最终叠加而成的波形

什么是一个倍频程（八度）

从音乐的角度来解释，当我们弹一下钢琴上的 A 键（小字组），它所发出声音中的主要频率为 220Hz，那么比它高八度的 A 音则为 440Hz，再高八度则为 880Hz。以此类推，那么更高八度的 A 音其主要频率就应该是 1760Hz。也就是说，A 音与其相邻的另一个 A 音之间相差的频率就是一个倍频程（八度）。

图 2.6 为大家展示了频率是如何以倍频程的形式进行叠加的，可以观察到倍频程的频点都

是呈指数级（非线性）上升的。这些呈指数上升的数值将会在未来当我们对乐音与均衡处理之间的相关性有了更深的理解之后便可派上用场。

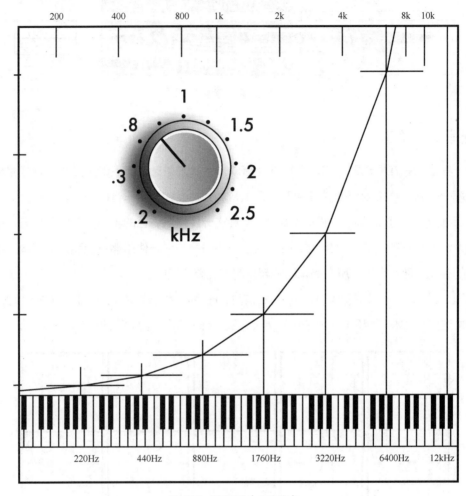

图 2.6   倍频程（八度音）

什么是音频包络

每个声音在任何一个特定的时刻，都拥有着其自己独特的音频包络或形状。这个音频包络可以显示出这个声音在其建立、持续、衰减及声压级等方面的特性。图 2.7 展示了 3 个不同乐器所发出声音的不同音频包络。这一声音特性在未来会关系到我们如何来设置输入电平。

什么是音调

音调就是人耳听到一个乐音后，相对于其他乐音所感受到的频率。在此我们说"感受到"，是因为由于频率是一个可以被明确具体衡量出来的参数，而音调则是一种人类对频率特有的反应。例如，当我们听到某个音被弹错了和弦，那么这个问题体现在人耳中，会被认为是其音调出现了错误。

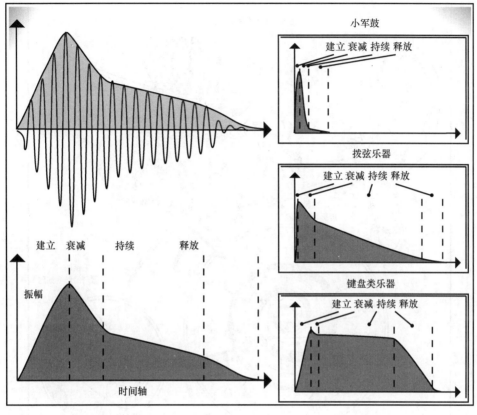

图 2.7　音频包络

2.2　听力下降

　　听力下降，或耳聋，是一个值得我们关注的问题，因为现今越来越多的人都在以过大的电平（致聋音量）去播放音乐。当然，听力下降也可能由其他多种原因所致，其中包括年龄、精神压力、遗传、创伤、身体机能失调及疾病等。但在生活中，很多听力下降则是由于经受了过大的音量刺激而造成的，这其实都是可以避免的。

　　让我们来了解一下人耳及其具体工作原理。如图 2.8 所示，当一个信号进入我们的耳朵之后，首先会引起鼓膜的振动，从而引起长有三块听小骨（锤骨、砧骨和镫骨）的内耳振动，然后这个信号将会被传导至耳蜗，这个器官的作用是将声压脉冲转换为大脑所能读懂的电信号，我们可以将其理解为"人体话筒"。耳蜗中大约有 15 000 个硬纤毛，或称毛细胞（耳蜗毛细胞），这些毛细胞所能"拾取"到的频率范围为 20 ～ 20 000Hz。

　　听力损失通常始于耳蜗的螺旋形骨管，这是人耳中的高频接收器。这些接收高频的毛细胞会在受到过强信号的刺激时而发生弯折，而当这些毛细胞被弯折太多次时，它们就无法恢复成原始的模样了。

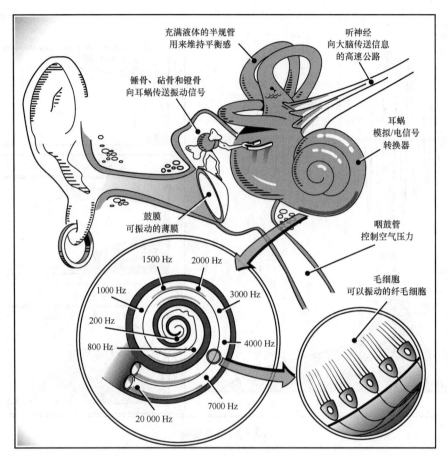

图 2.8 人耳的构造

2.3 声压级

由于频率的提升是呈指数级增长的，因此其所对应的声压级也同样是呈指数级增长的。声压越大，声音就会越响。响度大的声音所产生的声压也是很大的——因此如果我们想要用衡量小声压信号的刻度标准也同样能适用于大声压信号的衡量，就需要利用一种计数系统来将变化大的数量级换算成同一数量级的计量方式。这种计数系统就被称为分贝标度系统。

什么是分贝

分贝（贝尔的 1/10，单位"贝尔"是以亚历山大·格雷厄姆·贝尔来命名的）是声音变化范围和电平的度量单位。贝尔将人耳可分辨出来的最小音量变化定义为 1 分贝（dB），而这个参量与声压级的实际大小是无关的。分贝只是两个数值之间的比较值，即为待测量和预设参考量之间的比值。针对人类的听力，0dB 声压级是人类听力的门限。贝尔还将分贝应用于许多其他度量法中，如声压级（dB SPL）、电压电平（dBu、dBV）、功率电平（dBm）和信号电平（dB）。

如图 2.9 所示，声压级每增加 1 倍，其分贝值就增长了 6dB，但这个数值与压强值的大小是无关的。例如，一把吉他能产生大约 80dB 的声压级，那么当我们再加上一把吉他后，此时的声压级就是原来的 2 倍了，而其分贝值则要随之增加 6dB，也就是 86dB。所以，如果假设 10 把吉他能产生 100dB 的声压级，那么再加上另外 10 把的话，声压级就变为 106dB 了。

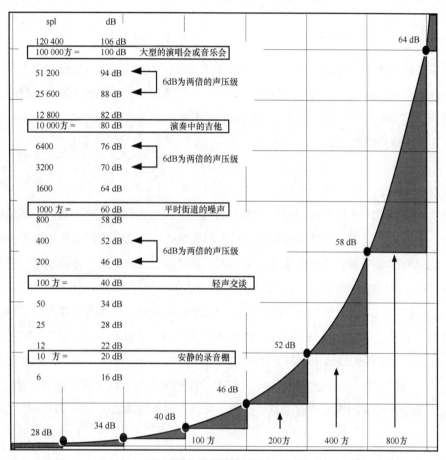

图 2.9　声压级与分贝

什么是 0 增益

当一个设备的输入与输出电平相匹配时便达到了 0 增益的状态，也就是说其输入与输出的电平大小相差不大。如果某个设备或某套系统在通路中实现了 0 增益，就说明其各个环节的音频信号流电平音量基本是一致的。而如果输入电平被设置得过低，那么自然就要提高输出电平，这就会导致信号中的本底噪声也一同被提升起来。在实际应用中，我们可以通过振荡发生器来调整压缩器、限制器、延时器及一些均衡器的 0 增益状态。而粉红噪声发生器可以被用来调整混响及效果器设备的电平。

2.4　峰值与 VU

峰值与 VU 分别是什么

我们对峰值电平和 VU 电平的最初认识是来源于观察音频设备的仪表显示。这些仪表的作用就是将峰值电平和 VU 电平转化为可视化的数据显示。

峰值

峰值表的读数表示声音信号电平瞬时的最高值，称为瞬态电平，其反应速度比 VU 表要快得多。虽然人耳无法捕捉到所有的峰值信号，但是它们确实存在于实际的录音过程中，所以我们必须利用仪器等手段将其显示出来。峰值表的作用就是可令使用者即时了解到声音信号的大小是否会让输入母线过载。

VU

音量单位表的读数表示的是 RMS，或称均方根值。因为人耳在听到声音时，所感受到的是声级的平均值，这也就表示这种仪表的指示特性与人耳对声音的响度感觉是相同的。比如，吊镲所发出的高瞬态电平的信号恐怕难以在 VU 表上被确切地显示出来。这是因为不同的乐器有着各自不同的发声特性，所以它们在峰值表和 VU 表上的电平显示也各不相同。

人耳无法捕捉到声音中所有的信息，因此，要想对声音有一个客观且具体的了解，我们就需要通过仪表的显示来对人们做出视觉上的提示。图 2.10（a）表示一架键盘乐器在发声时的仪表显示。可以看出信号的峰值电平与 VU 电平的差别很小。图 2.10（b）表示一把吉他在发声时的仪表显示。与图 2.10（a）比较就可发现，图中的峰值电平与 VU 电平之间有了明显的差别。图 2.10（c）表示一个踩镲在发声时的仪表显示，其声音信号的峰值电平与 VU 电平之间的差别是相当巨大的。

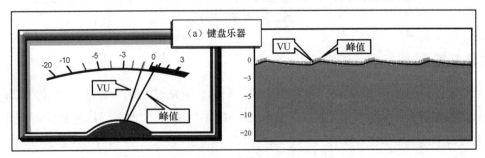

图 2.10　峰值电平与 VU 电平

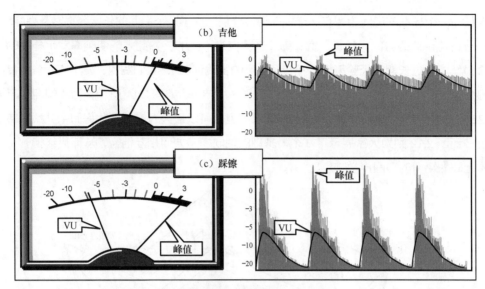

图 2.10　峰值电平与 VU 电平（续）

什么是动态余量（峰值储备）

动态余量指的是一个设备的最优工作电平与失真电平之间的差值区间，以分贝为单位进行计量。动态余量越大，意味着留给峰值信号的空间也就越大。

什么是信噪比

信噪比指最优信号电平与本底噪声电平之间的比值，以分贝为单位进行计量。其数值越大越好，因为这意味着我们可以在不被本底噪声过多干扰的情况下记录下更多的声音信息。

2.5　房间声学的各项特性

为什么我的房间听起来很差劲

劣质的声学条件是很多家庭工作室中一个普通存在的问题，这是因为居住用房不会被专门设计用来作为录音棚使用。绝大部分的家庭用房都没有很大的使用面积，且大多设有大量相互平行的墙壁。而用于专业录音用途的房间往往面积会很大，且没有相互平行的墙壁（如果有，这两面墙也会被进行相应的声学处理）。由于扬声器所重放出来的声波会与其所在房间的声学环境发生相互作用，因此很有可能在你的家庭工作室中，你所听到的重放声音并不是真实可靠的。所以，我们最先要学会的就是尽量多地去认清和辨识存在于我们房间之中的这些声学问题。

什么是共振频率

共振频率指一个物体或房间在某一个特定频率继续振荡的趋势。一个房间的共振频率被称为轴向模。一个标准的房间会拥有 3 个轴向模，分别取决于这个房间的长度、宽度及高度。

一个设计合理的房间，其长、宽、高三者都应是不同的，如此才能使频率发生叠加的可能性降至最低。通过长期的经验积累（及音频专家的实践证明），我们发现，一个声学条件良好的录音棚，其墙壁的长、宽、高之间的比例趋近于 3∶4∶5。如图 2.11 所示，为一间拥有尺寸分别为 25ft、20ft 及 15ft 墙面的房间，这样的尺寸组合可以最大程度地弱化房间中共振频率的叠加程度。而图 2.12 则为大家展示了 3 个最基础的轴向模是如何相互结合，从而最终得到了一个在听觉上较为平滑的房间声学响应。

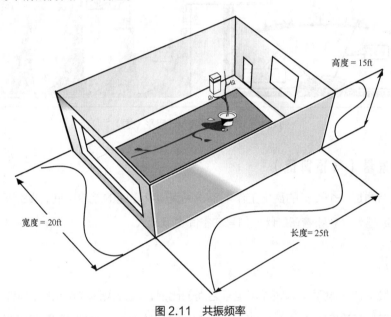

图 2.11　共振频率

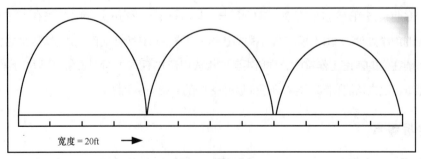

图 2.12　轴向模

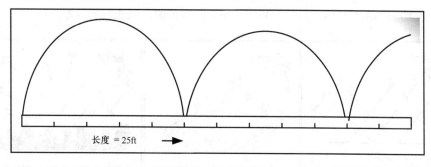

长度 = 25ft

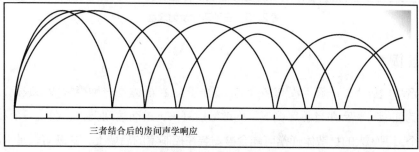

三者结合后的房间声学响应

图 2.12　轴向模（续）

举个例子，如果一间录音棚的墙壁尺寸为 15×15×15(ft)，那么在某些频点之间叠加程度将会是巨大的，或者说这个房间将会在（1125ft/s÷15ft）75Hz、150Hz、300Hz(以此类推)等频点处出现驻波。

什么是驻波

两个相对而立的墙面会将波长等同于房间长度的声波来回进行反射，从而形成驻波。这就意味着，如果你的墙面有 12ft 宽，那么在这个房间中只要存在波长为 12ft 的声波就都会发生共振。一个波长为 12ft 的声波其振动频率大约在 92Hz，音高基本相当于 ♯F。那么，当你在这个未经过声学处理的房间中发出任何一个音高等同于 ♯F 的声响时，都会引起 92Hz 这个频点（ ♯F 的基频频点)声音发生共振。而且，房间越大，驻波的波长就越长，其共振频点也就越低。

2.6　房间的声学处理

不管是控制室还是录音间，正确的声学频率响应是这个房间拥有良好声学条件的重要前提。想要控制室拥有正确的频率响应，就要尽可能地在调整房间频率响应方面下足功夫。

300Hz 以上频率范围内的声波都是相对而言比较好处理的，因为声波波长越短，其扩散处理也就越容易操作（可以通过使用不同材质的反射面来实现对这类声波的吸收）。图 2.13 所示为三种主要使用于录音间中的声学处理方式，但对于控制室来讲，完全沉寂的声学环境却并不是我们想要的。一个设计合理的房间应当配有布局比例合适的反射面、吸声设施及扩散体。

例如，如果前方的大扇窗户是作为硬反射面的存在，那么侧墙面就应当被设计成具有吸声与扩散功能相结合的表面结构，且房间后侧要设有吸声设施，如低频陷阱等。

图 2.13　三种声学反射表面

什么是扩散体

你的听音环境应当是准确且没有多余的反射声的。扩散体是一种声学墙面嵌板，它可以通过不同深度的凹槽将声音在当前环境下平均地散射开来，进而达到吸收、弱化多余及无用声音的目的。一个面积较大的扩散体通常可能会被安装在控制室的后墙上，其既可以是木质反射体，也可以是泡沫吸声材料。

300Hz 以上频率范围内的声音在很大程度上会受到墙面扩散特性的影响，而非受房间形状的影响。在控制室中，设计在你混音位置左侧和右侧墙面上的扩散体，通常都位于声波会产生头次反射的地方，这些地方通常都是需要声学设计师着重考虑进行声学处理的点位，其中最重要的当数录音师所在的听音位置了。不恰当的声音扩散会导致反射声的延迟，进而引起相位问题（如梳状滤波器效应），从而"弄脏"你所听到的声音，这是我们所不愿见到的声学失真。

而对于那些低于 300Hz 频率范围内的声音而言，针对它们的考量及处理则是更具挑战性的。面积小一些的录音棚一定会存在驻波、房型、梳状滤波器效应及不良频率响应等方面的问题。这就是我们会用到低频陷阱的原因。

什么是低频陷阱

由于房间三面墙壁所组成的角落其特定的角度及反射特性，会使得频率更低一些的声波更容易在这些位置汇聚并被加强，从而形成一块听起来低音更重、更模糊的区域。低频陷阱是一种大多被放置在房间的角落里，用于衰减这类低频声的吸声设施。它们内部通常不是被填充着各类厚重的材料，就是装有薄膜状的共振腔，其目的都是为了吸收并衰减我们所不需要的低频声。对于实际应用中的听音感受而言，就是声音中的低频部分声压级被衰减了。同样，低频陷阱也可以被用来专门处理那些存在于录音师工作区域内的特定问题频率声。

解决声学问题的另类办法

要知道市面上还有一些可以用来矫正房间声学问题的软件。但我很少向别人推荐它们，因为通过物理方式去调整好房间的声学环境后再开始录音，才是最稳妥的办法。

这个房间的声学环境实在是太差了

我们可以在房间所有的角落中都加装低频陷阱，但如果加装了过多的中高频吸声材料，就可能给房间整体的音响活跃度造成损失。在一个声学环境优良的房间中，不同音色的低频声之间应该拥有足够的通透度及清晰度，而且配有可供组合使用的反射面及吸声面。毕竟我们都希望在自己录音棚中录出来的作品在其他录音棚中重放时也能拥有良好的音响效果（如：低频声部比例正确等）。

2.7 控制室的声学测量与鉴定

在录音间内，我们可以通过打开墙板、移动屏风位置、铺设地毯及悬挂吸声毛毡等各类方法来改变现有的录音声学环境，以此来满足我们的特定录音需求。而对于控制室而言，上述方法完全不适用。控制室中的各种声学条件都是被提前设计并确定好的。在一间声学设计合理的房间中，首先各类反射声会被衰减到最小，以此来避免声音在到达录音师双耳过程中可能会受到房间声学特性的染色；其次，为了让录音师能够更精确地监听录音及重放声的音响效果，控制室的监听环境会保持统一，不轻易进行改动。

什么是频谱分析仪

频谱分析仪可以将一个房间的频响特性精确地显示出来。想要对一间控制室进行分析，我们先要在录音师双耳的听音位置上摆放一个连有频谱分析仪的测试话筒，然后通过测试话筒来拾取扬声器所播放的不同音量的粉红噪声信号。这时，在频谱分析仪上便会显示出经过反射声作用之后的房间频响曲线。有时，这个噪声还会被录制下来，以便在后续对房间重新进行均衡处理时使用。

对房间进行频谱分析

在安装了扩散体和低频陷阱之后再使用频谱分析仪，可以让你重新审视房间的声学特性，以此对遗留的声学问题进行进一步处理。因此，通过频谱分析仪这个工具，我们可以不断地对房间中的声学问题进行精确地打磨和校正。有时在调整频响曲线时，你甚至需要在功率放大器与扬声器之间接入一台图示均衡器，以使其变得更为平直。而配合频谱分析仪对控制室共振频率的精准定位，再利用图示均衡器衰减掉这个频段的增益，基本上就可以衰减掉任何我们所不需要的频率声了。

信赖你的耳朵

与使用电子调音器为某件乐器调音所不同的是，频谱分析仪对我们而言只是一件辅助工具而已，它的存在并不能决定房间最终的频率响应。最终正确的房间听音环境，还是要经由专业人士的双耳来鉴定及认可才能获得。

将所有设备安装到位后再对房间进行声学处理

当我们在对房间进行过声学处理后，再去移动其中的设备或机柜时，就可能造成房间声学特性的改变。

边听边学

初学者可能并不了解什么样的音响效果听起来才是"对"的。因此，如果当你拥有一个让专业人士来设计、调整录音棚声学环境的机会时，请不要吝惜你的问题，多让他为你解释一下每一步这样或那样做的目的是什么。一定要学会用耳朵去听辨哪些频率被提升了起来，而哪些频率又被衰减了下去，并着重了解经过了这样的调整之后，对听音感受所造成的影响是什么。

第 3 章

录音棚的搭建

优秀的录音作品都是在设计完备的录音棚中录制出来的。在将任何设备器材搬进房间之前，你要知道什么样的设计才能将这个录音场地的优点最大限度地发挥出来。一些录音棚中的声场会有活跃区和沉寂区两个区域，每个区域都有它们自己独特的用处。某些录音棚拥有活动的、可调节的墙壁嵌板，这些嵌板的作用是调节房间中活跃和沉寂区域的多少。当你在了解录音棚内的活跃及沉寂区域的音响特点之后，你才能更好地决定录音的位置及方式。例如，在给圆号录音时，你应选择房间声场中的活跃区域，而为声学吉他录音时，则应选择较为沉寂的区域。

了解房间客观存在的局限性和特点，将有助于你明白如何布置场所，才会有最佳的声学效果。

3.1 房间的准备工作

清洁房间

一间干净整洁的录音棚和控制室，会让所有人感到舒适愉快。也会使你看起来更像一个专业人士，而非连烟灰缸都清理不干净的廉价劳动力。

决定设备的去与留

移除所有在你录音制作中用不着的设备，比如其他客户的设备等。这是因为房间中的每件设备都会发出噪声，所以少一件设备，就会少一些噪声。除此之外，当某位客户订下这个录音棚时，就意味着他希望拥有整个录音棚的使用权。如果房间的某个角落还堆放着其他人的设备，那么对客户来说是不公平的。

大胆提问

在陌生的录音棚中，你要先向棚内的工作人员咨询一下常见乐器及其通常所在的录音位置。然后再根据这些信息和你的经验安置每件乐器。或者，你也可以画一张录音棚规划的草图，再据此决定每件乐器的摆放位置。

排除噪声源

给你吱嘎作响的椅子涂上润滑油，再给吱嘎作响的地板铺上地毯。每天生活中的这类噪声通常会被我们的耳朵自动忽略掉，但话筒却会原原本本地将这些噪声记录下来。

善用那些可以改变声场的辅助工具

录音时，我们可以使用一些利于声音扩散的装置，如块状的声学泡沫塑料、独立屏风，或将几块胶合板放在地板上来满足你特定的需要。如图 3.1 所示，为大家展示了屏风要如何摆放才能有效地阻挡或吸收大部分的初始反射声。在这种情况下，从墙上反射回来的反射声就显得不那么重要了。在实际录音过程中，屏风所起到的是吸收还是反射作用，要视具体情况而定。此外还需要注意的是，吸声装置对于某些频段的声音（如低频声）是不起作用的。

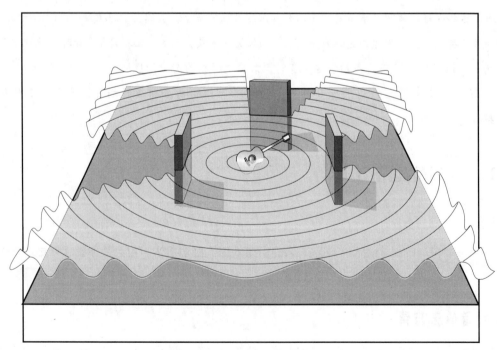

图 3.1   用于吸声的屏风

善用可变化的反射 / 吸声墙体表面

这些声学结构不同的墙面通常还可以变化其朝向角度。位于温哥华的原小山录音棚（Little Mountain Studios）内就有几扇外层结构为胶合板（反射面），而内层结构为声学吸声海绵结构的"门"。当我们打开门，露出内部的海绵结构时，棚内的声学环境就会变得较为沉寂；而当我们关上门，露出外层的扩散 / 反射表面时，就会获得一个更为活跃的声学环境。当然，这一切声学环境的改变都是要依据录音时的具体需求来进行的。

再小的录音棚都照样能做出打榜的唱片

如果演奏者们不努力，再优良的设备也没有用武之地。如果你认为只有凭借足够先进的设备才能录制出优秀的录音作品，那就大错特错了。这就如同认为一件完美画作的诞生只是因为画家所使用的画笔足够好一样是非常荒谬的。在大师手中，即使是一根折断的铅笔同样也能画出一幅杰作。

3.2　摆位

录音前，拟一张带有录音棚布局图的系统连接清单

如果有可能，你还应该在设计乐器和话筒摆位之前，准备一份系统连接清单，并在上面将各输入通道标注出来，以备参考。有了这些清单的帮助，即便是对你录音系统设置不熟悉的人也可以很容易地帮你连接设备了。

位置

如果一个乐队的演奏者们有长期合作的经验，那么他们对彼此之间的位置安排是有固定习惯的。可能吉他手喜欢站在乐队的左边，而电贝斯演奏者则喜欢站在乐队的右边。所以，在录音之前一定要记得弄清楚演奏者们有没有惯用的站法或位置顺序等，如果条件允许，可以按照他们的习惯进行录音。

有多少演奏者要录制参考声轨

大部分的录音过程都会被分为 3 个环节：录制伴奏声轨（即参考声轨）、录制贴唱及混音环节。在现今的录音工作中，上述环节之间的先后顺序并不明显，且相互之间会发生交叉重叠。所以，提前确定进棚录制参考声轨的演奏者有多少，才好将每个环节所需要的话筒选型及数目确定下来。当然，还是要具体问题具体分析。

乐曲是什么风格的

根据乐曲的风格，各个乐器在乐曲中的优先级及演奏者的人数来决定每位演奏者的录音摆

位。如果乐曲是以下风格。

（1）广告配乐。广告配乐就是我们在广播和电视广告上听到的——长度通常为 30s 或 60s 乐曲段落。录音工作常常在一天之内就可以完成，不会有充足的时间供你去尝试多种录音方法，因此，时间就成了对录音影响最大的因素之一。一般来讲，请来录制广告配乐的演奏者大多是非常专业的"棚虫"，他们每次都能将相同的乐曲段落演绎得一模一样。所以说，录音时的重点并不是在话筒的布置及演奏方面（在此，我们假设录音设备和演奏者的演奏水平都没有任何问题），而是在如何节省时间和金钱。所以，你所要做的就是尽快让所有的设备都准备就绪，只等着按录音键。同时，细致的场记也是顺利录制广告配乐的关键，因为每个广告都可能会需要录制很多不同版本的乐曲，甚至是一些碎片化的乐曲段落，因此在录音、编辑、合成的过程中，我们也不能忽视对这些数量众多的碎片段落的记录工作，以免在将来调取使用过程中发生混淆。

（2）电影配乐。随着电影制作成本的降低，电影不再是我们遥不可及的事物了，已经有越来越多的录音师参与到电影配乐的录制工作中。现今大部分的流行乐唱片，所录制的内容都是以人声为主或只针对某一件乐器，但电影中配乐的目的则不是为了突出某个乐器声部，更多地是为了对电影情节的表达进行完善补充。对于录音的方式也没有一定之规，你只要将每个场景所需要的曲目都录下来即可，至于是采用整个乐团一起演奏的同期录音方式，还是采用让演奏者单独演奏的分期录音方式，那都是无所谓的。另外，学会如何与"电影人"打交道也是录音师要掌握的必要技能之一。

（3）摇滚乐队。这种乐队演奏效果在大型的现场演唱会上听起来会更好一些。在录音的开始阶段，你首先要花时间将电贝斯和架子鼓的声音录下来，然后再将作为参考旋律的人声和吉他声录下来。

（4）爵士乐。爵士乐比较适合在混响较小的厅堂环境里演奏，在这种声场中录制出来的爵士乐会令人感觉更为柔和、亲切。一般来讲，在演奏时爵士乐队的成员都希望能看到彼此之间的眼神或动作，以便相互之间有个照应，而非通过耳机返送来确认彼此的声部。也就是说，绝大部分的爵士乐队都不会接受分期录音，或是听着节拍点等这样的录音模式，而是更偏好于采用同期录音的录制方式。而且，在录音开始前，你一定要确认录音工程文件所在的硬盘有足够的存储空间，因为爵士乐手们一旦拿起乐器开始演奏，就很难再停下来了。睡觉？吃饭？时间？这些都不重要，对于演奏者们来讲，除了乐曲，其他因素都是次要的。

（5）小样。对于录制小样来说，你就没必要花 4 个小时对一轨吉他声进行精雕细琢了。如果有可能，不要将大把时间都花在准备工作上，还是多留些时间用于录音吧。

（6）电视节目。绝大多数电视的小型扬声器都无法将音乐原本的声音频率范围完整地重放出来。我们仅以钢琴为例，用于在电视节目中播放的钢琴声，它所需要的均衡处理肯定与摇滚乐中的钢琴声部所需要的均衡处理是不一样的——对于一个要通过电视扬声器播放出来的声音，就算你将节目源中的声音低频部分提升起来，处于接收终端的观众们也依然听不出什么效果。而且，这些节目在经由电视台播出环节的时候还会再次被施以均衡及压缩处理。

（7）说唱或嘻哈乐队。一般而言，这类风格的音乐是电子鼓、现代键盘和现场演唱的人声结合起来的产物。不过在录音时，人声也可能是在其余所有音轨都录完之后才开始进行录制的。为了使歌手们能够更好地交流，在录制人声时，有时可能会给两名甚至多名歌手每人一支话筒进行同期分轨录音。

（8）朋克乐队。这样风格的歌曲也许在面积较小、声音更为紧实的厅堂环境（类似于小型车库）里听起来才是最好的。在录音时，通常用来进行前期调试的时间不会很富余，而且录制下来的声音素材都较为粗糙，这点对于人声而言尤甚，没有机会让你在前期精雕细琢。

（9）乐器独奏或者独唱。这类单个声源一般在较小、较亲切的环境里听起来音响效果才是最好的。用于拾取人声和乐器声的话筒很可能不止一支。而且在不影响演奏者演奏的前提下，你可以采用一对立体声制式的话筒来拾取人声或乐器的声音。

（10）波尔卡乐队。这类曲风的乐队通常都会在同一个房间内进行同期录音，且不需要耳机返送。

不过，不管所录制的乐曲风格是什么，你都应该尽量以高质量的标准去对待录音中的每一个环节，从演奏、演唱到录制及最终的混音制作都不能敷衍了事。当你想到你的作品（有可能）将为全世界所听到时，花时间去设置调整所有的细节就觉得非常值得了。

不要将演奏者们分开

单独将吉他音箱隔开，并不代表着也要将吉他演奏者一同隔开。在录音的时候，通常演奏者们都应该是能互相看得到对方的，并且至少保证其中有一个人是能看得到录音师的。那么理所当然，对讲话筒也就会被放在这个能看得到录音师的人面前。

地毯与椅子

在摆放话筒架及铺设线缆之前，你应该先将所有可能会用到的地毯都铺好，并且将其用胶带固定好位置，这样做也是为了防止他人被绊倒、摔伤。在铺好地毯之后，你应该为每位演员都摆上一把椅子——虽然在演奏过程中这些椅子可能派不上用场，不过在回放乐曲或在录音的间歇时间里，演员们可能会想要坐下来休息一会儿。

录音设备的设置顺序

本书后面的几章将对各类音频设备的设置进行详细的描述。你应该先根据系统连接清单（前文所述）将所有乐器、设备的摆放位置都确认完毕之后，再开始摆放话筒架及铺设线缆，也就是说话筒的架设应该是等到最后才完成的。

什么是系统连接清单

系统连接清单是一张由录音师本人设计填写完成的列表，表格内容从话筒、输入端到信号链路走向一应俱全，让人一目了然。图 3.2 为大家展示了系统连接清单的基础模板。

	音源	话筒	输入端	话筒放大器	插入	母线输出	录音输入	备注
1								
2								
3								
4								
5								
6								
7								
8								
9								
10								
11								
12								
13								
14								
15								
16								
17								
18								
19								
20								
21								
22								
23								
24								
25								
26								
27								
28								
29								
30								
31								
32								

系统连接清单

名称 _____ 日期 _____
演员 _____ 客户 _____
制作人 _____ 录音棚 □ A □ B □ C
录音师 _____ 录音助理 _____

图 3.2　系统连接清单

（1）音源。乐器、放大器、人声或其他任何需要被录制下来的声音。

（2）话筒。话筒的品牌及型号是肯定要被写明的。如果有需求，甚至应该连某个特定话筒的序列号都要被明确地标注下来。

（3）输入端。话筒需要接入棚内墙插面板或接口盒上的哪一路呢？是否需要把墙插面板上第 8 路话筒跳线到第 10 路上再接入话筒放大器呢？

（4）话筒放大器。也许有些话筒会更适合使用周边机柜上的独立话筒放大器，而非调音台所自带的话筒放大器。

（5）插入。当我们需要将周边设备插入信号链路中时，就需要用到表格中的这一条了。

（6）母线输出。当你的录音通道数量多于监听返回的音轨数量时（也就是说，在录音时的多个话筒通路会被合并到少数几路音轨进行重放）就要在表格中标明这一条了。比如用于拾取小军鼓声音的两路话筒都被送入一路监听音轨时的这种情况。

（7）录音输入。这里指的是记录设备上的输入端口。比如，你需要将第 3 路母线的信号送到音频工作站上的第 20 路。

这份表格在多人一同完成录音前期的准备工作时，会让所有人对音频链路的走向一目了然，从而加快我们的工作效率。

3.3　话筒架

使用话筒架

在录音棚中，不应该出现某支话筒由于缺少话筒架而被孤零零地悬挂在话筒线缆或被放在某块垫子上的状况。一定要给自己留有足够的时间去挑选合适的话筒架。要知道，话筒的摆放位置及方式可是拾取完美声音的重要基础之一。因此，一定坚定自己的立场，不要贪图省事，要做就做到最好。

使用大型的话筒架

一般话筒架的个头越大，其稳定性就越好，发生共振及噪声的概率也就越小，同时它们也能在某种程度上消减掉一部分来自于地板的低频杂音。

不要使用过大的话筒架

话筒架的个头大小尺寸各不相同，有的小到只能用于固定微型话筒，而有的却大到能将一个大型话筒吊在伸了几米高的架子顶端上。而且，在遇到有视频拍摄要求的状况时，个头小一些的话筒架更容易被隐藏在乐器或谱架中，从而将其对画面美观性的影响降至最低。所以，在使用的时候，还要根据录音的具体情况来选择话筒架。

一个话筒架仅靠地面就应该足以维持自身的平衡。所以，如果你看到有哪个话筒架翻倒了，一定是支在高处的话筒没有与话筒架保持好平衡的缘故。

站稳了，别动

与以往相比，现今话筒架的质量都呈下降趋势，更容易被损坏，所以不要试图强行拧松（拧紧）任何一个扣件。另外，在调整话筒架时不要心急，要先松开扣件，再去调整话筒杆及横杆的位置，最后再将扣件拧紧，这才是正确的操作流程。最后，当你调整好话筒架的位置，准备重新拧紧扣件时千万不要将扣件拧得太紧。其实，你只要将扣件拧紧到足以使话筒的位置在整个录音工作结束之前都不会发生任何变化就可以了。

胶带

在附近留几卷胶带。要说明的是，这些胶带不是用来固定话筒架的，而是专门用来防止话筒架发出噪声及发生共振的。因为，光靠胶带是无法长时间固定住话筒架的，况且这样做也会显得你很不专业。但是，如果你不得不用胶带来对话筒架进行固定，那么就要记得别将一整卷胶带都用在同一个话筒架上，在需要固定的地方稍微绕几圈即可。

安 装 话 筒

安装话筒前，要先将所有的话筒架及线缆摆放到位。可以想象，如果你在一个杂乱的房间里设置、旋转一个已经装好了话筒的大型话筒架，那将会是一幅多么惊险的画面。所以说，话筒应该是那个在架设拾音设备时被最后安装上，在录音结束后被最先卸下来的器材。

保证话筒架的安全

如果你必须使用小型三脚话筒架，那么在摆放话筒架时，一定要将话筒架底部的支脚之一与话筒架上方的吊杆保持在同一纵面上，并用沙袋将底部的另外两个支脚压住以确保安全。但假设你还是不放心，那么你还可以在话筒架的底部再放上一个沙袋以保证话筒架的稳定。这样的小心谨慎不是没有道理的，因为如果一点轻微的碰撞都能让话筒架翻倒，那么肯定就是你的摆放方式出现了问题。

使用成对的防震架

当录制立体声信号时，最好能使用型号、构造相同的话筒架和话筒。这样不仅显得很专业，也会使得话筒所拾取的声音音质更加相近。试想，如果在立体声的拾音过程中，只有一支话筒使用了防震架，而另一支没有，那么轻微的低频隆隆声便会传到那支没有使用防震架的话筒里。这就使得录音师还需要对这路有噪声的信号进行低频的衰减处理，但这样就会改变本该相近的声音音质。

吊杆的配重

大型话筒架的配重要支得足够高，要保证其高度不会撞到任何人的脑袋。如果哪天有人被话筒架的配重撞伤了鼻子，那么这肯定是要由录音棚来担责的。

3.4　线材

当今，录音棚中的线缆可以被分为模拟信号缆和数字信号缆。其中模拟信号缆通常用来传输话筒信号、线路信号及乐器信号等，它被分为平衡式和非平衡式线缆两种。

什么是平衡式线缆

通常，录音棚里的每根 XLR 平衡式线缆都由 3 条缆芯构成——其中两条为音频信号线，另一条为屏蔽线，而与缆芯相连接的线缆插接头则一般会被称为冷端、热端及接地。XLR 及 1/4in（1in=0.025 4m）的音频线都是平衡式的，只不过 1/4in 音频线的 3 根缆芯所连接的分别为 1/4in 插接头的尖部、环部和套管（TRS），其中与插接头套管部分相连的则是线缆的屏蔽层。

如图 3.3 所示，我们可知，线缆中有两条缆芯是用来传输音频信号的。但是，这两条缆芯所传输的信号的极性（相位）却是相反的，这是因为在信号的传输过程中，一旦有噪声信号混入音频信号，那么两条线缆上所受到的噪声信号干扰是等量的。当信号被送到了平衡式线缆的插接头之后，由于两接头的极性相反，所以混杂在音频信号中的噪声很容易就会被抵消掉，这也就是所谓的"平衡"或共模抑制过程了。这样一来，我们便可以在减少哼声噪声的同时，尽可能地延长音频线缆的长度。

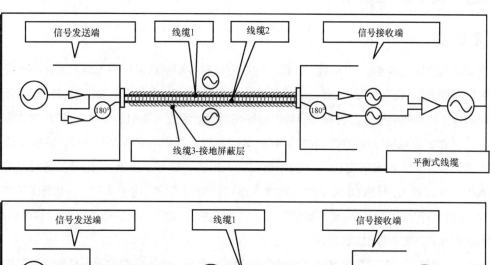

图 3.3　平衡式线缆与非平衡式线缆

什么是非平衡式线缆

我们平常所使用的吉他线就是一种非平衡式线缆。它由两条缆芯构成—— 一条为音频信号线，一条为屏蔽线。这条屏蔽线被缠绕在传送热信号的缆芯外面，用于传送返回的信号。非平衡式线缆多用于将乐器所发出的单声道音频信号送入放大器或DI盒（Direct Box，直接输入盒）中。要知道，现今大多数周边设备的输入端口所使用的都是1/4in规格的插接头，而且所有调音台也都拥有平衡或非平衡1/4in（线路电平）输入方式的选择功能。

另外一种非平衡式的线缆就是1/4in无屏蔽层的扬声器线缆。它是由两股直径较宽的并行缆芯构成的，因为只有用直径较宽的线缆将功率放大器与扬声器连接起来，才能使传输信号功率的损失减少到最小。不过还需要注意，由于用途不同，因此在使用时切不可用扬声器线缆代替有屏蔽层的音频线缆。

什么是话筒电平和线路电平

在录音棚中，我们通常见到的模拟线缆主要都是用于传输以下3种信号电平的。

——线路电平（平衡信号）是专业设备之间传输音频时所使用的标准信号强度。在调音台每一个通道的输入模块上，都会有一个可供用户切换输入源是线路电平还是话筒电平的开关。

——话筒电平（平衡信号）是当调音台信号切换开关选择在话筒电平时所接入的信号电平，这时调音台这一通道的前置放大器会被启动，将信号电平提升至线路电平。

——乐器电平（非平衡信号）是从乐器（如吉他）输出的一类信号电平，它的信号强度则将会通过DI盒被提升至线路电平。

什么是DI盒

直接输入盒（也被称作"DI盒"），是一种在信号被传输到调音台输入端之前，将信号强度从话筒电平提升至线路电平的设备。它可以将电子乐器的高阻抗非平衡输出信号转变为低阻抗的平衡信号，也可使电子乐器的输出信号更容易与话筒前置放大器相连接。一些DI盒的输入端还会设计有固定衰减和接地这样的功能，这就如同某些话筒和功率放大器一样，这些功能可使声音的音质发生很大程度的变化。DI盒既可以是无源的（只有变压器），也可以是有源的（前置放大器和变压器），有源DI盒中的前置放大器可将声音信号的电平提高，从而改善信噪比。而无源DI盒所产生的声音则会更加真实自然，因为无源DI盒不会对声音进行任何的附加处理，但频率响应却并不如有源DI盒好。

经过DI盒处理过的声音，其优点是不会存在信号泄漏，也不会有放大失真的情况，声音干净清澈。性能优良的DI盒有能力将一件乐器的声音频谱完整地还原出来，这是使用话筒在乐器音箱前进行拾音时所无法做到的。不过，很多录音师都认为DI盒的不足是无法产生那种能使胸腔感到共振的重击声，但利用话筒却能拾取到这种只有乐器音箱才能发出来的重击声。

3.5　布线

线材够用吗

在录音前，先确认你拥有足够的线材——其中包括 1/4in 音频线、XLR 音频线、USB 线、电源线及 AC（交流电）电源盒。将它们都拿到录音间，安放在其预先设计好的位置。

使用合适的线缆和插头

各类线缆的转接头多少都会造成信号品质的降低，因此不到万不得已最好不要使用转接头。如果有长短合适的线缆就不要使用转接头，这样才能获得音质最佳的声音信号。无论如何，一整根线缆所传输的信号质量都要优于将两根短线连接起来所传输的信号质量。

小心保管录音棚的线缆

一定要按照正确的方法来缠绕或解开录音棚里的音频线缆，不要将任何线缆散乱地放在地板上，也不要使用任何胶带一类黏性的东西来捆扎线缆。如果你需要固定一段线缆，你可以使用一种特制的塑料卡子或尼龙搭扣，甚至是一段末端带着套索的绳子来固定线缆。

为线缆加标签

每一根 XLR 线缆两端的插接头上都要加上标签（或标号），这将会使你的寻找变得更加方便快捷。假设接在话筒上的第 28 路线缆坏了，那么你只需按照线缆上的标签，找到输入端口处相应的标签就可以了，不用再从混乱如麻的线缆堆里一根一根地顺线了。

有些录音棚会通过色系去区分线缆的长度

比如 25ft 长的线缆是橘红色的，而 50ft 长的线缆则用蓝色表明，等等。当你在为一个较为庞大的录音工程布线时，这种标识就会让工作更方便，它可以让你对每种长度线缆的使用情况一目了然，从而达到对每种长度线缆合理分配使用的目的。

尽可能短

在录音过程中，如果要使用非平衡高阻抗线缆，那么这种线缆的长度当然是越短越好。若这种线缆过长，则传输的信号就很容易受到哼声的影响，且随着线缆长度的增加，信号中高频成分的衰减也会越来越严重。

尽可能长

只有长度足够的线缆，才不会被拉得紧绷绷的。同时对于多余的线缆来说，也不必将其缠成一卷，你只需将其整齐地摆在话筒架的底下即可，以防在后续的录音过程中可能出现挪动话筒架的情况。

当录制架子鼓时，在调音台上要多留出一到两条通道

一般来讲，你肯定希望所有拾取架子鼓声的话筒信号都能够被送入调音台上一组相邻的录音输入通道上。所以，当你在未来的录音过程中还需要为架子鼓再支设新的话筒时，你只要直接将新话筒的信号引入预留的这一到两路输入通道中即可。

使用质量最好的线缆

绝不要给话筒接一根质量不可靠的线缆。就算你手中的线缆确实不够用，那么退而求其次，你也只能将这根有问题的线缆用在耳机上。这样你才能保证即使是这根线缆在录音过程中突然坏了，也不会影响到录制素材的质量。谁也不希望在混音的时候才发现素材中有一半钢琴声不见了。另外，一定要及时将这些质量有问题的线材从录音棚中清理出去，以免其他人将其与性能优良的线缆混淆在一起。

解开线缆中所有的绳结

这其实只是一个良好的工作习惯而已，不过这样做确实能消除在线缆传输过程中可能出现的轻微电磁干扰，同时也会让工作环境看起来更加专业、整洁。尤其当你想要迅速在一堆铺满地面的线缆中找出你想要的那根线缆时，这一点就显得尤其重要了。而且，不打结的线缆也会让收线和放线这项工作变得迅速很多。

为了获得最棒的音质

连接人声话筒时，最短、最粗、质量最好的线缆才是你最佳的选择。

检查短路

录音棚里最好能备有一块万用表，这样在查找线路中问题所在位置的时候就会方便多了。它可以帮你判定是话筒坏了还是线缆出现了短路？当然，也许在音频链路中出现的问题也只不过是由于误碰了调音台上的某一个按键所导致的。不过，万用表的存在的确可以非常迅速地帮你确认设备中信号流通状态是否正常。

备足设备的冗余量

你的手边上一定要留有一些备用物资。绝不应当出现由于线缆不够用而被迫中断录音进度的情况。

学会焊接

任何一个拥有基本音频设备维护经验和技能（如焊接线缆接头）的人都将是这个录音棚中

不可多得的人才。这类技能对于家庭工作室的使用者而言更是尤为必要。

电源线的布置

不要将（高压）交流电源线与（低压）音频信号线平行放置。布线时，应该将电源线与信号线以一定的角度交叉放置，这样才能有效减小串入话筒信号的交流哼声。

来自墙壁的干扰

为了避免对信号造成干扰，应该将音频线缆布置在距录音棚墙面几英寸的地方。因为在墙壁的背后还会布有很多电源线和其他音频线缆，也都可能会对信号造成干扰。

绝不要把所有设备都接在同一个交流电源插座上

不然，你的录音棚迟早会发生一场惊天动地的火灾！

将线缆缠在话筒架上

但是，如果你确认话筒架的位置及信号通路都是准确无误的，那么为了避免随意悬挂的线缆妨碍我们的工作，你还是可以考虑将线缆缠在话筒架上的。

不要将线缆缠在话筒架上

因为，如果在以后你还需重新改换话筒位置，那么解开这样一条线缆所浪费的时间会相当多。所以有些时候，你只需将其挂在一旁就可以了。

干净、整洁、有秩序

一个有条不紊、秩序井然的工作环境，会让所有录音环节都运行得更为顺利、流畅。首先，棚内所有的设备、线缆一定要保证整齐有序；其次，每台计算机上的文件夹和文档也应当以合理的方式进行分类、命名，以求能够尽快地调用所需文件；另外，文书工作（如场记单、乐谱等）也要尽量整洁一些，以及要及时清理棚内的垃圾。总之，尽量将录音棚保持在一个等候领导前来视察的状态。

只有当你的行为举止如同专业人士般时，别人才会以对待专业人士的态度对待你

在长年累月的工作过程中，作为专业录音师，你需要有独立掌控录音工程，给录音工作制定工作节奏和基调的能力。工作有序、精力集中及处变不惊等都是一个专业录音师所需要具备的优良素质，你应当时刻严格要求自己。因为，只有当你这么做了，别人也才会如此对待你。你展示给他人眼前的样子都是平日细节日积月累的结果。

3.6 话筒

什么是话筒

话筒是一个将声能转换为电能的能量换能器。位于话筒内的振膜在接收到声波之后会产生振动，这样的机械振动会由换能器件转换成变化的电压信号。能量越强的声音信号所引起话筒振膜的振动幅度就越大，所产生的电压信号也会更大。

振膜是置于话筒头内一张薄薄的、可振动的膜片（或者是铝带——取决于话筒的种类）。不同的话筒所具有的频率响应曲线是不同的（本章的后续部分会有详细叙述）。

绝大多数的小振膜话筒的频响曲线都会在中高频段有所提升，当然也不排除会有例外。由于小振膜的质量较小，因此小振膜话筒的低频响应一般没有大振膜话筒的低频响应好。

通常，大振膜话筒的频率响应范围会更宽一些，这便意味着使用大振膜话筒拾取低音弦乐声或人声的时候，是更容易体现出声音的温暖感的。简单解释其中的原因，就是因为大振膜的质量会更大一些，才使大振膜话筒具有将声音中的低频部分自然真实地还原出来的能力。但有利必有弊，质量越大的振膜，其瞬态响应就越不精确。这类话筒可能无法精确地拾取到侧方声源中的高频声，这是由于侧方声波在到达振膜两侧边缘时会存在时间差，从而导致振膜振动时能量发生抵消。

什么是瞬态响应

瞬态响应是一种用来衡量电子器件转换其输入信号精确度的度量方法。

做一个听音小测试

在你了解了每支话筒的特性后，才有把握根据不同的录音条件来选择出最合适的那支话筒。所以下文中所说的听力测试，是为了训练录音师的听力，让他们对每种类型的话筒所拾取到的声音特点都有所了解，以方便在录音时进行选择。只有经过了训练，你才可能根据你的听音感受及经验选择出那支最合适的话筒。

在对话筒进行测试时，应先从性能最好的话筒开始挑选，一次测试大概可以架设 4～5 支话筒。架设时，除了要将这几支话筒的话筒头尽量紧挨在一起摆放，还要将这几支话筒的指向性也设成相同的，而且要关上话筒的低切或衰减功能。然后，通过调整调音台上推子的大小，统一所有的话筒输入信号电平。再找一个人，让他站在一个能跟所有话筒都保持相同距离的位置上说话或者唱歌。当你在控制室做监听比对时，每次只需开启其中一路话筒的信号来回进行切换，最后再总结出哪支话筒具备以下特点。

（1）拾取到的高频声比较清脆明亮。

（2）拾取到的中频声更加温暖。（当我们对声音中的各频段进行提升或衰减处理时，其音质都能保持温暖、平滑。而如果某支话筒的性能较差，那么在对它所拾取到的声音进行高频提升的处理之后，声音的音质就会变得有些尖利刺耳了。）

（3）拾取到的低频声足够低沉宽厚。

（4）有"嗡嗡"声或哼声噪声。（在一组测试话筒中，可能某些话筒的初始拾音电平与其余话筒相比较而言会更低一些，从而致使当这些话筒在以原本较低的入口增益拾音时，声音中会夹杂着许多的噪声。因此在做对比实验时，一定要记得将其拾音电平提升到与其他话筒一致才能获得最真实的听音感受。值得一提的是，老式的电子管话筒虽然会有这方面的问题，但是其出色细腻的音质却足以弥补这个缺陷。）

随着测试者（声源）与话筒距离的变化，也要统一改变信号电平的大小。不要以为指向性相同的话筒其客观的极坐标指向性图就是一样的，例如有些心形指向性话筒与其他同为心形指向性的话筒比起来，却可能更偏向于全指向性一些。而且，即便是全指向性的话筒，它也不会在拾取全频带的声音时都保持在统一的全指向性。

什么是近讲效应

近讲效应指的是当声源与话筒靠得很近时，话筒低频响应曲线的提升现象。不过，全指向性的话筒却不会受到近讲效应的影响。

什么是幻象供电

电容话筒头的阻抗非常高，因此在将声波转换成电信号之前，要先用一个需外接电源供电的阻抗转换电路将高阻转换成低阻。它是通过调音台上的话筒输入端对话筒进行供电的，而这个电源就是我们常说的幻象供电。不过要注意的是，由于动圈话筒内部没有有源电路，因此动圈话筒不需要幻象供电。

什么是前置放大器

无论是调音台内置、还是作为外部设备单独存在的话筒前置放大器，其作用都是将话筒所拾取到的低电平信号提升至"线路电平"的大小。

什么是频率响应

所谓频率响应，就是一台设备的输出电平与频率的对应关系。不同的话筒其频率响应曲线是不同的。现在在购买话筒的时候，商家都会随话筒附赠一份印有频率响应的详细参数表。从图3.4 中可以看出有些话筒的高频部分响应比较平滑，而其他一些话筒的中高频段响应则会有轻微的提升。不过，仅参考这些图表，你是无法将其中的参数迅速地对应到实际应用中去。所以，如果你想在短时间内对某个话筒频率响应图有一个大致的了解，最直观有效的方法就是用不同的话筒拾取某个相似声源所发出的声音，然后将两者所拾取到的声音进行对比。

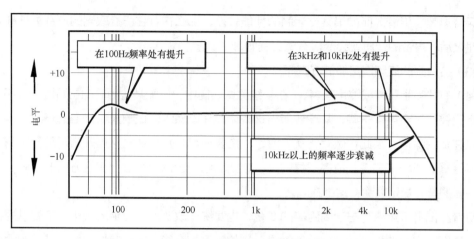

图 3.4　话筒的频响曲线

什么是瞬态响应

瞬态指声音中那些突发的电平峰值信号，一般持续时间都非常短。而瞬态响应则是用来衡量一台设备对这些瞬态信号做出反应的速度有多快。一般来说，在咱们平时常见的音源中，打击乐和人声齿音中都包含有大量的瞬态峰值电平信号。

哪支话筒是最棒的

所谓最棒的话筒，指的就是适用于当下录音环境且听起来效果最好的那支话筒。而唯一能对此做出准确判断的方法，便是将你手头上所有的话筒全部架设好，然后再分别对其所拾取的声音信号进行听辨，最后选出那支"听起来"最棒的话筒。当然，如果你对所有的话筒性能都已经非常熟悉了，那么上述测试的步骤就可以免去了。在长期不断的实践过程中，你将逐渐熟悉并掌握各种话筒的不同特性，自然就会根据不同的场合和音源去选择相对应的话筒。可以说，话筒是在你工作中不可或缺的工具之一，所以一定要不断地学习熟练运用它们的方法。

3.6.1　动圈话筒

动圈话筒内部的振膜上，附着有一个被悬挂于磁场中的音圈，如图 3.5 所示。当声波引起振膜振动时，也会带动附着在上面的音圈一同在磁场中开始振动，这样在音圈的导线中便产生了与声音信号相对应的电信号了。

动圈话筒比较坚固耐用，通常用于近距离拾取音量较大的乐器，如吉他音箱、架子鼓和现场人声等。而且正是因为其不易损坏，因此动圈话筒也经常被用于现场的演出活动中。总结起来，动圈话筒的特性基本上可以被概括为瞬态响应良好，低频响应扎实，对于中频段的峰值信号响应真实自然（大约 5kHz 处），并且由于其指向性较强因而不易串入周围的杂音等。

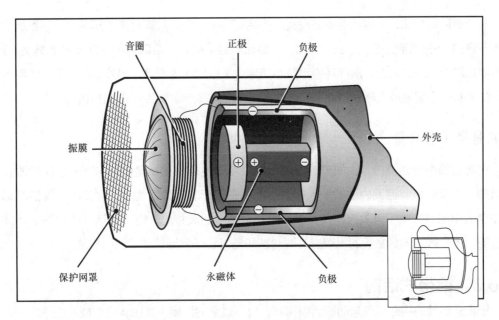

图 3.5　动圈话筒

3.6.2　电容话筒

　　电容话筒的内部则有两块相邻的金属薄板，其中一块是固定不动的，而另一块（话筒振膜）则是可以随着声波的变化而振动的。当给这两块极板加上恒定电压（幻象供电）之后，振膜的振动便会使其与固定极板之间的距离发生变化，从而得到一个随着声压变化而变化的电流，如图 3.6 所示。

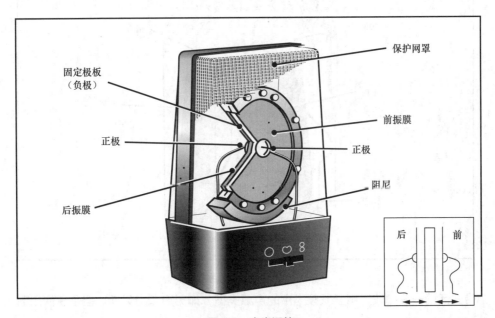

图 3.6　电容话筒

　　与动圈话筒相比，电容话筒也许没有那么结实耐用，但音质却更加温润平滑，而且所能拾取到的声音的频率范围也宽了许多。因此，电容话筒通常被用来拾取各种乐器及其他类型的声音，如声学乐器的声音、人声、房间环境声及小功率电子乐器的声音等。另外，由于所有的电容话筒内部都会有一个前置放大器，因此它们的输出电压要远高于动圈话筒的输出电压。

什么是电子管话筒

　　在普通的电容话筒内，由振膜输出的电平极低的电信号，都是使用内置的晶体管放大器来放大的。而有些电容话筒内部的放大器则是由电子管而非晶体管构成。这类电子管话筒都会自带配套的电源，为电子管放大器及振膜供电。与电容话筒相比，电子管话筒的构造更精细，价格也更昂贵一些，但其音质的温暖感及圆润感却是其他任何话筒都无法比拟的。

3.6.3　铝带式话筒

　　铝带式话筒的构造原理与动圈话筒相同，只不过它的振膜不是由音圈构成，而是由一条带状的金属薄片构成，如图 3.7 所示。当铝带随声波在强磁场中振动时，会将声音信号转化为微弱的电信号。需要注意的是，这个磁场虽然不至于强到能将你的腰带扣吸走，但却足以抹掉放在其附近磁带上的信息（当然，前提是你能足够幸运地参与到纯模拟磁带的录制工程当中）。

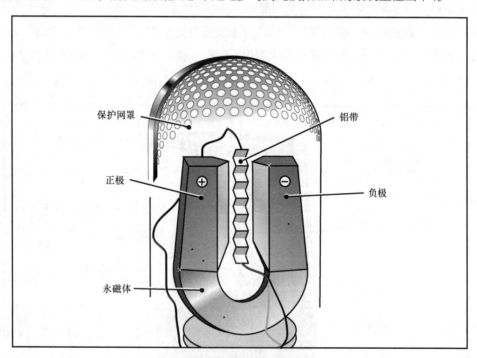

　　保护网罩　　　　　铝带
　　正极　　　　　　　负极
　　永磁体

图 3.7　铝带式话筒

　　铝带式话筒一般比较适用于低频丰富的声源类型，如男声和电贝斯。但是在使用时一定要小心，因为铝带式话筒对空气的流动变化非常敏感，如果声源的声压级过大，就会使铝带变形，可见这种话筒是远不如动圈话筒结实耐用的。此外，铝带式话筒还以其优良可靠的 8 字形指向性而闻名，当铝带式话筒以 8 字形指向性拾音时，其音质会较为平滑，且不会丢失细节。

需要注意的是，由于铝带这种振膜的耐受力过于脆弱，因此在使用铝带式话筒时，一定要确认幻象供电是处于关闭的状态。

3.6.4　其他形式的话筒

其他类型的话筒，包括以下几种。

（1）界面话筒。界面话筒是由一块平板和一个附着在它上面的话筒头所构成的。一般在录音时，会将界面话筒用胶带固定在墙面或地板上，甚至是三角钢琴的琴盖上，以保证拾取到同相的直达声和反射声。

（2）领夹话筒。领夹式话筒（或胸麦，昵称"小蜜蜂"），其体型通常较小，多用于需要将话筒隐藏起来的录音场合。如在电视采访节目中，就会把话筒夹在讲话者的衣领上。

（3）枪式话筒。这种超指向性的话筒会将所接收进来的声音信号中来自于侧向的声波都抵消掉，而只留下来自于话筒正前方的声音信号。

话筒上的固定衰减（pad）以及高切 / 低切（roll-off）开关是什么

话筒的固定衰减功能就是由一组被置于话筒内部的电路实现的，其作用就是对要被送入调音台的信号电平进行衰减，其固定衰减的电平值通常有 -10dB、-20dB，甚至是 -30dB。而高切 / 低切功能对应的是话筒上自带的低切或高切滤波器，开启这项功能后，话筒就会自动将声音中多余的那部分高频或低频成分去除掉。低切功能（HPF 或称为高通滤波器）可用来减少人声中的低频段的隆隆杂声（这可能是由于近讲效应所导致）；高切功能（LPF 或称为低通滤波器）则可用来减小踩镲声中的嗞嗞声，这样可免去再对声音进行均衡处理的麻烦。

3.7　极坐标指向性图形

首先，我们要知道声波是从四面八方 360° 的方位到达话筒振膜的。极坐标指向性图表示的就是话筒灵敏度与声波入射角之间的对应关系。话筒正前方所朝向的角度被称为拾音主轴，而偏离话筒正前方的其他角度（也就是指话筒尾部及侧方）都属于离轴范围。离轴范围内所拾取到的声音，相比位于轴上范围内的声音其电平会更低，听起来音质会更模糊，更有距离感。

有些话筒只有一种指向性，而有些话筒则有多种指向性可供使用者选择，甚至有些话筒还有随意更换话筒头的功能。这些话筒头会分别具有不同的指向性或电平固定衰减量，使录音师的选择更加灵活多变。

什么是心形指向性图形

所谓心形指向性，就是因为当这种指向性体现在极坐标图上的时候，其形状与桃心类似，如图 3.8 所示。心形话筒的灵敏度，在拾取来自于正前方的声音信号时会达到最优值，之后便会随着声波入射方向的逐渐侧移而不断衰减，直到声波来自于话筒正后方时达到最低值。不过值得注意的是，在这个声波向离轴范围内偏移的过程中，心形话筒所拾取到的声音成分中最先出现衰减的是高频声。而且，随着声源发声频率的降低，心形指向性将会逐渐趋近于全指向性。

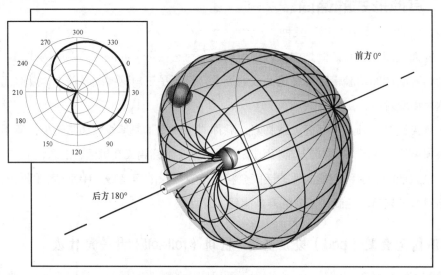

图 3.8　心形指向性

什么是全指向性图形

全指向性是指这种指向性的话筒对于来自任意方向的等距入射声波的灵敏度都是相同的，如图 3.9 所示。这一特性通常不会被应用于流行音乐类的现场演出，因为它一定会大量拾取到周围音源的串音。另外，同样要注意的是，随着声源发声频率的增高，全指向性就会呈现出一定的指向性。

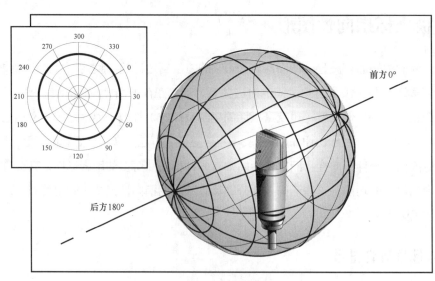

图 3.9　全指向性

什么是 8 字形指向性

之所以这种指向性被称为 8 字形（双指向性或双极性）指向性，是因为当这种指向性体现在极坐标图上的时候，其形状与数字"8"相类似。使用 8 字形指向性的话筒是从话筒的两侧拾取声音信号的，而对于那些来自离轴方向的声音信号，其灵敏度就会变得比较低。要注意的是，在 8 字形指向性的极坐标图中，数轴两侧图形的相位是相反的，如图 3.10 所示。

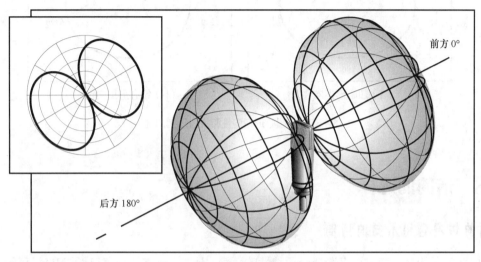

图 3.10　8 字形指向性

避免令人讨厌的串音

由于话筒振膜所感受到的声波可以是来自于任意角度、方位的，那么话筒所拾取到的来自于主轴的声波一定也会掺杂了部分离轴声音成分。当我们知道了话筒拾音的这种特性之后，便可以通过恰当的话筒摆位来尽量减少这种串音。当然，优良的房间声学条件也会有效地衰减离轴声，但剩余的那些反射声仍然有可能造成声染色。

你可以利用 8 字形指向性的特性来抵消掉来自于话筒两侧的离轴声音信号，从而达到尽可能衰减串音的目的。要注意，由于某些指向性还会存在可以拾取到反相声音的后瓣，因此我们也要对这些来自于后瓣方向的反射声进行处理。也许，将话筒尾部朝向反射声死区会是一个解决这类问题的好方法。

其他常见的极坐标指向性

很多其他的指向性都是通过上述 3 种最基本的指向性（全指向性、心形指向性和 8 字形指向性）之间相互作用衍生而来的。如图 3.11 所示，为两种衍生出来的极坐标指向性图——（a）超心形指向性和（b）锐心形指向性。这两种指向性经常会被应用于现场演出的拾音过程中，因为它们具有剔除大部分侧方声源及部分后方声源的特性，从而在很大程度上避免了信号回授等一些现场演出可能会出现的问题。

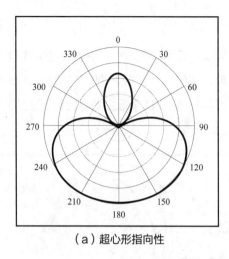 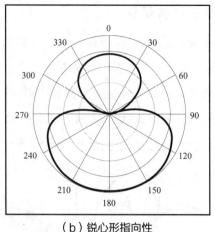

（a）超心形指向性　　　　　　　　　（b）锐心形指向性

图 3.11　超心形指向性和锐心形指向性

3.8　话筒的选择

不同的情况选用不同的话筒

根据乐器的声音特点，来选择合适特性的话筒。比如：一支低频有自然提升的话筒，它将更适用于需要提升低频的小型声学吉他，而不是一台低频充足的电贝斯音箱。以下是选择话筒前可能会提出的问题。

——必须使用话筒吗？

有些乐器可通过"线路输入"的方式将声音信号直接送入调音台，这样就免去了使用话筒进行拾音的麻烦，没有了话筒自然声音中也就不会有其他乐器的串音。所以，有时候对于现场演出来讲，最好的话筒选择就是不用话筒。

——声音的声压级有多大？

我们是应该使用动圈话筒、电容话筒、铝带式话筒还是其他类型的话筒？

——每种乐器声音的频率范围是什么？

比如钢琴声的频率范围非常宽，而相对来说三角铁的频率范围就很窄。而在给一件频率范围较窄的乐器拾音时，就不必使用录音棚里最好的话筒了。

——用老式的电子管话筒所拾取到的声音音质是否会更好一些？

——是选用小振膜话筒还是大振膜话筒？

不同话筒的各项参数性能自然也是不同的——你的双耳才是可以对音质做出判断的最终依据。通常，由于大振膜的振膜质量较大（这对于提高话筒的低频响应是非常有帮助的），所以说大振膜的话筒会更适用于拾取音域较低的乐器的声音。

——话筒输出信号的电平有多大？

输出信号电平大的话筒未必就适合为音量非常大的乐器进行拾音，这就如灵敏度较低的话筒未必是适合为音量较小的乐器进行拾音的道理是一样的。

——应该将话筒摆在哪里才能拾取到完美的声音音质？

录音时，是采用直接输出的线路信号呢？还是选择近距离的拾音方式或远距离的拾音方式呢？

——可供选择的话筒指向性都有哪几种，哪种才是最适合本次录音的？

没有必要每次都要选用心形指向性。全指向性的拾音特性是它所拾取到的声音更加自然，而且对话筒的摆位及朝向没有太多要求，因此配合恰当的吸声、隔声设施，选择全指向性一样可以拾取到高质量的声音；而对于 8 字形指向性来讲，它最擅长的是消除来自于侧方、离轴的声音成分，善用这一特点，一样可以获得优质的录音效果。

——总共需要多少支话筒？

是只用一支就可以了，还是得需要两支（或者更多）？是否有必要使用立体声的拾音方式呢？

——需要开启固定衰减或高切 / 低切功能吗？

在对信号的电平进行衰减之后，还存在电平过大的问题吗？

——然后你就可以考虑一下，午饭你是想吃鸡还是想吃鱼呢？

试试所有能用的话筒

不要忘了在设备库的角落里还躺着一支已经多年没有被使用过的话筒，有时候某些话筒所拾取到的声音可能会令人意想不到。比如说，我很好奇用枪式话筒拾取到的吉他音箱声会是什么样子的；或是用一支贴在地板上的界面话筒来拾取放在其上面的吉他音箱声，得到的会是什么样的声音；再或是由一支夹在声学吉他音孔的领夹式话筒，所拾取到的声音又是什么样的……

3.9 话筒的架设及摆位

使用话筒的时候一定要尽可能地小心

话筒就像孩子一样，一定要精心对待它们。不要单独把它们放置于地板上，只有当它们都被锁在恒温恒湿箱中的时候才是最安全的。

将话筒拿到录音棚之后的下一步就是要将其安装在合适的话筒架上，这是一套不可分割的工作流程。但如果你不得不将它们放到地上，那就先在地上铺一块毯子或者毛巾，再将话筒放上去（请想象一下珠宝鉴定师带着白手套拿取珠宝时的轻柔动作，你的话筒也应当被如此对待），如此可减少话筒的损坏概率。要知道修理一支老式的电子管话筒，所耗费的财力和时间都是相当多的。

多次检查

检查两遍甚至三遍，话筒是否已经被正确地安装在话筒架上，有没有碰触到其他的话筒架或乐器，以及话筒架是否足够稳当等。

在插接线缆前，要先将话筒哑音

当安装话筒的过程进行到接线这一步的时候，应先将每根话筒线放在话筒架的底部。然后回到控制室，在确认过将要接入话筒的这几路通道都已经被关上了之后，才能回到录音间中将各条话筒线接通。这样做的目的，是为了避免接插线缆时，扬声器乃至所有的监听或返送耳机中发出电平极高的打火声。

关闭幻象供电

如电子管话筒那样，如果一支话筒自己配有供电电源，那么就应将调音台上这路通道上的幻象供电关上。同样，当你使用动圈话筒或非平衡话筒的时候，也要关闭调音台上相应通道的幻象供电。

三比一原则

在使用两支或两支以上的话筒对同一个声源进行拾音时，要遵循这个传统原则。所谓三比一原则，就是在摆放话筒时，第二支话筒与声源的距离要至少为第一支话筒与声源之间距离的3倍。因为，这时第二支话筒所拾取的声音中会混有大量的房间混响声，足以弱化两支话筒之间的相位干扰问题。如图3.12所示，话筒（a）与声学吉他相距1ft，则话筒（b）与声学吉他的距离就要超过3ft。

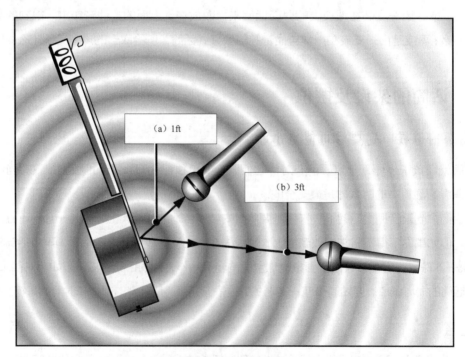

图 3.12　三比一原则

但是，比如当我们将两支话筒用胶布贴在一起，用于给小军鼓进行拾音，两支话筒间的距离已经近到可以忽略相位差的时候，就可以不必再遵循这个三比一原则了。

对于同一个乐器声源拾音时的话筒摆放要遵循三比一原则，同样，这个原则也适用于在我们为两个不同乐器声源摆放话筒的拾音过程。也就是当第二支话筒在指向其目标声源时，它与第一支话筒的间距应当是第一支话筒与其自身目标声源之间距离的 3 倍。这个原则听上去很容易实施，但在很多现实情况下是无法完全实现的。

防止噪声进入话筒

如果一支话筒离地板、墙壁、窗户或其他反射面太近，那么一些会对直接声造成干扰的反射声也会被话筒拾取进来。这时，你需要靠锐化话筒的指向性来减少这些反射声所造成的干扰。而改变话筒指向性的方法有适当遮掩话筒头，或利用声阻较高的材料来吸收附近的反射声，如在反射面上铺一块毯子等。

设一支对讲话筒

所谓对讲话筒就是一支被摆放在录音间中央，可供演奏者与控制室中的录音师交流的话筒。你可以在摆放其他话筒之前，就先将一支全指向性的对讲话筒设置好，这样就可以在为其他乐器摆放话筒的同时，还能时刻与控制室进行交流，这将会大大提高前期摆放话筒的工作效率。

给对讲话筒加一个反向门

对讲话筒打开时，我们可以通过它与录音棚中的人员进行交流。而当棚内的乐队开始演奏时（通常音量会比交谈声大很多），开启状态下的对讲话筒也会将演奏的声音原封不动地传送回控制室，但这并不是我们所需要听到的声音。

我们就可以通过在对讲话筒通路中插入一个反向门的方式来解决这个问题。理论上讲，反向门其实就是一个反应极端的压缩处理器。当信号电平达到门限值时，它就会自动启动，从而达到关闭（或大幅衰减）对讲话筒返回信号的目的。也就是说，当棚内的乐队开始演奏时，对讲话筒所拾取到的棚内高电平信号会触发反向门，这时对讲话筒的信号会被关闭。而当演奏停止时，反向门停止工作，从而重新恢复对讲话筒的功能。可见，反向门的存在将使我们从重复伸手去开启或关闭对讲话筒的噩梦中解放出来。

3.9.1 近距离拾音方式

原汁原味的音质

所谓近距离拾音方式，就是指在话筒与音源之间只有几英寸的距离的情况下进行拾音。近距离拾音有以下优点。

（1）声音音质更加紧实。

（2）能尽量减少其他乐器的串音。

（3）声音中不会夹杂着任何环境声。但如果需要周围的环境感，你只需把环境声再混合到干声中去。不过要注意的是，一旦这种混合后的声音被记录下来，其中的环境声就无法被去除掉了。

（4）即使周围的声学环境不同，我们也能拾取到音质类似的声音。也就是说，通过近距离拾音方式所得到的声音音质，不会由于录音声学环境的变化而受到什么影响。

（5）以立体声方式拾音时，所录得的两个声道的分离度更高。

保持一定的距离

使用话筒进行近距离拾音的原因之一是为了避免来自于其他乐器声源的串音干扰，但这种摆放方式却会削弱声音的温暖感。因此，如果你将话筒摆放在过于靠近声源的位置，就有可能对信号中的温暖感造成损失。这就好比一挂瀑布的水流，其力量最大的地方并不在瀑布的顶端，而是在瀑布的底端——自上而下的距离才是令其积攒巨大力量的真正原因。所以说，若声源附近不存在干扰，也许将话筒摆放得远一些，等声音在一个自然建立的过程中丰富以后，所拾取到的声音听起来会更好。

学会用耳朵去寻找最佳拾音位置

每种话筒摆放方式都会存在一个于当时条件而言为最佳选择的拾音位置。静下心用你的双耳去听，就会找到这个最佳点位。你可以在演奏者弹奏的同时，跪下来去聆听找寻乐器发声的最佳音色区域。不必让乐手用最大音量去演奏，只要对你而言足够响就可以了，这时你的双耳就充当了一对立体声话筒，围绕着乐器挪动你的头部去听，总会发现那个令你满意的位置。如果乐手演奏时用的是吉他音箱或放大器，那就让他在你寻找话筒摆放位置时，先将音量降低到你双耳的可承受范围就好了。

最佳拾音位置

当改变音源前方的近距离拾音话筒的位置时，你会真切地感到声音的音质也在随之变化。随着话筒逐渐远离音源，轻微改变话筒的位置所引起的音质变化会越来越不明显。当录音助理帮你在吉他音箱或放大器前摆放话筒，而同时你在控制室监听其音色时，记得将吉他音箱的音量调低。一旦当你听到了那个最佳音色时，就立即让乐手停止演奏，并告诉你的助理他已经找到了那个最佳的话筒摆放位置，确保他将话筒摆在了那个最理想的拾音位置上。

通常，对于吉他音箱而言，将话筒摆放在音箱纸盆与防尘罩连接处几英寸的地方是个不错的选择，至少从这个大概位置作为寻找最佳听音位置的起点终归是不会错的。

3.9.2　远距离拾音方式

离远一点

远距离的拾音方式就是指话筒在距音源几英尺（1 英尺 =0.304 8 米）远，甚至更远的位置进行拾音。远距离拾音方式有以下优点。

（1）声音的环境空间感更强，也就是说周边声场环境将会对声音的音质造成更大的影响。一般来说，录音的环境空间是用来塑造重放声场的深度的。但是要注意，如果使用不当，环境声话筒（也被称为房间声话筒）有可能将房间设计中的声学缺陷暴露出来。这里的声学缺陷指的是房间中某个区域会造成声音中特定的频率叠加，从而造成频率共振或驻波。

（2）话筒的位置不能妨碍到演奏者演奏过程，一定要保证演奏者们演奏时的舒适度。

（3）你还可以再录一轨将话筒摆放在较远位置时所拾取到的声音。在后期混音过程中，这轨声音将有助于增强立体声节目的声像定位及整个作品的声场深度。

（4）使得为人数众多的乐团拾音成为可能。通常，远距离拾取方式多用于古典音乐的录音，相比于让多个话筒近距离拾取每件乐器的声音，这样拾取到的声音平衡感要更好一些。因为，演奏者之间各声部平衡的效果相比于录音师在后期人为地对各声部进行调节所得来的音响效果要自然、真实得多。

（5）动态范围更小。这通常指的是人声这类声源。一般来讲，除非演唱者的演唱技巧十分优秀，懂得如何控制自己嗓音的动态范围，否则通过近距离拾音方式所拾取到的人声，大多都是需要经过压缩器的处理的。不过，如果当演唱者与话筒的距离大于等于 1 英尺的时候，声音动态范围的变化就不会那么大。但需要注意的是，话筒与演唱者之间的距离越大，拾取到的人声中夹杂的环境声就越多。我们一般是无力改变这些环境声的音质的，毕竟在录音棚设计之初这类录音中可能遇到的问题，就应该已经被设计者们考虑过了。

从历史中吸取教训

在录音发展过程的早期阶段，录音师会将唯一的一支话筒不停地在录音棚中变换位置，直到找到那个可以恰到好处地拾取到所有声源声音的最佳拾音位置，所有乐器声部的声音都被自然地融合到了一路音轨上。虽然当时所有的录音作品都是单声道的，但其中很多作品的音响效果都是非常棒的。各个乐器声部之间的空间，配合它们与拾音话筒之间的空间距离，利用声学环境这个最自然的黏合剂将所有声音元素合而为一，所获得的音响效果的融合性才是最好的。

另外，在那个没有贴录的时代里，录音过程中所考验的更是乐手之间的配合及默契程度。乐队每个成员在演奏过程中都要紧盯着对方，相互之间的一个眼神或动作示意就可以使他们在一瞬间同时变化乐曲的节奏韵律。而且，无论如何，所有乐队成员作为一个整体同期演奏一首歌曲的音响效果，听上去总要比每个乐手分期贴录完成一首歌曲的音响效果要好。

3.9.3 X/Y 拾音方式

清晰的声像定位

　　为了获得真实的立体声，将两支性能严格匹配的话筒（通常拥有同批次生产序列号的话筒所产生的声音音质是最相近的）的话筒头尽量靠在一起，成"X"形摆放，如图 3.13 所示。这种拾音的方式可有效地消除两支话筒之间的相位问题。另外，当我们在给钢琴或一组小提琴拾音的时候，可能话筒的摆放会受到空间大小的限制，那么利用 X/Y 立体声的拾音方式，我们将两支话筒紧靠在一起摆放，就既可以节省空间，又可获得声像定位清晰、稳定的立体声。

　　两支话筒的张开角度决定了立体声拾音范围角度的宽窄。张开角度越大，立体声的声像展开就越宽，但是如果张开角度过大就会导致声像出现空洞效应；而张开角度越窄，则空洞效应出现的概率越小，但却会使立体声信号趋向于单声道信号。

　　要使两支话筒做到完全匹配，除了型号一样，还要将两支话筒的高度、指向性、以及固定衰减和高切 / 低切功能的开关都设成一模一样。

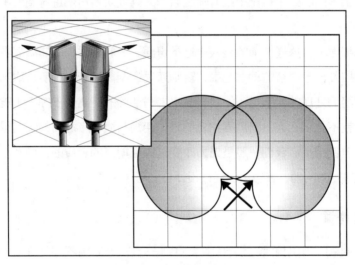

图 3.13　X/Y 拾音方式话筒的摆放

3.9.4　"膜片分开式"（Spaced Pair）拾音方式

获取空间感

　　一般使用"膜片分开式"拾音方式是将话筒相隔一定的距离摆放在录音间内。图 3.14 中的阴影区所示为通常的拾音区域范围，常用的架设方法有以下几种。

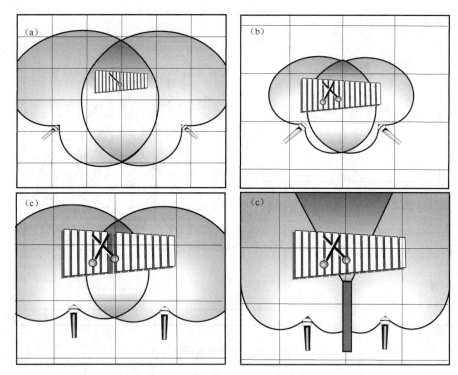

图 3.14 "膜片分开式"拾音方式

（a）两支话筒间距有好几码宽（1 码 = 0.914 4 米）。这种摆放的方式是用来拾取立体声的房间环境声（混响声）。

（b）两支话筒间距为 2 ～ 3ft。在这个范围内话筒的间距越宽，所获得的立体声声像宽度越宽。通过这种设置方式所得到的立体声，既能获得稳定、清晰的声像定位，又不会夹杂过多的环境声。

（c）将两支话筒并排（相互之间平行）摆放在被拾音乐器的前方。当两支话筒平行指向音源拾取声音的时候，会得到一个相当宽的立体声声像。如果你觉得声像还有些偏窄，还可以在话筒之间放一块屏风，以获得更宽的声像。

3.9.5 M/S 拾音方式

由单声道合成的立体声

M/S 这两个字母分别代表了中间（Middle）/ 侧方（Side），抑或是单声道（Mono）/ 立体声（Stereo）。这种拾音工具是一支拾取声源中间声音的话筒，及一支拾取两侧声音的话筒，通过这种方法获得的声音是将两支指向性不同的话筒拾取到的信号叠加起来所得到的。

M/S 拾音方式一般是当你需要在后期对立体声的声像宽窄进行调整的时候才会使用到，如图 3.15 所示。不过要注意，在监听及控制立体声声像深度的时候，需要用到调音台上的 3 个通道（最终混音时会变为双声道）。

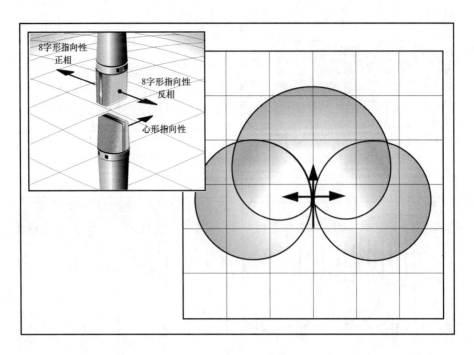

图 3.15　M/S 拾音方式

（1）这种拾音方式要用到两支话筒，其中一支是心形指向性（根据需要也可以用其他指向性——译者）的"M"话筒，另一支则是 8 字形指向性的"S"话筒。

（2）摆放时，要将 M 话筒的振膜指向声源，然后将 S 话筒的振膜偏转 90°（一般习惯将 8 字形指向性的"正向"指向 M 话筒的左侧——译者注），且与 M 话筒的振膜摆在同一个垂直线上。

（3）在录制时，将 M 话筒的信号录在多轨录音机的第一轨上，将 S 话筒的信号录在第二轨上，然后再将从多轨录音机返回的 M 话筒信号和 S 话筒信号分别送到调音台的通道 1 和通道 2 上。

（4）接下来，就要利用跳线功能，将调音台的通道 2 中的 S 话筒信号原样送到通道 3 上。然后最重要的一点是，要记得一定将通道 3 上的反相开关打开。

（5）然后将调音台上通道 1 的声像定位在中央，并将通道 2 和通道 3 的声像分别打到极左和极右（其中，没有反相的通道其声像定位要与 S 话筒"正"的指向一致）。

（6）此时，你可先提升起通道 1 的电平，以确定中间单声道信号的电平大小是多少，然后再提升起通道 2 和通道 3 的电平，来达到你所希望的立体声声像宽度。

值得一提的是，通过 X/Y 拾音方式所获取的两个信号被叠加成一轨单声道信号时，可能会存在某种程度上的相位问题。但通过 M/S 拾音方式所获得的声音信号所叠加而成的单声道信号却完全不会存在这种问题，其单声道/立体声的兼容性极好（但如果 X/Y 上下同轴摆放就不会有相位问题）。

3.9.6 Decca Tree 拾音方式

利用 3 支话筒来拾音

所谓 Decca Tree 指的是一种利用 3 支话筒来拾取立体声的拾音方式，如图 3.16 所示，多用于较大型的录音制作。这 3 支话筒均为全指向性，一支正对着声源的正中央，另外两支分别被置于这支话筒的两侧，大多会被架设在指挥后方几英尺、高度约 10ft 的地方。由于 Decca Tree 拾音方式多了一个拾取中间信号的话筒，因此经常被用来录制由 L-C-R（左-中-右）构成的三声道立体声和 5.1DVD 环绕声。

通过 Decca Tree 拾音方式，我们不仅能拾取到乐团左右两侧的声音，还能拾取到来自于前后方的声音信息。这对于管弦乐作品的录音来说是非常重要的，因为通过近距离拾音方式所获得的声音中，没有任何可以体现深度感或声像大小的信息。

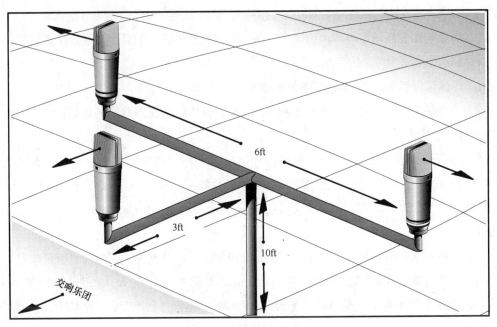

图 3.16 Decca Tree 拾音方式

3.10 接地

接地噪声

当电子设备的接地点不止一个时，就会使电路中出现多条回路，造成接地环路电流及哼声噪声的产生。另外，哼声也还可能来自于荧光灯、视频监视器、调光箱、电冰箱等周边电子设备的干扰。

消除哼声

如果你的音频设备中出现了哼声，应注意以下几点。

（1）使用录音棚中专门的交流电源电路。一些录音棚中都是会设有专为音频设备供电的电源插座，我们常见的大多为墙上的橙色插座。有时，录音棚里的全部音频设备都会被接到一个拥有12个插座的大电源接线板上，这样一来才能保证每台设备都是被连接在相同的电路上的。而录音棚里的其他电器，如咖啡机、视频游戏机和振动床等，则应该被接在其他插座上，形成一个独立于音频设备的电路。

（2）不要将一个电源插线板接在另外一个电源插线板上。

（3）在音频设备的附近不要使用荧光灯。

（4）不要使用无接地点的转换插头（一种用于将三芯插头换成两芯插头的转换插头），这种做法是很危险的。只有三芯的插头才能保证安全，而且当今大多数的设备也都是三芯插头的。和插头第三个点所连接的就是设备的机壳（接地），从而避免发生录音师触电的情况。

（5）可以利用变压器或哼声消除器等设备，通过衰减由设备间共用接地点所造成的电流回路，来达到消除信号中哼声的目的。

（6）尽量选用质量最好、长度最短的线缆。

（7）重新整理一遍周边设备的摆放顺序。某台设备中的变压器就可能是引起邻近设备产生哼声的元凶。

（8）使用滤波器。比如，对于一个位于60Hz左右频段的哼声而言，是可以通过使用滤波器衰减60Hz及120Hz频段处的声音来将其消除掉的。但是，由于滤波器会连同乐音中的这些频段也一并衰减掉，甚至会对声音中泛音部分造成一定的影响。因此，我并不建议使用滤波器。

（9）改换一下DI盒的接地开关。一些DI盒设有接地的转换开关，可通过断开输出信号线缆与输入信号线缆之间屏蔽层的连接，来消除设备间的接地环路电流及由此而引发的哼声噪声。

（10）如果哼声是来自吉他音箱，那么可以将音箱的电源插到墙壁上一些属于其他电源供电的插座中去。

（11）让演奏者转向其他的方向。有些时候，当演奏者朝向某个特定的方向时，电吉他上的单音圈拾音器就会发出较大的哼声噪声，而当演奏者朝向其他方向演奏的时候，这种哼声又会随着方向的改变而消失。因此，当你找到那个哼声噪声最弱的演奏位置时，就在地板上贴一块十字胶布作为记号，以便让演奏者知道朝哪个角度演奏效果才是最好的。

（12）如果你仍然无法找出哼声噪声的来源，那么就用排除法——先关闭所有设备，然后从信号通路的起始端依次开启每台设备。这样，当哼声再次出现的时候，你就可以找出哼声噪声的来源。

3.11 相位

相位问题

如果将两个相同的信号叠加在一起，比如将两支话筒信号都送到同一路音轨，若其中有一个信号发生延时，那么就会导致相移现象的发生，而这种相位的偏移及延时是以角度为单位来计量的。如图 3.17(a) 所示，在没有延时的前提下，将两个相似的正弦信号相叠加，所得到的信号幅值应该是原信号的两倍。如图 3.17(b) 所示，当其中的某个信号被延时半个周期后，那么它与另一个信号的相位就会呈 180° 反相状态，此时再将两个信号叠加起来，便会使这两个信号完全相互抵消掉。不过要注意的是，延时会牵扯到相位或相移问题，而极性却是与延时无关的，所谓极性也就是指电信号的正向和反向。

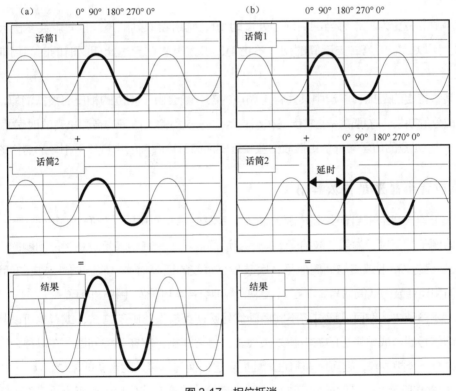

图 3.17　相位抵消

什么是相位表（相关表）

在相位表屏幕上，会将你所监听的声音信号的左声道和右声道之间的相位关系展示出来。

检查信号的极性

在话筒到监听扬声器之间的信号通路中，信号的极性是很可能出现反向情况的。造成这类情况的原因有很多，如转接头或插头的接线错误甚至是误触某个按键等。因此，检查信号极性的步骤如下。

（1）选两支性能相近的话筒，将它们的话筒头（振膜）尽可能地靠在一起，并指向同一个声源。

（2）让某人站在距话筒几英尺远的地方讲话。

（3）开启两个通道的单独选听功能（solo），以单声道模式进行监听。

（4）按下其中一路通道的反相键（有些调音台上会误标为反向），如果信号出现相互则表明两支话筒信号的极性是相同的；如果在你还没有按下反相键的时候，信号就已经被相互抵消掉了，那么就表明这两支话筒的极性是相反的（送入话筒线 XLR 插头上 2 针和 3 针的信号被接反了）。

相位的本质

以声源的位置为准，每当话筒向远处移动 1ft，它所拾取到的声音信号就会多出大约 1ms 的延时。所以，如果第二支话筒的摆位不正确，那么声波在到达此话筒时的时间周期就是不统一的。

在某些特定的距离，声音中某些特定频点的部分就会由于相位的相反而被抵消掉，导致声音频率成分的缺失。这种情况通常都是在给有两个（一对）输入信号的音源录音的时候才会发生，比如将一个 DI 盒的信号与一个由摆放位置较远的话筒所拾取到的声音信号相叠加这样的情况。

反相的声音听起来是什么样的

当大于等于两路来自于共同声源的输入信号发生相互作用时，就有可能出现相位问题了。最典型的例子，莫过于为架子鼓拾音的众多支话筒信号了，其中容易发生相位问题的话筒信号有小军鼓上鼓皮和下鼓皮的话筒信号、底鼓与小军鼓的话筒信号、底鼓内外鼓皮的话筒信号、吊顶话筒和通通鼓的话筒信号，甚至是其中的各种组合均可能发生相位问题。

在上述例子中，你可以通过将不同话筒信号两两叠加来监听的方式，或者也可以将所有架子鼓话筒信号混合成单声道的监听模式来检验信号之间是否存在相位问题。在以往，录音师的附近都会有一个相位表，它可以非常直观地显示出任何与其接入的音轨的相位。

图 3.18(a) 所示为录音时所使用的两支拾音话筒，将这两路信号的电平大小开至一致，再同时开启通道上的单独选听功能（solo），并以单声道模式监听两路合并后的信号。然后将距声源最远的话筒信号所在通道上的反相功能暂时打开。在正常情况下，当反相键被按下之后，你听到的应当是一个由于相位抵消而造成低频缺失非常严重的声音信号。

利用调音台的反相开关能够修正相位问题吗？理论上讲是可以的，但在实际操作中通过这种方式去处理混杂在录音成品中的相位问题效果有时也并不理想。不过，要是能在正式开始录音之前利用反相开关来预先发现并调整好这些可能出现的相位问题是再好不过的。当你在准备过程中发现监听信号中存在相位问题时，你完全可以通过人工挪动拾音话筒位置的方式来对其进行调整，相信你很快就能将潜藏在信号中的相位问题解决掉。

挪动话筒来解决相位问题

通常我们在为吉他音箱拾音时，会一远一近摆放两支话筒。当需要检查并调整这两支话筒信号之间有可能存在的相位问题时，我们可以通过切换摆放在较远处话筒输入端的相位开关来进行解决，具体步骤如下——当系统设置妥当之后，你就可以让演奏者开始演奏了，最好让他弹奏单音来作为测试信号。与此同时，让你的录音助理移动那个距离较远的话筒。如图 3.18(b)所示，将话筒向前或向后移动。当话筒被移动到某一处的时候，你会发现叠加后的声音信号几乎消失了，这表明两路声音信号是反相的，彼此之间发生了抵消。

在确定了这个点之后，就把那支用于远距离拾音的话筒固定在这个位置上，最后将之前打开的反相功能取消即可。如图 3.18(c) 所示，此时远距离拾音话筒与近距离拾音话筒的相位基本相同。

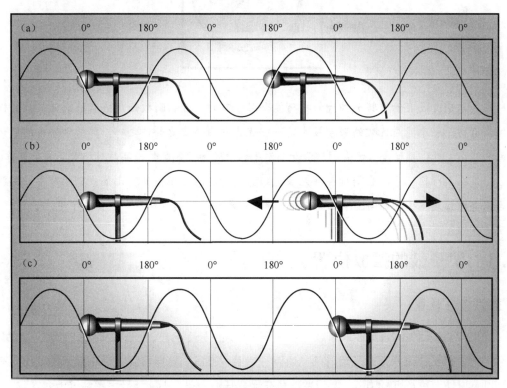

图 3.18　减小相位抵消

通过波形来检查并修正相位问题

当你认为声音中所存在的相位问题都被解决了之后，先试着录几小节，然后在音频工作站的编辑窗口中将各路音轨的波形放大，看看各路波形是否同相。如果还存有相位问题，就轻微地挪动某支话筒进行微调，再录几小节，直到不存在相位问题为止。

第4章

架子鼓的话筒设置

在本章中并没有什么特别神奇的技巧能令架子鼓的声音从刚被话筒拾取进来开始就变得相当结实有力。一个音质优良的架子鼓声是一首优秀歌曲的重要条件之一。那么除恰当的调试及出色的演奏之外，再配合上优秀的作曲和高水平的录音师便能制作出品质数一数二的录音作品。

但是在实际情况中，我们却往往无法达到前段所述的理想条件。比如，有些鼓手并不关心是否需要更换鼓槌头或者调鼓等准备工作，他们所希望的就是直接敲一通交差了事。

4.1 架子鼓的摆放位置

提前到达录音棚

如果你要去陌生的录音棚录音或者是第一次与某位鼓手合作，那就要比平时提前开始摆放、设置话筒，甚至在录音正式开始的前一夜就开始着手准备。这样可以给你和鼓手预留出更充裕的时间，以便对声音进行调试。不过要注意在录音开始之前，不能让鼓手感到过于劳累。

确定鼓的最佳摆放位置

录制摇滚乐时，可以把鼓放在房间的中央，以减少近次反射声造成的声染色。也可以把鼓放在门口，将门开向类似于休息厅等较为宽阔的空间，然后把环境话筒摆放在这个宽阔的空间里。以往在 Little Mountain Sound 录音棚录音时，我们经常采取这样的做法。在 A 录音间与 B 录音间之间有一个卸货区，当需要时，我们会将架子鼓摆放在录音间面向卸货区方向的门附近，并将门打开。然后在靠近房顶角落的位置摆放一组话筒以拾取架子鼓的环境声。

对于布鲁斯风格的音乐来讲，不需要将鼓放在房间正中央，而是可以将其放在房间的一侧，以给其他乐手留出演奏的空间。而对于乡村音乐来说，可以将鼓放在一个混响较为沉寂的房间（比如一个与录音间相隔离的鼓房）来录音。甚至也可以向录音棚的工作人员询问录音师在以往都会将架子鼓放在哪里，从他那里得到经验是个省时省力的好方法。

而且，找寻摆放架子鼓的最佳位置这项工作，你也应该与鼓手一同来完成。你要是不想把鼓放在鼓房里，那么就根据乐队其他成员的位置找出适合于鼓手的演奏位置。而且，你只能根据乐手的想法来改变你的摆放方式，可不要期望乐手会为了你的想法而改变他原有的习惯。

发挥录音棚的声学优势

有些录音棚的墙面上装有可翻转的墙板，一面为木质反射面，另一面为吸声材料。利用这些具有不同声学特性的墙面可以改变房间不同部分的声学特性。但如果利用这种方法还不足以消除干扰频率或多余的反射声，那么就需要再吊挂上毛毡或是摆放上隔音板。另外，我们通常都应该是先摆放好所有的话筒之后，再去考虑如何摆放隔音板等有关事宜。

升高鼓手的演奏台，让他拥有如现场演出一般的感觉

如果整个乐队在一起演奏，那你就可以把鼓放在升高的鼓台上，这样可以消除周边放大器所产生的低频隆隆声，还能防止架子鼓自身所产生的隆隆声串入放大器的拾音话筒。另外，当鼓手眼睛的高度与其他乐手及录音师平齐时，更是能令他产生一种如同在舞台上演出时一样的感觉，这在某种程度上可以令鼓手发挥出更好的演奏水平。

在架子鼓下面铺上地毯

在摆放架子鼓之前，先在地上铺一块地毯，以防止那些来自地面的反射声串进架子鼓的拾音话筒。并且地毯也能减小架子鼓放在裸露地面上时所产生的吱吱声和咔哒声，并能阻止架子鼓在被敲击时由于振动而到处移动。

那么，如果不铺地毯，架子鼓声听起来会是什么样子的呢？也许，对于你所要录制的乐曲而言，没有地毯所录制出来的架子鼓声才是你所需要的，满足需要的声音才是最好的声音。只不过在录制过程中，注意别把地板划坏了。

在地毯上做好标记

如果你事先知道这位鼓手下周还会再来录音，那么就在录音间的地毯上标出架子鼓的位置。利用常用的胶带便可精确地标出每面鼓及话筒架的摆放位置。如果不同的鼓手所使用的是同一块地毯，那么可以使用不同颜色的胶带来区分每个鼓手的演奏位置。

根据鼓手的喜好摆放架子鼓

当鼓手确定了摆放架子鼓的位置之后，你就可以开始根据架子鼓的位置在正确的拾音点上摆放话筒了。先后顺序不能变，一定要先摆好架子鼓，再摆放话筒架，而且要尽量选用最稳固的支架。等话筒都摆放好之后，才可以安置架子鼓周围的东西。

利用沙袋可使话筒架更加稳固

要将所有的话筒架都摆放得足够稳定，即使是被人不小心撞了一下，也不会轻易地改变它原来的摆放位置。

防止底鼓向前挪动

有些鼓手真的是在"打"鼓，强劲的敲击力度会使得底鼓缓慢地向前移动，以至于偏移到了整套架子鼓之外。为了解决这个问题，你可以用砖头、沙袋等此类物品来防止底鼓移动。在某些情况下，你甚至可以在底鼓前钉一小块厚木板，以固定底鼓的位置，但在多数时候，我们都不至于采用如此极端的固定方式。

更换旧毛毡

要及时将老旧的毛毡及塑料套更换掉，它们的作用是用来固定吊镲的，一旦这些吊镲套老化了之后，就可能会与金属架发生摩擦，进而产生噪声。

提醒鼓手带齐自己的演奏乐器

欢迎鼓手及其他乐手自带乐器。因为对于不同的歌曲来说，所需要的乐器音色也是不同的。以小军鼓及吊镲两种乐器为例，其同类中个体之间的音色差别是很大的。作为一名录音师，在录音时我们最不希望听到的就是类似"我把铃鼓落在家里了！"甚至是"天啊，我刚刚弄坏了最后一根鼓槌。"这样的话。

对音质要做到精益求精

要肯花时间将所有可能会影响架子鼓音质的问题在声音信号进入调音台之前解决掉。

4.2 更换鼓皮

多种安装鼓皮的方式

像吉他琴弦一样，鼓皮（又叫鼓面）也是一种消耗品，其质量也会随着使用次数的增加而下降。所以说，一面崭新的鼓皮所录出来的声音音质总是会比旧鼓皮的音质要好一些。

未经同意，不要擅动鼓手的乐器

毕竟演奏乐器的是乐手而不是你，鼓手对自己的鼓拥有绝对的支配权，有些鼓手可能偏爱音色较暗淡的小军鼓音色或是经过了某种方式进行调音的通通鼓。除非你得到了乐手的允许或是这件乐器归你所有，否则你尽量不要随意碰触任何乐器。即便是你出于善意想要"改善"音质也不可以，如果你随意调试甚至拆卸他们的乐器，乐手会被气晕过去的。

但如果你一定要更换鼓皮的话，那么你就尽量选用与之前特性相似的鼓皮，或者就直接按照鼓手的意愿来更换。

更换鼓皮时需要牢记在心的准则

（1）先用合适的鼓钥匙卸下固定鼓皮用的螺栓。

（2）从鼓上拆下旧鼓皮。

（3）把长时间积聚在鼓腔内的尘土等脏物清理干净，并用抹布将鼓边擦干净。

（4）把鼓的上面朝下放在一个平整的表面上，以检查鼓沿是否发生了变形。然后再关掉屋里的灯，在鼓腔内打开一支手电筒来检查一下鼓壳是否有裂缝存在。一旦发现了裂缝，就意味着我们是无法将鼓调好的，此时便只能向专业维修师求助了。

（5）封上新的鼓皮，手动将每个固定螺栓放到原位。

（6）固定螺栓的方式与更换轮胎的方式是一样的，不要将固定鼓皮用的螺栓顺序拧紧，而是要先拧一下某个螺栓，再去拧与其相对的螺栓——也就是说，若你先拧的是位于 1 点位置上的螺栓，那么接下来需要拧 2 点位置的螺栓，依此类推，如图 4.1 所示。而且在拧紧每个螺栓的时候，每次一个螺栓只能拧一圈，然后当鼓沿上一圈的螺栓都被拧过了一遍之后，才可以开始拧第二圈。如此循序渐进

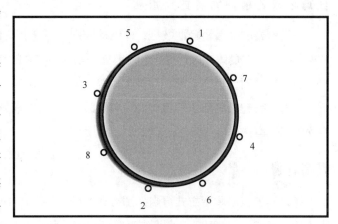

图 4.1　为架子鼓调音

的方式，可保证整个鼓皮在被扯紧的过程中受力都是均匀的。随着鼓皮的张力越来越大，每次螺栓被拧紧的幅度也应该越来越小，你也会听到鼓皮由于越绷越紧而发出"咔咔"的响声了。到了最后阶段，就需要你在固定鼓皮的时候，一边按着鼓皮，一边拧紧螺栓，这同样也保证了鼓沿各方向对于鼓的施力大小是相同的。甚至在某些时候，鼓手还会用膝盖抵着鼓皮，或干脆站到鼓皮上去，以增加鼓皮的表面张力。

在鼓腔内录音

如果将通通鼓底面的鼓皮或底鼓的外侧鼓皮拆下来，会令鼓腔内的共振不够均匀，进而对通通鼓或底鼓的音质造成影响。因此，为了保证音质，你最好能在拆下原鼓皮之后再装一面中间被挖空，只留了一圈宽约一二英寸的旧鼓皮。这个宽度既保护了鼓声的音质不受到破坏，又为需要置于鼓腔内的拾音话筒留出了足够的摆放空间。

4.3　为架子鼓调音

调音的重要性

可以想象，音色对于每天以架子鼓为伴的鼓手来说有多么重要。随着长时间的敲击，鼓皮会出现松动，导致声音音色、音质下降。所以，经常调音是非常有必要的，这样你才能保证每一面鼓都能随时将其最优美的音色展现出来。

在将鼓皮装好之后，最好能花一天的时间来让鼓皮适应这种拉伸的状态，此时再进行校音，这样所得到的音响效果才是最好的。当然，上述步骤也并非必须的，如果你立刻就要开始为架子鼓录音，那么不必太在意这些细节。

在调军鼓之前，先将鼓皮放松

先沿着鼓的外沿轻轻地敲打，仔细地辨别一下音调有何不同，在必要的时候将鼓皮收紧或放松一些。当然具体应如何操作，还得靠一双训练有素的耳朵才能完成。

鼓皮较紧时，声音听起来会更加干脆，冲击力更强；而鼓皮相对松一些时，声音会较为低沉、松垮，听起来没那么干脆有力。有些鼓手习惯在敲鼓时将鼓皮放松，那是因为他们偏爱具有松弛感的声音。

提高音调

如果架子鼓的调音方式得当，那么你既可以将鼓声中的基频共振声突显出来，又能增加鼓声中的泛音成分。将鼓的音调调得略微低一些，可在敲鼓的同时，激发起更多的空气参与振动，从而获得更震撼的音响效果。但是如果音调过低，就会使鼓声显得有些变质了。而将鼓的音调调高一些，则可将鼓声中那些自然的低频成分提升起来。但是，若通通鼓的音调过高，那么就会使小军鼓下面的响弦随着鼓身的振动而发出多余的噪声。

降低音调

将小军鼓的音调调低一些，可使其形体感听起来比实际更明显一些。所以说，有时我们在音乐里听到的那些形体感较明显的架子鼓声实际上并没有我们想象中的那么明显。总之，你要配合音乐的风格来为架子鼓调音。

调整通通鼓的两面鼓皮

对于上下双层鼓皮的通通鼓来说，有时鼓手喜欢将上鼓皮的音调定得比下层鼓皮略高一些，这时他会把上层鼓皮音调稍微调高一些，同时把下层鼓皮的音调调低一些，直至调出令自己满意的音色为止。有时为了得到音色较干的声音，鼓手又会把下层鼓皮的音调调得比上层鼓皮的音调略高，或者也可以为了得到更为丰满的音响效果，而将上下层鼓皮调成相同的音调。

下层鼓皮所影响的是鼓的音调和鼓声的尾音，是决定通通鼓音质的最主要部分。而且从录音的难度方面来讲，双层鼓皮的通通鼓要比单层鼓皮的通通鼓更加难录，而且它所需要的调整时间也会更长一些。

另外，调音时最好按顺序给每面鼓调音，先调上层鼓皮，再调下层鼓皮，直到每面通通鼓的声音都被调好了为止。不过，每位鼓手的调音方式也是各不相同的，有些鼓手是通过敲鼓壳或拍鼓皮，重复地听声音中所包含的共振频率来为架子鼓调音。

音高的差别

通通鼓之间的音高一般会相差四度，有些鼓手还认为低通与底鼓之间应有五度左右的音高差。只有鼓手才有资格决定每面鼓的音高，作为录音师的你是不应该干预的。如果鼓手想要的是三度，那么就是三度好了。可以说，最理想的状况就是，在调音之后我们能通过鼓与鼓之间的各种音程关系而将乐曲中的和弦强调出来。

而像小型鼓、吊镲及小手鼓、响板等打击乐器都是没有确定的音高的，换句话说它们属于噪声乐器，所以说为它们调音也就没有必要了。

音准的微调

要将用来固定鼓皮的各个螺栓松紧度都保持在相同的状态，这样才能将声音中那些不必要的泛音成分减到最少。若你想使通通鼓的音色更加丰富，那么也可将某个螺栓稍稍拧松，这么做可以将通通鼓的音高降低一些。

在调音上多花些时间

只有调好音的架子鼓音质才会有保证，因此在调音上多花些时间还是非常值得的。当我与某乐队合作时，乐队中的鼓手总是会随行带一名调鼓师，每当他录过了几段架子鼓的声音素材之后，调鼓师就会利用下一次录音工作开始之前的这段时间来调鼓，以确保架子鼓的音质随时都会保持在一个最优的状态。

乐手才是最了解自己手中乐器的那个人

就一件乐器的调试来讲，是没有什么对错之分的。不同乐手所喜欢的方法也是各不相同的，只有鼓手自己才是最了解架子鼓各项性能的那个人。一名真正优秀的鼓手能听辨出正确的音调，并有能力将鼓声的共振成分降至最低。

4.4　准备工作

用于减震的"面包圈"

为了给鼓增加阻尼，可以将一个环形（一块中间部分被挖掉了的旧鼓皮）的东西放在鼓皮上，以此来减弱鼓皮的振动幅度。当然以上只是简易方法，如果要想让鼓皮的振动幅度真正降低下来，你还需要其他一些能增加阻尼的东西。比如你可以通过用胶带将某种软质材料粘在鼓皮上这类方法，以降低鼓皮的活跃性。但是一定要注意，不要在鼓槌有可能敲击到的地方粘任何东西。

甚至你还可以利用口香糖来完成这项任务，将口香糖粘在鼓皮上也能为鼓皮减震。不过，有些品牌的鼓皮在出厂的时候，就拥有如外边缘较厚的鼓皮等配套的减震设备。需要说明的是，在进行上述增加声阻的操作之前，要先考虑一下歌曲的风格及配器。一首丰满、节奏较快的歌曲通常就不需要增加声阻了。因为，即便是泛音再丰富的鼓，当其在与多种乐器一起演奏时，其泛音成分也必然会被掩蔽掉很大一部分。

重要的声音特性

与鼓手一起想办法，去寻找减小架子鼓摩擦或共振噪声的方法——但是不要把这个声音跟鼓的自然声音混淆，谐波是鼓本身声音的一部分。很多鼓手喜欢这种泛音，这也是调鼓的目的之一。但有些录音师没有意识到泛音也是声音的重要部分，反而会把它衰减掉。

先听声音，再放填充物

为减少底鼓的泛音，在底鼓里放一块折叠的毯子或者一个沙包。或者在底鼓里填放些撕碎的报纸、轻的毯子和毛巾，总之要填放有效的东西。但是注意放毯子前，先仔细听听底鼓原本的声音，因为很可能那已经是你想要的声音了。

想在鼓皮上贴张信用卡

为了使底鼓声更加短促有力，你可以在鼓槌敲击鼓皮的那块地方贴一枚 25 美分的硬币。如果你觉得 25 美分太廉价了，那么也可以用胶带在相同的地方贴一张信用卡（当然，如果这卡主是你的制作人那就最好不过）。不过，贴硬币或是信用卡的位置要相当精确，鼓声的音响效果听起来才会是最好的，而其他地方则次之。

木制及毡制的鼓槌头

在用鼓槌头包有毛毡的鼓槌敲击底鼓时，所获得鼓声音色柔和，其中低频成分较多；而用木制鼓槌敲击所得来的声音将会显得更为短促有力，突显了底鼓的声音特色。一般而言，大多数摇滚乐的鼓手都习惯用木制的鼓槌，而大多数爵士乐的鼓手则更偏爱用毡制的鼓槌。当然这些选择通常还是要由鼓手自己来判断，不需要你从中干涉。

没有那么多胶带，就把鼓槌包起来

为了使声音听起来更有冲击力，你可以在毡制鼓槌的鼓槌头缠上胶带或者类似胶带的东西，能给鼓槌更大的冲击力。不过需要提醒你一下的是，使用这种方法所做成的鼓槌头并不耐磨，经常在录了几遍素材之后胶带就会被磨破。

弹簧失灵

如果一个新买的踏板上的弹簧总是会吱吱作响，光上润滑油可能是无法解决问题的。这时你所要做的就是重复多踩几次踏板，将弹簧拉伸到比正常使用时更长的位置，但是一定要非常小心，不要由于过度地拉伸而使弹簧受到损害，或是拉断弹簧。可以说，在录音正式开始前，没有什么比有一个性能优良的踏板更为重要的了。

4.5 架子鼓的拾音

想要获得一个优质的架子鼓声，完美的作曲是前提。一首作曲及编曲合理的歌曲，会让鼓手演奏得更为流畅，能够更好地感受和把握歌曲的韵律节拍，而这对于作曲糟糕，编曲不合理的歌曲而言是不可能实现的。所以说，如果一位鼓手能在演奏过程中感受到舒适的韵律及耳机返送，会令他的演奏水平更上一层楼。

4.5.1 底鼓的拾音

找到恰当的拾音位置

拾音话筒摆放位置的不同会使得所拾取到的底鼓声大相径庭。而寻找最佳拾音点的方法就是由一名录音师在控制室内监听的同时，让录音助理在录音间内慢慢地移动话筒的位置，这样你就可以随时听到不同的话筒摆位所产生的不同音响效果。当你听到了令人满意的音色时，就可以让录音助理将话筒的位置固定下来。然后再以在这个位置所拾取到的声音音色为基础，对声音及话筒的具体摆放位置及方式进行微调。记住，这只能作为调整底鼓话筒摆放位置的起点，一定要将其混合在其余架子鼓话筒信号中确认其音色没问题了，才能最终真正确定下来其摆放位置。图 4.2 所示为话筒的摆放位置。

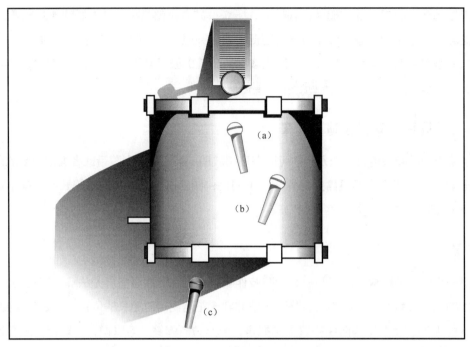

图 4.2　底鼓的拾音方法

（a）近距离拾音。在距离鼓皮仅几英寸的地方，将话筒摆放在正冲向鼓槌敲击鼓皮的位置，这样所拾取到的声音是短促而具有冲击力的。

（b）把话筒的位置后移，利用话筒离轴的音色来拾音，令话筒指向鼓壳与鼓皮相交的地方。通过这种方式所拾取到的鼓声，音质清晰、冲击感较小，且低频有明显的提升。一般我们在最开始为底鼓摆放话筒的时候，都会以此摆放方式作为参考。

（c）远距离拾音。将话筒摆放在拆除了背面鼓皮的鼓腔外，如此拾取到的声音音色底沉宽厚。但是需要注意的是，在使用这种拾音方式的时候，话筒中的串音量会有所增加，随之带来的问题是声音清晰度的降低。

需要说明的是，对于这个寻找合适的话筒信号组合的过程，一种选择是在前期准备工作期间就将最优的话筒信号挑选出来；另一种选择是先将所有话筒所拾取到的信号都录制下来，等到混音时再做决定留哪几路信号。不过，第二种选择会大大延长最终混音所需要的时间。

动 圈 话 筒

由于流行音乐中架子鼓的声压级往往很高，因此动圈话筒会经常被用于近距离拾音。要知道架子鼓中的底鼓所产生的声能是相当多的，与一般的电容话筒相比，动圈话筒更加坚固耐用，可以承受很高的声压级。而且，大振膜的动圈话筒还十分擅长捕捉鼓声中的低频成分。不过，现今绝大多数的电容话筒也都是非常耐用的，同样能用来录制那些强有力的敲击声。

音乐的风格决定了话筒的摆位

对于重金属风格的音乐来讲，大体的话筒摆放方式为，先将底鼓与其他鼓隔开，然后再把话筒放在距内侧鼓皮仅几英寸的地方。而对于爵士风格的音乐而言，就不用再将底鼓外侧的鼓皮拆掉了，而是将话筒摆在距外侧鼓皮不远处一个比较开放的环境中即可。

烦人的串音

在为底鼓摆放话筒时，你应尽量令话筒的拾音主轴避开低音通通鼓的声辐射方向，以减少通通鼓对底鼓声的串扰。

追求更加真实自然的底鼓声

如果在为底鼓拾音时，你无法得到预期中圆润低沉的低音，那么可以再找来一面体型更大的低音鼓，比如像是游行阅兵时，军乐团中常常使用的那种大鼓。然后把它放在底鼓外侧很近的地方，再将话筒摆放在这面低音大鼓的前面。这样，在鼓手敲击底鼓的同时，这面低音大鼓便也会随着底鼓的声音而发生共振。最后你就可以根据需要，将这些温暖的低频声添加到原始的底鼓音轨中去。当然，你也可举一反三，利用此种方式来为架子鼓中另外一些体型较小的鼓增加低频声。

用两支话筒为底鼓拾音

如果通路和话筒的数量都还富余，那么使用两支话筒来拾取底鼓声是个不错的选择。一支话筒摆放在靠近鼓槌敲击的位置来重点拾取鼓声中的敲击声，另一支则摆放在 1 ～ 2ft 远的地方来重点拾取鼓声中低沉厚实的部分。在后期混音过程中，可以将这两个声音信号组合起来使用，也就是取头一个信号中的音头及另一个信号中的音尾合成一个更为丰满的鼓声。不过在叠加时一定要记得检查两者的相位是否存在问题（当然，使用这种方法意味着你要拆掉底鼓的鼓皮）。

给底鼓建个"隧道"

在所有的话筒都摆放完毕之后，你就应该考虑为底鼓建一个"隧道"了。如图 4.3 所示，这种方法既可以避免房间内的其他音源对底鼓的话筒造成串音，同时还能将底鼓的声音与其他声音隔开。架毯子的方式有很多，有些录音师会先将一把椅子放在底鼓前，用椅子来架毯子，而有的录音师则是利用两个话筒架来架毯子。这种制造"隧道"的方法，很适用于在使用一支话筒进行近距离拾音的同时，还有另一支话筒在鼓壳外指向踏板敲击处的拾音方式。话筒摆放的步骤如下。

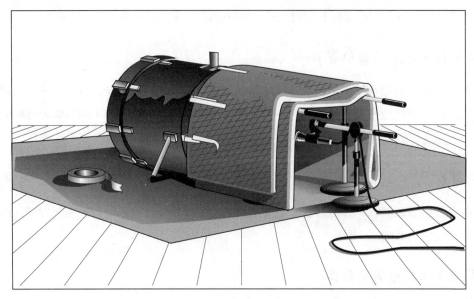

图 4.3 底鼓的"隧道"

（1）按照你平常摆放话筒的方式，根据不同的音乐风格来选择合适的话筒型号及话筒架，然后将话筒放进底鼓的鼓腔里。

（2）在底鼓的前面，先摆两个小型话筒架（或者类似的支撑物），再将毯子盖在底鼓上，便建造成了一条"隧道"。

（3）最后，要用胶带将毯子固定在底鼓的外壳上，不过你一定要在给鼓壳贴胶带之前，先征求一下鼓手的意愿，看他是否愿意将毯子粘到他心爱的鼓上。如果在经过了上述处理后，你觉得底鼓声的隔离度还是不够大，那么就在"隧道"的开口端再盖上一条毯子，不过在隧道中摆放着的话筒位置是绝对不能有任何改变的。

当话筒之间的摆放呈对向时，记得将对侧话筒的信号进行反相处理

能为底鼓摆放两支话筒来拾音肯定会给录音师带来更大的创作空间，但如果其中一支话筒被放在了底鼓鼓槌的一侧，且指向底鼓鼓皮，那么记得按下这个通路的反相开关。

要尽量减少底鼓声与其他鼓声相混合之后的音质损失

在调试底鼓的话筒时，要将架子鼓的所有音轨都混合在一起来监听，这样你就可以及时地对其他鼓声与底鼓声两者所出现的频率重叠问题进行处理了。

底鼓声音的重要性

不要低估了一个优质底鼓声音的重要性，因为它在一首乐曲中总是与节奏中强拍的位置相一致，而这些强拍又恰好就是我们平时所常说的人们跳舞时所跟随的节奏。

4.5.2　小军鼓的拾音

先试用一支动圈话筒

小军鼓声音大，瞬态响应强，适合用动圈话筒拾音。话筒放在鼓沿上方约 1in 的地方指向鼓皮中央，也就是鼓槌敲击鼓皮的地方。或者把话筒指向偏离中心的位置，以消除那些刺耳的声音成分。仔细监听鼓的声音，不断调整话筒位置，满足要求。

另外，在为小军鼓摆放话筒时，要尽量将话筒拾音主轴的背侧朝向踩镲的方向，以减小串音。

使用两支话筒来拾音

在小军鼓的鼓皮下摆放第二支话筒，拾取响弦碰撞下鼓皮的声音。当下鼓皮的话筒"看见"鼓皮向上运动时，上面的话筒"看到"鼓皮也是向上运动的，因此两支话筒信号的相位相反，需转换下鼓皮话筒通道的相位设置。

上下鼓皮拾音

在小军鼓上鼓皮的动圈话筒旁粘 1 支体积小巧且声压耐受力较高的电容话筒，并且把两支话筒的腔体尽量靠近摆放。这支电容话筒能增加小军鼓声音中的高频成分，而动圈话筒则主要拾取鼓的敲打冲击声。提高电容话筒的电平即可为小军鼓增加声音的清脆感，这样做比给动圈话筒"加均衡"获得的高频效果好。

如果有需要，你甚至还可以在上鼓皮的位置使用两支不同的拾音话筒，再用 1 支话筒在下鼓皮拾音。当然，这样的拾音方式在调音台上占用 3 个通道，而且还需要更多的时间去调试。你所做的这些操作很有可能都是无用功，因为由 3 支话筒所拾取到的声音并不会比由一支话筒所拾取到的声音好 3 倍。

消除房间的其他杂音

盖住所有不用的小军鼓，因为房间内的声音会使其响弦共振发出响声。

赋予鼓皮新的生命

曾经我在录制音乐专辑时，看到鼓手能把小军鼓鼓皮上的凹坑恢复平。他用点燃的打火机慢慢地在凹坑上移动，热量使鼓皮的凹坑消失。他像变戏法一样，把一张不能用的鼓皮重新修好了。

4.5.3　通通鼓的拾音

动圈话筒

动圈话筒适合近距离拾取当鼓手用力击打通通鼓时的声音。电容话筒则适用于较为温和的乐曲风格，因为这样能拾取到更为丰富的细节和动态。但近距离拾音时一些电容话筒会发生过载。如果可能，建议使用大振膜话筒来拾取低音通通鼓的声音。

单面的通通鼓

如果通通鼓只有一面鼓皮，那就把话筒放在鼓体里，但要避开吊镲的方向，以减小串音。另外，还需再次强调，一定要检查这支话筒与其他话筒是否存在相位问题。

下鼓皮的话筒

如果通通鼓是两面鼓皮，可以在下鼓皮的位置增加一支话筒，如果摆放恰当，它拾取的声音能增加鼓的尺寸感和深度感。再提醒一下，一定记得将下鼓皮的话筒通道相位翻转 180°。尽管多一支话筒就意味着多占用了一路调音台的输入通道，且增加了话筒的数量和调整的时间，但这样拾取到的声音音质会更为结实有力。

输入通道数量减半

通常，通通鼓上下两支拾音话筒的信号会被混合到同一个调音台通道上被录制下来。因为，如果你想在对上鼓皮声音中的某个频率进行提升或衰减处理，往往下鼓皮的声音也需要经由同样的处理，那么为什么不把这两支话筒合并在一起呢？这样就能对两支话筒同时进行处理了。

把上鼓皮拾音话筒插在棚内话筒输入面板中的一个通道，并把下鼓皮话筒插在另一块面板中的相同通道，就可以直接将两路话筒信号并为一轨了。比如，上鼓皮的拾音话筒被插在了第 12 路输入通道上，那么再用一根反相的话筒线将下鼓皮的拾音话筒也接到输入面板中的第 12 路。由于下鼓皮的话筒线是"反相"的，这样便解决了两支话筒可能会出现的低频损失问题。当然，这种操作方式需要由动圈话筒来实现，因为它们不需要幻象供电。

为了节省线缆和输入插头的用量，我们可以做一条"二转一"的卡侬线——两根 3ft 长的线，将每条线的末端焊上卡侬母头。其中一个母头反相，也就是说插头内 2 针和 3 针对调。然后在线的另外一端将两条线接在一起，焊上卡侬公头。记得在极性相反的插头上做好标记，以表明这个插头是反相的。

话筒的摆放角度

通过对话筒的角度及摆放位置的调整，来找到可使串音量降至最低的摆放方法。

缺少空间感

将通通鼓的拾音话筒向后移一些，便可以连同鼓身的共振声一并拾取下来了，因为这种共振声在近距离拾音的时候，很有可能是拾取不到的。值得要注意的是，话筒与通通鼓的距离越远，其他鼓对通通鼓声所造成的干扰就会越大，其中鼓声所包含的空间感也就会越明显。所以，总体来说，带一些周边环境感的鼓声会比只有某一面鼓的直接声听起来更舒服一些。

试试 8 字形指向性的话筒

将一支 8 字形指向性的话筒摆放在两面通通鼓之间。当然你还需要和鼓手一起检查话筒和话筒架确保它们不会妨碍鼓手敲鼓。

把低音通通鼓隔离开

如果你想令低音通通鼓的电平再高一些，你可以在鼓腿下面垫上一块泡沫塑料。这样低音通通鼓声中的一些低频成分就不会被地板所吸收。

棉花球的额外用途

为了减小通通鼓声中那种会干扰到声音纯净度的共振声，你可以试着向鼓腔内填入一些棉花球。因为，棉球能在一定程度上抑制住鼓腔内部的共振，并且可以说棉花越多，被衰减掉的共振声也就越多。但是将这种共振声完全去除干净也是很困难的，即使是刚调好音的架子鼓声也会多多少少含有一定的共振声。

减小低音通通鼓所发出的杂音

把鼓手装鼓槌的袋子挂在低音通鼓的侧面，可减小一些杂音的产生。

4.5.4 吊镲的拾音（吊顶话筒）

不要低估了吊顶话筒的作用

由于吊顶话筒所拾取到的是整体架子鼓融合在一起的声音，因此这样整体的音响效果已经比较理想了，你所要做的就是再细调一下底鼓及小军鼓的声音比例，因为二者往往是架子鼓中最关键的两个因素。

利用电容话筒拾取的声音

电容话筒比较适合当作吊顶话筒来使用，因为它可以拾取到鼓声中那些自然清脆的声音成分。你可以将两支话筒放在架子鼓上方几英尺处，此时所拾取到的声音柔和平滑，且每面鼓的声音也都被自然地融合成了一个整体。如果你将话筒摆放在稍稍远离架子鼓的位置，那么所拾取到的声音中将包含有更多的房间声学特性。如果房间的声学设计合理，这种拾音方式则能令鼓声中的优点更加突显出来，但若是房间的声学设计不合理，那么原本音质最棒的架子鼓的声音也会变得平淡无奇。因此，作为录音师你应该学会利用歌曲的曲风，再配合乐手的专业技能，甚至是设备的近讲效应来决定吊顶话筒的位置。

注意话筒振膜的方向，不要让它正对着小军鼓

所拾取到的声音中，小军鼓成分越少越好。

话筒的高度

两支吊顶话筒的高度应当是一致的。但是如何确定两支话筒的高度是一样的？你可以站在调音台前，通过墙面、天花板等水平参照物的位置来确定两支话筒的高度。

近距离拾取吊镲

由于动圈话筒的高瞬态响应及近讲效应，因此它非常适合用于近距离地拾取吊镲的声音。但是近距离的拾音方式所带来的问题便是其所拾取到的声音信号极易发生过载。因此，在录音的时候，你应该开启话筒上的固定衰减功能，配合峰值限幅器，并将输入信号的增益也设低一些。近距离的拾音方式可将吊镲声中的许多低频细节也捕捉进来，而远距离的拾音方式则可将其他鼓的声音也一并拾取进来，从而使声音听起来更加融合。另外要注意的就是，动圈话筒除可用于近距离拾取吊镲声之外，我并不推荐将其作为远距离拾音时使用的吊顶话筒。

如果演奏者总习惯使用很大的力气去敲打吊镲，那么你就应该将话筒向后移动一定的距离，这样便不会拾取到比较过分尖利的吊镲声了。当然，你也可以在吊镲的镲片边缘贴几条胶带，以增加吊镲的声阻，从而减小吊镲声。不过在对乐器进行任何改动之前，一定要先经过演奏者的同意。

偏移话筒的指向

根据你的需求来决定选用电容话筒还是选用动圈话筒来为踩镲拾音。但是有些时候我们其实并不需要单独为踩镲进行拾音，只要把小军鼓的拾音话筒向踩镲方向移动一些，或者是将吊顶话筒中的某一支话筒的拾音主轴偏向踩镲的方向就可以了。

先试用心形指向性话筒

用心形指向性的话筒所拾取到的鼓声要比用全指向性的话筒所拾取到的声音听起来更加集中、扎实。而且，当你利用全指向性的话筒来拾取通通鼓声时，出现的问题便是，拾取到的声音隔离度很差。

8字形指向性

将吊顶话筒切换到8字形指向性。将话筒的轴向指向吊镲，记得将小军鼓摆放在8字形指向性话筒的完全离轴方向（以此来尽量避免拾取到任何小军鼓的声音）。

踩镲的拾音

为了将串音量减少至最低程度，你可以试着将踩镲的拾音话筒向远离小军鼓的方向移动一定的距离。如果你希望能找到最佳拾音点，那么多花一些时间还是值得的。在最佳拾音点所拾取到的声音中，应当是踩镲声所占的比例最多，而来自其他鼓及吊镲的串音量最小。

减少气流的冲击

在摆放踩镲的拾音话筒时，要令话筒避开那些因踩镲开合而造成气流快速流动的位置。因此，说不定用一个指向性较尖锐的话筒便不会受到这些气流冲击的影响了。或者换一种方式，你也可以通过调整话筒的指向角度来解决这个问题，也就是尽量不要让话筒直接指向踩镲的边缘，而要指向踩镲的中心部分，这样所拾取到的声音音质不仅更好，而且还会含有比较丰富的低频成分。

在踩镲的拾音话筒前加装防风罩

一个摆放方式正确的防风罩可以将气流对话筒所造成的所有冲击都减弱至最小。当然，首选还是靠话筒的摆位来获取最优质的声音。

干净的吊镲声音更好

如果吊镲的声音听起来有些黯淡，那么很可能就是因为吊镲的生锈或是长期堆积的灰尘所造成的。此时，你只需用普通的铜或其他金属清理剂将其清洗干净后，应该可以在某种程度上令其恢复成原本清脆、活泼的音质。

镲片较薄的吊镲

敲击厚镲片时所发出来的声音听起来会比敲击薄镲片时所发出来的声音更大一些。所以，如果你发现吊镲声把其他鼓声都掩盖住了，那么就可以考虑找来一片镲片较薄的吊镲试试看。

低档次的踩镲

有的歌曲可能会需要那种声音音质并不高的低档次踩镲来配合演奏。所以为了追求更加真实的音响效果，你应该让鼓手自带一个旧的踩镲镲片来。千万不要因为追求这种特殊的音响效果，去刻意损毁一片原本完好无缺的吊镲。另外，需要提醒的是，在录制这种音质较差的踩镲声时，你可能需要将话筒上的固定衰减开关打开。

4.5.5 拾取房间环境声

电容话筒比较适于拾取环境声

由于大多数动圈话筒在中频段都会有一些提升，因此它们并不是拾取环境声的首选。为了使架子鼓的鼓声拥有更大的空间感，你可以在房间的角落摆放两支特性相似、与架子鼓等距的话筒。另外，每支话筒与墙面距离几英尺远，并让话筒指向墙角，这样便可保证在声音中包含有较多的反射声成分同时，尽量减少直达声的干扰了。所以，为了能令你在混音时的操作更加自由，建议你采用两路独立的音轨来录制环境声。

界面话筒

你可以在录音棚的地面或是在录音棚中两面相对的墙上贴两支界面话筒。只要其他乐器的声音不串入这两支话筒里，那么可以称它们为一对很好的环境声话筒。而且更有趣的是，我曾经听说过录音师强行用胶带把界面话筒贴在鼓手的T恤衫上进行录音的事例。

离开录音棚这个"舒适圈"

不同的地方其声学特性也是不同的，你可以将话筒放在与录音棚相邻的房间或是电梯间、储物间，以拾取自然的混响声。再配合不同的话筒间距、摆位等，将其他乐器声部更好地融入整体声音中。

增加声音中的低频成分

你可以将话筒放在另一间屋子里，以拾取那些扩散出去的低频声。其实这不算是确切意义上的环境声，而其实只是一些低频声。你肯定听到过邻居在用很大音量放音乐时那种低频的节奏声吧？如果在混音时加入这类声音，就相当于为乐曲提升低频成分。

用于拾音的耳机

在房间的话筒支架上或是在鼓手的颈部挂一副耳机，耳机可以从鼓手的角度来录制鼓声。由于耳机也是一种电声换能器，其工作原理和话筒类似，因此也可以将耳机接入调音台的话筒输入端口。不过，前提是你选用了合适的适配器来连接两者，而且记得将幻象供电的开关关掉才可以。

把话筒放在架子鼓前的较低位置

当将话筒的拾音主轴指向上空的时候，在你所录制出来的鼓声中，不仅环境声的低频成分充足，并且其中吊镲的串音也是最少的。

4.5.6 1支话筒的拾音方式

千万不要武断地认为1支话筒无法拾取到完美的架子鼓声。只要你找到了合适的摆放位置，其实它完全可以做到这一点。有时你没有别的选择，只能用1支话筒来拾取架子鼓的声音。一般来讲，你所使用的话筒数量越少，房间的声学特性就应该越沉寂。图4.4所示为利用1支话筒录制架子鼓声的3种方法。

（a）从架子鼓上方拾音。你可将话筒摆放在架子鼓的上方，这样拾取到的声音会含有较多的吊镲声和小军鼓声，但美中不足的是底鼓声较弱。

（b）在架子鼓的前方拾音。把话筒放在架子鼓前，所拾取到的声音中底鼓成分较多，但小军鼓的声音就会略显得有些弱。

（c）在录音间的中央拾音。1 支距离架子鼓较远的话筒所拾取到的鼓声虽然会比较松弛，其中也会夹杂较多的环境声。所以，在使用这种方式拾音的时候，你可以让一名录音助理在鼓手敲鼓的同时拿着话筒在房间的各处走一走，以找出最佳的拾音点。

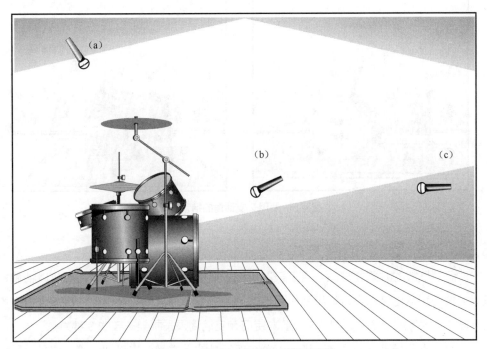

图 4.4　利用 1 支话筒录制架子鼓声

4.5.7　2 支话筒的拾音方式

如果能使用 2 支话筒为架子鼓拾音，那么就会为获得优质的鼓声提供更多的可能。但是无论何时在使用 2 支或者多支话筒拾音的时候，一定要记得检查信号的相位。图 4.5 所示为用 2 支话筒录制架子鼓的 3 种方法。

（a）2 支话筒以 X/Y 的拾音方式作为吊顶话筒。将 2 支话筒摆放在鼓手上方，以 X/Y 的立体声方式来拾取通通鼓、小军鼓和吊镲的声音。但这种方法的缺点是无法拾取到非常饱满的底鼓声。

（b）将 2 支间距较远的话筒摆放在架子鼓前。将这一对话筒摆放在架子鼓斜上方几英尺的地方。利用这种方法可以拾取到整个架子鼓比较融合的声音，但其中直达声的成分就会减少很多。可以说，此种拾音方式的总体拾音效果好，但是声音中会包含的环境声较多，特别是在活跃的房间录音时，这个特征就更加明显了。

（c）1支话筒用于拾取底鼓声，另1支话筒则用于拾取吊镲声。在采取这种话筒摆放方式时，你应该先确定好话筒与小军鼓的距离。也许，将话筒摆放在与小军鼓距离较近的位置会得到较好的声音；也许，将另1支话筒也设为吊顶话筒来拾取其余架子鼓的声音会更好一些。

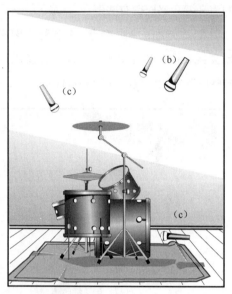

图4.5　使用2支话筒的拾音方式

4.5.8　3支话筒的拾音方式

这种话筒摆放的方式非常适合用于录制爵士乐风格的乐曲，两支吊顶话筒可以精确地拾取到乐手所希望表达出来的声音效果——而这些声音的细节通常都是在单独为每面鼓拾取声音的时候所容易丢掉的细节部分。图4.6所示为使用3支话筒来录制架子鼓的3种方法。

（a）用1支话筒来拾取底鼓的声音，再在架子鼓的上方摆2支吊顶话筒，这是一种标准且非常有效的拾音方法。很多优秀的录音作品所采用的都是这种拾音方式。在选择立体声拾音方式的时候，你应该从多种拾音方式中选出音响效果最好的那一种，可以说这种方法非常适用于预算有限的项目。而且，所需话筒的数量越少，就意味着你用来摆放话筒的时间越少，而且所使用的音轨数量就会越少，当然话筒之间的串音现象也就越不明显。你所要做的只是在找寻话筒摆放位置的时候多花一些时间而已。

（b）用3支话筒分别对底鼓、小军鼓和吊镲进行拾音。这种方式可使你在对鼓声进行处理时（如将鼓声的某个频率进行提升或衰减处理），能够更容易地听出其中音色的变化。但是由于你只用了1支吊顶话筒，所以这并不算是一种立体声的拾音方式。

（c）用2支话筒来拾取底鼓和吊镲的声音，将另1支话筒摆放在较远的地方来拾取架子鼓的声音。准确地讲，第3支话筒的位置是可以由录音师来自由决定的。随着你所使用的话筒数量的增加，你所能选择的话筒摆放方式也会变得越来越多，所以你在摆放话筒的时候，最需要做的就是要多听听每种话筒摆放方式所拾取到的声音效果，然后再从中选出最适合于你的摆放方式。

图 4.6　使用 3 支话筒的拾音方式

摆放 4 支话筒为架子鼓拾音

一般而言，这种方法与 3 支话筒拾音方式的摆放方式相同，如图 4.6（b）所示。只不过增加 1 支吊顶话筒，把鼓录制成立体声而已。

拾音方向

在摆放吊顶话筒的时候，不要将话筒直接指向通通鼓或吊镲，这样就不会出现有哪一边话筒所拾取到的声音中通通鼓声或吊镲声成分过多的这类状况。也许，你可以将吊顶话筒中的某一支指向踩镲，以拾取更多的踩镲声。

摆放 5 支或 5 支以上的话筒

现在，比起只摆放 3 支或 4 支话筒来为架子鼓拾音的方式，我们更常用的方法是同时使用多支话筒近距离为架子鼓拾音。为了使声音音质更加丰满，你可以这样分配拾音话筒——把 1 支（或更多）话筒放在底鼓鼓腔内拾音，1 支（或更多）话筒用于小军鼓的拾音，1 支话筒用于踩镲的拾音，再为每面通通鼓各摆 1 支（或多支）话筒，另外还要再摆上 2 支吊顶话筒用来拾取架子鼓整体的声音，从而将通通鼓及吊镲之间的空间感和纵深感完美地表达出来。可以说，如果话筒的位置正确，那么它们将会为你均匀地拾取到通通鼓、吊镲、踩镲和小军鼓的声音。不过，话筒数量越多，录音所花费的时间就越长。

别以为话筒的数量越多，音质就会越好

音质优良的声音也是可以通过简单的几支话筒就可以得到的，音质不会仅因为你没有为每面鼓和镲都支上话筒就会发生劣化。但是，话筒的数量越少，也就意味着那个最佳的话筒摆放

位置越难寻找，自然在摆放话筒时我们就需要多下一些功夫。不过，在经过了精心的摆放之后，我们一定可以得到音质很好的声音。

选择适当的时机检查话筒

你可以利用鼓手就餐及休息的时间来检查或调整你为架子鼓所摆放的话筒。

4.6 节拍音轨

送给鼓手的节拍声

节拍声通常是以耳机返送的形式传给鼓手，其作用是可以令鼓手以其作为参照演奏出更为稳定的节奏。现在的节拍声种类多种多样，不过在选择节拍声的时候，你还是应该先了解一下鼓手的喜好，有些鼓手可能希望以小军鼓的声音来作为参考依据，而有些人则可能想听到牛铃音色的节拍音轨，并且除此之外鼓手们对于节拍时值的长短也有要求，有的鼓手可能希望听到的是 1/4 拍的节拍声，而有的却想听到时值为 1/2 的节拍声。所以说，这些细节问题处理方式的妥当与否，会直接影响到鼓手演奏时的舒适程度。

不要强迫鼓手使用节拍音轨

有些鼓手无论是排练还是现场演奏都是从来不依靠节拍音轨的，所以如果在录音的过程中非要给他们送节拍音轨信号，就有可能会影响他们的发挥。而且，很多鼓手也喜欢随着歌曲中自然的节奏发展来加快或是放慢演奏的速度，那么相比之下节拍音轨的那种相当死板固定的节奏就不再是必需的。

给鼓手送一个在非重拍发声的节奏

有时节拍声会被小军鼓声和底鼓声所淹没，使得鼓手很难准确地分辨出他所需要的节拍声。这时你就可以给鼓手提供一个总是在非重拍发声的节拍音轨，如此就能令鼓手准确地分辨出其中的节奏型了。

根据鼓手的喜好来调节节拍声的音量

在刚开始录音的时候，你应该尽量将节拍声的电平保持在一个较低的、绝对不会对听力造成损害的范围内，然后再根据鼓手的要求逐渐提高节拍声的音量。

对节拍音轨进行反相操作

如果有部分节拍声不小心串到其他音轨中，那么等到了混音的时候，你就要先将节拍音轨的声像放在与被串扰声道中节拍声声像相同的位置上，然后对节奏声道进行反相操作，再慢慢地提高节拍音轨的增益，直到正好将串入的节拍声抵消掉为止。

当然，上述措施也只是串音后的补救措施，还是应该首先避免节拍声对其他音轨造成串扰。

4.7　电子鼓 / 软音源鼓

无论是外接的独立鼓机还是工作站中通过 MIDI(Musical Instrument Digital Interface，乐器数字接口）制作出来的鼓声，通常所有的录音棚（尤其是备有音频工作站的录音棚）都会有一些架子鼓的采样。录音师们既可以将它们作为衡量乐曲节拍准确与否的参考，也可以将它们制作成小样送给鼓手，还可以将他们做成 Loop(不断循环的同一段鼓声）与真鼓结合起来使用。对于不同的制作人，鼓机的使用率也是大不相同的，有些制作人可能只会在极偶尔的情况下才会使用鼓机，而有些制作人则会完全依靠鼓机来为乐曲制作伴奏。无论怎样，要视具体情况而定。

录制一些真实打击乐器的声音素材

如果你无法利用真实的架子鼓来录音，至少应该将鼓声中的踩镲部分用真实的踩镲录制下来，以此来给那些呆板的电子鼓声添加一定的真实感。这么做的原因是，真实打击乐器所发出的声音可以在一定程度上弥补电子声过于死板的缺点。没有哪个鼓手能按照乐谱一板一眼地将整首曲子都演奏下来，而且正是真实鼓手演奏时所产生的那些轻微的节拍误差，才给音乐带来了生命力。

尽量使用不同的音轨来记录不同乐器的声音

如果你有足够的音轨，能把每种鼓声都分别录在不同的音轨上是最好不过的。比如，假设你是以立体声方式来录制每种鼓声的，就应该将鼓机的每路输出都返回到调音台的独立音轨上，再将它们通过母线分配到两路立体声音轨中。这样你就可以对每种鼓的声音进行独立的均衡处理了。同样，这种方法也可以把输出信号分别送到任何一种效果器中，这样不同的乐器就能被各种不同的效果器（如混响等）来处理了。

在设置信号返回通路时，比如你有 3 路不同的小军鼓信号需要被送入调音台，那么你就把这 3 路信号都先送到同一路音轨中。再根据歌曲的发展变化来调整这 3 路小军鼓信号之间的电平比例。不过要注意的是，调整的幅度都不要过大，你只要保持每路鼓声都有一些轻微的变化即可。

电子鼓的声音中同样会含有很多的低频成分，所以让各路音轨能拥有自己独立的返回通道，这样才使得单独对某个声部进行均衡处理成为可能（以期为其他声部留出一定的展示空间）。

模仿鼓手的打鼓方式

为了赋予鼓机声音更强的生命力，你可以模拟真实演奏者在打鼓时会有的一些表现方式，来对不同的音轨做一些不同的处理——比如在歌曲的和声段落中，将底鼓音轨的电平稍微调高一些；或者等到了乐曲中的副歌部分，再加入一路富有激情的踩镲音轨。当然，以上的这些处理要适可而止，千万不要画蛇添足。

不要在乐曲中使用两个完全相同的声音片段

除非在乐谱上有明确的标识，否则在同一首乐曲中是不应该出现两处一模一样的乐段的，所以在遇到乐曲的重复段落时，不要为了贪图省事而对一段已经用过的声音素材（如通通鼓声等）直接进行复制粘贴这类操作。为了获得更多的差别感，你也可以在缩混时对重复段落中的通通鼓声做出一些改动，或者做一些如将这段鼓声的电平稍微提高一些等这样的操作。

利用一组放置在棚内的扬声器来重放电子鼓声

然后在录音间内摆放好两支话筒，并且这两支话筒的拾音主轴要指向房间的墙角方向，而不要直接指向扬声器的方向，因为你所希望得到的是鼓声的环境声部分，而非直达声部分。等到了最后混音的时候，你只需将这个真实的现场立体声与原始的电子鼓声混合到一起就可以了。

失真（如何制作失真的效果）

将电子鼓的声音通过一组放置在录音间内的扬声器以大到失真的音量重放出来，然后将拾音话筒近距离地指向扬声器的纸盆中心，最后将这轨带有失真效果的声音作为陪衬，铺垫在原始电子鼓声的下面。

免费的样例

在网上会有很多鼓声的采样声，你可以从中找出最合适的声音。

追求真实的音响效果

有些录音师会在棚内放置一套真的架子鼓，然后等到用鼓机制作鼓声的时候，将鼓机所产生的鼓声通过扬声器在录音间重放出来，以此来激励真鼓发生共振，从而产生一定的泛音。但这么做其实有些滑稽，既然你已经有了真鼓，为什么还要用鼓机呢？

进入鼓的设置程序

很多鼓机都会自带一定的效果处理功能。所以，如果想要录得一个未经过任何效果影响的纯净鼓声，你应该先进入鼓机的设置程序中，把鼓机自带的效果声电平调小一些，以便为后期混音的过程留出更加自由的处理空间。

在用鼓机制作立体声的时候，尽量不要将各个声部的声像摆在比较极端的位置

要知道在真正的架子鼓声中，吊镲声和踩镲声是会串进所有拾音话筒中去的。所以，对于

架子鼓中各个声部的声像（尤其是吊镲）而言，如果你将其摆在了整体声像中过于靠左或靠右的位置，那么就会使声音出现比较明显的人为干预的痕迹了。

不要急于开始

音轨不够用？你可以先将用于激励鼓机的音轨（控制信号）录制下来。这样，你就可以在正式开始录制鼓机之前，配合乐曲风格或其他音轨去试验不同的音色及节奏型了。由于鼓机是绝对服从于控制音轨所发出的各项命令的，因此即使是在乐曲的中间段落，鼓机也不会出现任何同步的问题。

避免一味地重复同一段声音

反复使用同一段鼓声，很容易使人产生听觉疲劳。所以，你可以在原始且比较单一的节奏型中加入一些"变化"，比如一段通通鼓的滚奏，或是一些吊镲及踩镲声，甚至可以在某些合适的地方去掉一些原本存在的敲击声。简单而言，也就是在模仿真实鼓手可能会进行的一切即兴表演。当然，添加以上这些变化的前提是，这些经过修饰过的声音及节奏型都必须与歌曲的风格相符。

自相矛盾

鼓手只有两只手、两只脚和一张嘴，所以说当鼓手在敲小军鼓的时候，是不可能同时敲通通鼓的。因此，如果要模仿一名真正的鼓手演奏，就别在有通通鼓的时候再加入小军鼓。

MIDI

MIDI 可以对数字鼓机的所有功能进行控制，包括节奏的快慢、声音的动态，甚至是内部程序的改动等。抱歉的是，本书中对与 MIDI 相关的内容并不进行过多的叙述，如果读者有需要，敬请查阅其他书籍。

第5章

电吉他的话筒设置

　　电吉他声的优质与否从根本上讲还是由电吉他本身这个音源来决定的。在录音开始前，一定要将所有电吉他（包括电贝斯吉他）都调试到良好的演奏状态，将琴弦及调性仔细地调校好，并按照信号流程将电吉他和设备上旋钮、开关、接线等都检查一遍，而这其中最重要的一点便是每根琴弦的音准，当我们满足了上述客观条件时，剩下的就要看乐手的演奏水平了。即便是再好的乐器，如果放在一位演奏水平不高的乐手手中，所表现出来的声音也往往是难以尽如人意的。作为录音师来讲，你肯定希望听众们在听到录音作品之后的反应是兴奋激动，而非恶心地直摇头吧。

为电吉他更换新琴弦

　　被恰当调试过松紧的新琴弦所发出的声音总是最丰满的。

选用粗一些的琴弦，可以令声音听起来更有质感

　　与细琴弦相比，较粗一些的琴弦所发出的声音音色更有质感。也就是说粗琴弦发出的声音听起来会更宽厚一些，但随之而来的缺点是演奏难度会有所提高。

油光瓦亮的琴弦

　　用一张滴有几滴油的餐巾纸来擦拭琴弦，这样可以将琴弦所发出噪声减至最弱。

5.1　吉他音箱的摆位

演奏者的位置

　　一旦所有的前期准备工作（如电吉他、吉他音箱的状态，线缆插接等）都完成就绪，接下来你要做的就是与演员一起根据作品需要去寻找最佳的弹奏位置。有时演奏者可能并不希望与吉他音箱在一起进行演奏，他可能更倾向于与其分隔开来，甚至是与录音师一同待在控制室内完成演奏。总而言之，对于演奏者来讲，最佳的演奏位置就是他们所希望的位置。

以演奏者的标准来调试声音

　　作为演奏者，他本人可能会偏好某种独具个人特色的吉他音色。这种声音就是作为录音师的你需要录制下来的，你要站在演奏者的角度来认同这一点。千万不要试图去让他按照你所谓最好的声音去做出改变。当你顺从演奏者的意愿去录音时，最终所获得音响效果一定是最佳的。

选用最好的扬声器功放

　　如果有可能，你应该将录音棚中所有能用的功放都接到系统中去，并将每一种组合方式都试一试。并且在选择的时候，你还要注意应该使用的是那些额定功率大于扬声器额定功率的功放，因为一旦发生过载现象，扬声器也是应该在功放之前就发生过载。这样做由于功率小的功放无法产生足够的能量来驱动大号纸盆以产生足够丰满的低频声。当然，如果情况特殊，你也可以根据需求来选择不同的搭配方式。

更大的不一定是更好的

　　有时，最大、最沉的那只吉他音箱所发出的声音并非是最合适乐曲的，而能满足你对乐曲需求的恰巧是那些小型吉他音箱，因此千万不要低估小个头吉他音箱的能力。其实在你最爱听的那几首乐曲中，有些音质很棒的电吉他声并不是用你想象中的那些昂贵、复杂的设备录制出来的。

　　当我在为 KISS 乐队录《Animalize》这首歌的时候，Paul Stanley 曾提到过——他在之前的一些歌曲录制过程中，最初都试图用个头很大的吉他音箱来录音，但其实最终采用的大部分电吉他声，都是通过一只小型、练习用的音箱录制出来的。

如果可能，吉他音箱的摆放位置应尽量远离控制室

　　在录制基础音轨的过程中，我们总是会将吉他音箱与其他乐器隔离开。除非控制室能与录音间有很好的隔离度，否则录音过程中的那些低频声音是可以经由墙面及地板等被传到任何地方。

　　如果你能通过地面或墙面听到或感觉到吉他音箱所发出的声音，那么你就永远也无法知道其确切的音响效果到底是怎样的。比如说，当作为录音师的你听到声音中的低频较重时，自然

就会通过调音台将声音中的低频成分衰减一些，但是经过这种操作的声音在回放时却又可能会变得低频声有所不足了。因此，在继续进行下一步录音工作之前，你最好能在录完第一遍小样之后就回放一次，来感受一下录音的真实音响效果。

录音时，要多听多沟通

确认一下吉他音箱在录音时将会达到的响度有多大。有些演奏者的演奏力度可能比较轻，从而我们不必将其与架子鼓分开来摆放。不过，我们可能需要将吉他音箱的辐射角度与架子鼓的摆放位置偏移开来。

选择房间中最好的位置来摆放吉他音箱

在摆放声学乐器的同时，记得为吉他音箱及其拾音话筒也找一个最佳的摆放位置。其实你的录音棚，与其他世界著名录音棚一样，都会有混响的活区和死区。一定要学会善用这些具有声学特色的反射区域，它们将会为声音带来更为丰富的环境感。

给电贝斯提供足够的空间

你应该将电贝斯的音箱摆放在一间尽可能大的房间里。因为低频声的物理波长要较其他频率声音的波长更长，所以你需要为它们提供足够的空间。那么，对于电贝斯声而言，一间声学条件沉寂的大房间是最能满足其发声要求的空间，因为这样的房间其所产生的回声和环境感是最弱的，同时还能为低频声的建立提供足够大的空间。

将吉他音箱倾斜一定的角度

将吉他音箱向后仰起来一定的角度，使其不要完全与墙面平行。这样的摆放方式使得音箱的辐射轴向不再平行于地面及垂直于墙面，所以可以最大程度地弱化可能由墙面和地面造成的相位问题。

巧用屏风、墙面及毯子

你可以尝试将吉他音箱摆放在房间中的不同位置，比如距墙 1ft、面向墙的位置。你也可以将吉他音箱斜靠在墙上，然后将话筒放在音箱的下方对其进行拾音。甚至，你还可以在吉他音箱的周围摆上几块屏风（或通过改变房间的响应）来控制声音中的低频成分。此外，如同录制架子鼓一样，你也可以在吉他音箱的底下铺一块毯子，用来吸收部分来自地面的反射声。

电贝斯音箱的摆放

不要将电贝斯的音箱放在墙角，并且要将其摆放在远离墙面的位置，因为墙面会将大量多余的低频声也反射到拾音话筒中，从而造成声音中含有过分厚重的低频成分。

让吉他音箱的声辐射轴向指向混响声场

将吉他音箱摆放在一个如浴室或厨房这样的混响声场比较活跃的空间中，会更易获得较为结实紧凑的自然混响声。不过把吉他音箱放置在这样的声场之外，令扬声器单元的声辐射轴向指向混响声场，所获得的声音可能会更好一些。当你将音箱置于房间中，用两支距离其远近不一的动圈话筒来拾音，那么你所拾取到的声音就会包含很多的反射声；而当你将电吉他音箱置于声场之外，但却朝向声场时，所得到的环境声可能听起来会更好，虽然距离音箱较近的那支话筒无法拾取到所有的环境声，但是这样拾取到的环境声却要比将电吉他音箱置于声场内时所具有的深度感更强。

抬高音箱

如图 5.1(a) 所示，当拾音话筒被摆放在距离地板很近的位置时，会拾取到一些飘忽不定的反射声。这些从地面反射回来的声波可能会造成声染色，从而使声音中不必要的低频成分增多。如图 5.1(b) 所示，当你将电吉他音箱摆放在距离地面有一定高度的位置时，可以有效地防止反射声进入拾音话筒。

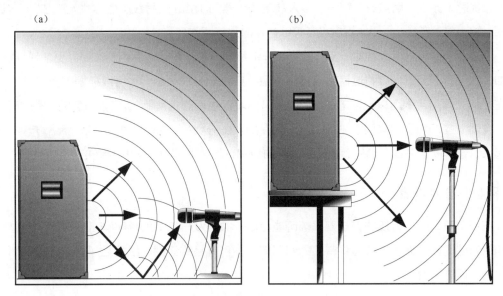

图 5.1　置于支架上的吉他音箱

用沙袋来防止设备随意移动

将吉他音箱放置在某个高台上进行录制是个明智的选择，但要注意的是吉他音箱在发声时会产生剧烈的震动。因此我们一定要将高台上的音箱固定好，否则有可能发生音箱被震落掉地上的情况。

音量和串音

在歌曲伴奏的录制过程中将吉他音箱隔离起来，防止电平很高的电吉他声对其他乐器的拾音话筒造成串扰的同时也避免了其他乐器声（如架子鼓）对吉他音箱的拾音话筒造成串扰。因为如果一旦出现串扰，通过后期制作的手段将某一路音轨中的串音消除干净是一项很烦琐的事情。

把电吉他音箱放置在航空箱的底座上

这样做也能达到使吉他音箱离开地面，并将其与其他乐器隔离开的目的。当然，在开始录音之前，你还要记得将航空箱的轮子锁死，不然航空箱会随着电吉他音箱的震动而慢慢移动。

将声音信号分开发送

将同一信号源分别发送到两个音箱重放倒不算是一种少见的做法。例如，将一个吉他的声源信号通过分配器分成两路，然后将两路信号分别送入两个吉他音箱。如果可以，将这两个吉他音箱的前置放大器都放置在控制室内（而将后级音箱纸盆放在录音间内）绝对是我们在录音时的最优解。原因有两点——第一，接入前置放大器的1/4in信号线（俗称"大三芯"）的长度会相对短一些；第二，方便你对后级音箱纸盆随时进行调整。

通过两个话筒将两个音箱所重放的声音分别录制下来，能够为后期制作提供更多弹性空间。比如，在混音时我们可以将这两路信号的声像分别打到极左极右，也可以根据需要将其声像定位在任何立体声声像可以允许的位置；或者，你可以给两路信号添加不同程度的失真处理，将失真度弱一些的声音信号用于主歌部分，而在副歌部分将失真处理更多一些的那路声音电平提升起来，这样就可以在不额外添加乐器声部的情况下为歌曲增添更多的听感变化。

卸下放大器的网罩

鉴于布质和金属材质的音箱网罩都可能会由于共振发出低沉的嗡嗡噪声。因此在为电吉他音箱拾音的时候，你可以考虑将音箱的网罩卸下，也就是将话筒与纸盆之间的一切障碍都去除掉之后，再进行拾音。

保持凉爽

由于串音问题，可能你需要对吉他音箱与其他乐器之间进行比较彻底的隔离处理，但是要注意隔离措施不要对吉他音箱的散热性造成影响。而且，我们也要顾及乐手的听感，不要由于隔挡过分而导致乐手无法听清自己所演奏的声音。真正需要被完全隔离的应该是那些讨厌的唱片制作人。

直接输出信号

如果你的调音台上还有富余的通道，那么你就可以利用DI盒或电吉他音箱背面板上的直接输出接口来录制一轨电吉他声。这样做是因为，假如通过话筒所拾取到的吉他音箱声无法满足歌曲需要的情况，那么这轨电吉他的直接声还能在混音时为你提供一些后期处理的空间。甚至，你还可以将这轨直接声再送回给录音间内的吉他音箱，让吉他音箱再重新润色一下这轨信号。不过通常来说，直接声本身的音质已经相当理想。

不要等到混音时，才想到改善音质

在录音开始前，你要先与乐手一起将吉他音箱的音色设置确定下来，再为你的拾音话筒设计一个合适的位置。当所有设备、环节试通之后，你要做的第一件事是要为录音间里的各位乐手、乐器、线缆、吉他音箱和话筒找到合适的位置。当然，还需要确认所有通路在进入调音台前级之后的信号电平是否合适。在完成上述工作之后，才可以开始正式的录音环节。

总而言之，一定在录音开始之前花时间去调试声音才是正确的做法。

5.2　转接头的输入和输出

先接入电吉他，再开启吉他音箱

如果你是在开启吉他音箱之后，才插入吉他连接线，就有可能导致吉他音箱的保险丝被巨大的瞬态冲击电流烧断。

尽量使用较短的传输线缆

所有 1/4in 信号线的长度都应该尽量短一些。一条连接到吉他音箱高阻抗输入端的标准非平衡线缆长度应该短于 16 英尺（约 4.88m），因为随着线材长度的增加高频信号的损失会越来越严重。

让 DI 盒"背对背"

如果想要在信号损失量最小的前提下，延长 1/4in 信号线的传输长度，你可以在通路中增加两个用一根 XLR（卡侬）线缆连接起来的无源 DI 盒。只不过在进行上述操作时，你需要在卡侬线的一端接一个"母对母"的转接头。如图 5.2 所示，电吉他信号会先经由一根较短的 1/4in 非平衡高阻抗线缆（俗称"大二芯"）被传送到第一个 DI 盒，在此被转换成平衡的低阻抗信号，然后再通过 XLR 线缆被传输到另一个 DI 盒内，被转换回高阻抗信号，最后再用一根 1/4in 非平衡线缆将这个 DI 盒与吉他音箱的输入端连接起来。

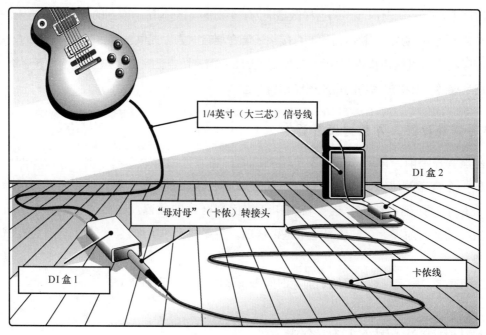

图5.2 "背对背"放置的DI盒

5.3 高音量的吉他音箱

降低音量

很多电吉他手总是喜欢将吉他音箱的入口电平开到最大，然后再通过对后续各个参量旋钮的调整来得到他们认为是音质最好的声音。其实，你未必需要将吉他音箱的入口电平开到最大，你完全可以在吉他音箱入口电平不大的情况下，先获得到一个干净丰满的声音之后，再以此为基础提高音箱音量，从而逐步为原始的音色增添自然的失真效果。

提高音量

有人说最好的电吉他声音只可能来自于音量开得较大的吉他音箱（我觉得这句话说得太绝对了）。在工作中的电子管会对信号进行非常自然的压缩处理，这就是经过电子管处理的声音会具有温暖感的原因。而且，不同的电子管对声音的音色造成的影响也是截然不同的，这也就是说不同的吉他音箱所发出的声音也是不同的。举例而言，现在有两个额定功率分别是50W和100W的吉他音箱，在我们同时开始提升这两个音箱的入口电平的过程中，额定功率为50W的吉他音箱的声音会更早出现失真。由此可见，电吉他声中的失真饱和效果并不是由吉他音箱的音量大小来决定的。

作为录音师，你应当了解不同类型的电子管吉他音箱的不同特性，这样才能够帮助你在不同的情况下做出不同的选择和处理。所以说，与其在后期花时间在控制室内对声音进行制作处理，还不如在前期多花一些时间调整吉他音箱以达到最佳的放音状态。

未经过乐手的允许不要随便调整其乐器

在改变某件乐器（比如，吉他音箱）的设置之前，一定要征求一下演奏者本人的意见。并且，最好在更改设置时要将之前的数据记录下来，以便在使用过后将其恢复成原始设置，以避免后续给演奏者造成不必要的麻烦。

低频声

有些电贝斯吉他乐手习惯在现场演奏时，给声音中增加很多低频的成分，听众确实也很喜欢这样的音响效果，但是在录音时可能不需要过多的低频成分。更优质的声音不会只含有低频声，而是应该拥有一个全频段丰满圆润的音色。等到了混音的时候，再由录音师去根据乐曲的特点，准确地找到声音中的那个需要被突出的低频成分。

而且，如果在某一首歌曲中，电贝斯吉他需要演奏的音符较多，那么它的低频频段其实是会存在一定程度的缺失的。

无须使用失真效果的电贝斯

与需要失真效果来加持的吉他音箱不同，最好的电贝斯声应该是干净、结实并具有穿透力的。这也就是说，不必将电贝斯音箱的音量开到最大就能获得想要的音响效果。

当然，这并不绝对，说不定在某些类型的乐曲中，加载了 N 级过载或失真效果的电贝斯声也许正是我们所需要的。

使用设备厂商推荐的保险丝

如果你使用的保险丝细于标准型号的保险丝，那么可能会出现保险丝频繁被烧断的现象；但是如果你使用的保险丝粗于标准型号的保险丝，那么便可能由于过热而导致音箱被烧毁，甚至引起火灾。试想，若是这个音箱是被隔离起来放置在录音间里，那么还真有可能无法及时发现它已经开始着火了。

在录音前确认演奏者的乐器的输出电平开到最大

信噪比最高的信号通常是乐器所能输出的最响电平信号。不过有时在演奏过程中，某件乐器的发声电平并不一定从始至终都保持一致，有的乐手会根据乐曲的不同段落对乐器电平进行调整。

5.4　吉他音箱模拟器／插件

电子插件的使用

　　"电吉他音箱模拟器"其实是一款插件或独立的程序模块，这类软件中记录了市场上任意一款主流电吉他音箱的参数及其设置方式，通过它便可以模仿出这些吉他音箱所发出的声音。不过这类软件也存在着一定的争议，虽然有的人很讨厌这种通过算法模拟出来的声音，但不得不说这种方式非常方便。例如，当你想要某款特定年代感的箱头与某款经典音箱搭配起来所产生的音色，那么你只需要单击几下鼠标就可以实现。

花时间自己多摸索多学习

　　如果有时间，可以花些工夫研究研究各类不同的音色，并将你喜欢的那些音色保存下来。这就类似于画家调色的过程，你手头有红色和蓝色这两种颜料，虽然这两种颜色已经足够美丽，但可能将红和蓝融合在一起的紫色才是你最需要的。

学会利用插件里的自定义存储功能来留藏自己的常用设置

　　在跟客户讨论吉他音色时，如果你能很迅速地将适合这首歌曲的理想吉他音色为客户展现出来，这一定会让他们眼前一亮。

最大电平

　　音质最优的声音信号，其信噪比也一定是最高的。在调整输入信号入口大小时，要先找到输入信号在电平表将要打表（过载）而还未打表时的电平，然后将这个电平数值略微降低一些，就是我们想要的最佳输入电平了。不过，一定要注意不同的演奏力度、演奏技法及音色所导致的信号动态波动——例如，在演奏和弦类段落时电平合适的信号，当改为金属音色及闷音扫弦的演奏技法后就可能会开始打表了。而此时发生过载的位置，既可能是某个设备环节的输入端，也可能是调音台的返回端。

5.5　准备工作

你应该了解手边所有能供你使用的 DI 盒的声音特质

　　在某些方面，DI 盒与话筒十分类似，不同品牌、型号之间的频率响应都有着极大的区别。比如适用于电贝斯的 DI 盒，在用于电吉他的时候却有可能显得有些提不起劲儿来。现如今很多吉他音箱都会配有内置的直接输出端口，这就意味着我们不再需要外置的 DI 盒了。另外，如同很多其他设备一样，通常声音品质与价格成正比，便宜的 DI 盒所产生的声音音质往往会更差一些，这一点在声音的低频部分会体现得更为明显。

多尝试一些当今市场上的效果踏板

吉他效果器可以将原本平平无奇的电吉他音色变得更为丰富，更有层次感。它们所产生的声音大多更具时代感，比较新潮时髦，而且其更大的优点是十分便于租赁，你完全可以在有录音需求的时候将其租来用几个星期。许多综合效果器通常是集 DI 盒、和声效果器、延时器、调音表等多种功能为一体的。当然，你所需要的效果数量越多，音质越好，那么所花的租金也就会越多。

即插即用

有时候你只需将电吉他的输出直接接到调音台的前置放大器上，然后提升输入信号的电平直至失真，就能得到你所追求的音响效果了。当高阻抗线缆被直接插到低阻抗的输入端口上时，便会造成吉他拾音器的过载，从而导致电吉他音色的改变（也有些人称之为劣化）。

你所使用的效果踏板越多就意味增益的变化越多

在信号依次接入所有的效果踏板，然后在不过载的前提下把它们的电平设在一个信噪比尽量大的数值。毫不夸张地讲，在整条信号链中只要有一个设置发生了错误就有可能导致输入端的过载，甚至带来讨厌的蜂鸣声或哼声噪声。

使用新电池

有时候，踏板在使用新电池时所发出的声音要比使用标准交流电所发出的底噪声小一些。你可以在电池上贴一张标明使用日期的胶带，这样便能在更换电池的时候清楚地知道每块电池的工作时长了。

将信号送到一个带有线路输入端口的便携式音箱

一个廉价的内置压缩器绝对会令声音信号出现较为严重的失真效果。如果你希望这种效果再夸张一些，那么你还可以先令输入信号过载，或是改变某些均衡的设置，再找来一个价钱便宜的话筒来拾取输出信号即可。

巧用限制器去创造新的音色

压缩器及限制器除能衰减信号中过高的峰值电平，提高整体信号的电平之外，有时还可以剑走偏锋，对声音的音色进行修饰。

需要再次重申的是，每一次录音过程都是独一无二的，没有任何一种话筒设置方式是一劳永逸，能够胜任所有歌曲种类的录音工作的。但随着录音经验的逐步积累，你就会根据不同风格的歌曲，去选择不同的话筒设置方式了。其实，不光是话筒设置方式，这个道理同样也适用于其他的录音制作环节。

5.6　话筒的选择

选用与扬声器特性匹配的话筒

大多数的音箱一般都拥有 1 ～ 4 个扬声器单元。不同尺寸、类型的扬声器单元，其频率响应也是不同的。如果某个扬声器单元所发出的声音中低频成分过多，那么你就应该选用一支与其特性相反的话筒——即低频响应有衰减的话筒来拾音。在录音开始之前，你还可以问一下演奏者，其音箱中的扬声器单元是否被调换过，以及他是否知道音箱内的几个扬声器单元之中有哪个单元的音质会更好一些。如果有时间，你自己也应该多听听每个扬声器单元的声音，来判断一下哪个单元的声音音色最丰富、最好听。

是否应该选用电容话筒

一般而言，吉他音箱所发出的声音其声压级都是较高的。如果一个电容话筒可以承受的最高声压级能够满足我们的需求，那么用它录制出来的声音音色将会更加清晰、温暖。而且，一个电容话筒越新，它所能承受的声压级就越高（在一定范围内）。但需要注意的是，不论哪款电容话筒都不如动圈话筒更为坚固，在将其放在高声压级的吉他音箱前拾音时，可能会需要在输入端口添加一个 10dB 的固定衰减。

在录制吉他音箱这类高声压级乐器时所使用的近距离拾音方式，以及电吉他声中所固有的巨大低频成分，都会对电容或铝带式话筒其脆弱的话筒头造成不可逆的损伤。但动圈话筒由于其构造不同，就完全禁得起高声压级声音的考验而不会出现损坏。通过动圈话筒录制出来的吉他音箱声同样拥有良好的音响效果，其中所包含的峰值电平部分可以将电吉他的粗糙感自然地展现出来。

是否应该选用动圈话筒

一些市面上通用的动圈话筒就非常适合用于拾取高声压级的吉他音箱，因为动圈话筒通常自带一个天然的低频滚降（衰减），这就可以为乐曲中那些如电贝斯及底鼓类的低频乐器留出足够的频响空间。

而且，动圈话筒除了其坚固耐用的特性，它对声音中的瞬态峰值信号也有良好的响应，这使得它非常适合与吉他音箱这种音质相当干柴烈火的乐器来搭配使用。

不过多使用均衡器来调整音色的方法

许多录音师都爱采用"白加黑"的话筒拾音方式。这种拾音方式是指选用两支特性差别较大的话筒——比如，1 支动圈和 1 支电容话筒的组合。将这两支话筒的话筒头并在一起，放置在距离音箱纸盆几英寸的地方，指向同一位置。然后，在后期制作的过程中，衰减电容话筒声音信号低频部分的同时，将动圈话筒声音信号的高频部分也衰减掉，再将二者的声音按照合适的比例叠加起来即可。这样获得的音响效果既保留了电容话筒高频段的清晰度，又能将动圈话筒粗糙、结实的音色很好地体现出来。

是否应该选用铝带式话筒

以以往的观念来看，铝带式话筒更适合用来为传统意义上的声学乐器录音，因为铝带式话筒的构造较为脆弱，容易被瞬态声压级较为生猛的吉他音箱震坏。不过随着技术手段的发展，如果使用得当，现如今的铝带式话筒可以拾取到非常华丽完美的电吉他声。要知道，业内许多顶级录音师也相当推崇这种使用铝带式话筒来拾取电吉他声的做法。

无论选择哪种话筒，都要避免过载

如果在前期拾音时出现信号过载，那么不论是通过改变话筒位置、打开固定衰减，还是降低音源音量等方式，你都要想尽一切办法避免信号出现过载。否则，到了后期混音制作的环节，这个过载的声音会像噩梦一样不停地困扰着你，让你每次听到这个声音的时候都会感到痛不欲生。

尽早对信号进行固定衰减处理

在信号链路中，对声音进行固定衰减处理的位置是越靠近声源越好。有些话筒也配有可拆卸的固定衰减器，你只要将它插在话筒头及其前置放大器之间就可以使用了。可以说，在话筒拾音的阶段就对信号进行衰减处理，总要比等信号送达调音台之后再进行衰减处理所获得的音响效果会更好一些。

合适的声音就是最好的声音

在这些年的录音过程中，我见到了无数种吉他音箱的录制方法。以下是几种推荐的设置方法。

（a）1 支话筒，近距离拾音。如图 5.3 所示——将 1 支话筒摆放在距离扬声器号筒前几英寸的地方，我们通常把这个位置作为这种拾音方式的起点。由于话筒振膜与声源之间的距离过短，会导致近讲效应的产生，从而加重声音中的低频部分。如果你不喜欢这种音响效果，那么适当的将话筒向远处移一些就可以解决这个问题。不过，不要随意改变话筒拾音主轴所指向的位置，因为如果话筒的拾音主轴偏离了扬声器，那么其所拾取到的声音便会变得不够清晰明亮了。如果你希望声音能带有一定的空间感，那么你就只需将话筒的指向性改为全指向性即可。一般而言，最佳的拾音点应该就是位于扬声器纸盆和高音球顶相连接的那个位置。

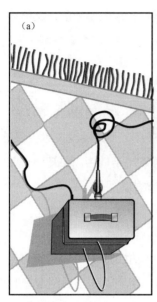
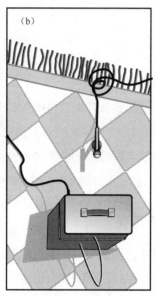
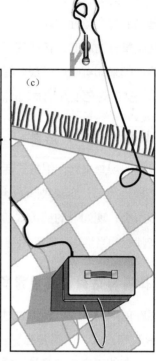

（a）　　　　　　　　　（b）　　　　　　　　　（c）

图 5.3　近距离拾音、中距离拾音与远距离拾音

（b）1支话筒，中距离拾音。当你将话筒摆放在距离吉他音箱1～2ft的地方，并令其指向扬声器单元的时候，就能拾取到的比较干净漂亮的电吉他声。这是因为，当你采用这种稍远一些的拾音距离时，首先就避免了近讲效应对声音的干扰，其次又因为在话筒所拾取到的声音中除直达声之外，还有一定比例的环境反射声，从而使得音响效果变得更加丰满、温暖。在一定范围内，拾音距离越远，声音的频谱就越趋于平均。换句话说，在一个有限的空间内，适当的拾音距离意味着声源发出的直达声可以先与厅堂内的声学环境发生一下化学反应，将声音信号中的棱角都磨平了之后再被话筒拾取下来。这样获得的音响效果，要比直接将话筒紧贴着声源摆放所拾取到的音响效果要好得多。甚至，如果你希望在所拾取到的声音中，环境声的成分要高于直达声，那么你可以将话筒的拾音主轴对着房间的其他位置，将离轴的方向朝向吉他音箱。当然，要实现这个操作还得注意一下话筒的指向性，从理论上讲，全指向性的话筒是不存在离轴这种说法的。

（c）1支话筒，远距离拾音。通过前文我们可以想象，随着拾音话筒与吉他音箱纸盆（或，声学吉他的音孔）之间距离的缩减，房间声学环境对声音的影响也在逐渐衰减。反之，随着话筒与声源之间距离的加大，房间的声学响应特性也逐渐成为声音中极其重要的组成部分。在这种远拾音距离的情况下，我们可以尝试选用电容话筒或铝带式话筒来进行拾音。相比之下，这两类话筒所拾取到的声音信号会更为丰满且富于动态。不过，这个拾音距离也不能过长，如果超过了一定范围，那么房间本身的声学特性就会被过分放大化，从而淹没了原本清晰明亮的直达声，使最终被录制下来的声音听起来含混模糊。可以想象，在后期混音的过程中，这种环境声过大的声音信号很容易就会变得浑浊不堪，最终消失在茫茫音轨中。

（d）2 支话筒，近距离拾音。如图 5.4 所示，将 1 支话筒指向扬声器纸盆中心部分，而另 1 支话筒则斜指向纸盆外侧部分的拾音方式。也就是说，1 支话筒所拾取到的声音会比较尖利硬实，而另 1 支话筒所拾取到的声音则会相对温暖沉厚。在混音制作时，你并不总是必须将两者结合起来使用，你只需选择其中最适合乐曲本身的那轨声音即可。

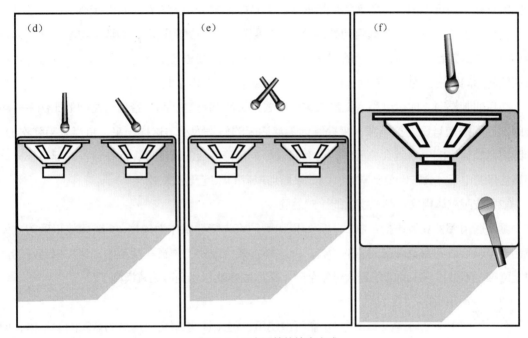

图 5.4　2 支话筒的拾音方式

另一个近距离拾音的话筒摆放技巧——假设我们要为一个 4×12（4 个 12in 扬声器单元）的吉他音箱来拾音，可以先将 1 支话筒指向其中 1 个扬声器单元，再将另 1 支话筒指向另 1 个扬声器单元，这样就能拾取到音质优良宽厚的电吉他声。不过，由于制作时要将 2 支话筒信号合并到一起，那么老生常谈的相位问题依然是我们需要注意的。在给话筒摆位时，一定要时刻检查 2 支话筒信号之间的相位关系，一旦发现相位问题，可以以 1 支话筒为基准去调整另 1 支话筒的位置，直到相位问题被弱化到最低为止。

（e）2 支话筒，立休声拾音制式。这种方法既适用于录制拥有一对立体声扬声器单元的电吉他音箱，又可以让你根据需要，将 2 支话筒的信号叠起来成为 1 条通路信号。不过，需要注意的是，有些吉他音箱的制造者会故意将其中 1 个扬声器单元的极性反相，以此来获得更加多变的音响效果。那么，当我们在使用这种拾音方式录音的时候，就要记得时刻观察这两路信号的相位关系，以免出现相位抵消的问题。

（f）2 支话筒，一前一后。将第 2 支话筒指向纸盆的背面，这样做可能会给声音增添一些原本需要均衡处理才能获得的音质音色了。当然，你只有将电吉他音箱的后盖打开之后才能实现这种话筒的摆放方式。不过，由于后方的拾音话筒与前方的拾音话筒呈面对面的状态，因此你一定要记得对后方的拾音话筒信号进行反相处理，否则就会有由于相位抵消而造成信号损失的危险。

其他的拾音方式（也可以与上述方式相结合使用）如下。

（1）2支话筒，一远一近

将这一远一近2支话筒所拾取到的声音叠加在一起，能获得拥有深度及层次感的音响效果，这是用1支话筒拾音永远无法达到的。其中，近距离拾音的话筒可以拾取到较为清晰、透明且紧实的声音，而远距离拾音的话筒所拾取到的声音中频成分更为丰富，且温暖感、深度感及方位感更佳。通常，我们都会选用动圈话筒作为近距离拾音方式的话筒，而选用电容话筒作为远距离拾音方式的话筒。这两支话筒的指向性也可以根据需要进行变化，比如你可以将远距离拾音话筒的指向性设置为全指向性，以此来更好地拾取房间的声学响应特性。

在后期制作时，你可以用旁链输入这种方式来灵活调整这2路声音信号之间的比例——将近距离话筒的信号设为控制源，来控制远距离话筒的信号大小。这样一来，每当乐手弹奏时，远距离话筒信号的电平就会被压低，进而保证每个音符音头的清晰度，而在音符的延音部分远距离信号的电平才会被恢复到常态，以此来增加声音的深度及层次感。

（2）按照立体声拾音制式摆放的1对话筒

具体选用哪种立体声拾音制式，则要以房间的声学特性来作为依据，1对摆放正确的立体声话筒可以拾取到有宽阔空间感的声音。以这种方式拾取到的声音在混音中，具有相当好的声像定位感。不过，当乐曲的配器太过复杂时，其定位感就容易变得比较模糊了。

（3）1个DI盒

有时候你手头上可能只有1个DI盒可供使用，别无其他选择。DI盒的音质固然不错，但是它毕竟无法将声音在从音箱到话筒的传播过程中，与空气、房间空间发生化学反应的那种音色变化表现出来。而且，对于那些经由吉他音箱重放出来，可以被房间的声学特性所掩蔽掉的声音瑕疵来讲，DI盒却会起到一个放大瑕疵的作用。那些在弹奏过程中所发出的琴弦摩擦声、拨弦声和弹指声等，在经过DI盒之后，都要比经由音箱重放出来的更为清晰。但凡事都有双面性，这些所谓的瑕疵（通常只能在单独监听时被听到）却也是赋予乐曲生命的必要因素之一。

（4）1支话筒、1个DI盒

1路以近距离拾音方式所拾取到的声音信号，再加上1路由DI盒所得来的直接信号，是录制电吉他时最常用的方法，也是录制电贝斯的标准方法。当你分别拥有了由DI盒产生和话筒所拾取到的2路声音信号时，那么你就可以根据不同的需要将两者结合成最适合此首乐曲的音色了。通过这种方式所得到的声音往往音色优美，且拥有厚实的低频部分。不过，需要再次提醒的是，一定要记得检查话筒信号与DI盒信号之间是否存在着相位问题。

（5）3支话筒

虽然这种拾音方式听上去会令人觉得有些过分，但有些录音师就是依靠这种方法来获取自己想要的音响效果的。这3支话筒分别是以近距离、中距离及远距离的拾音方式来拾音的。如果摆放位置正确合理，那么近距离话筒将主要负责捕捉直达声中清脆明亮的部分，中距离话筒将会更多地注重拾取声音的中频和温暖感，而远距离话筒则用来获得充足的空间感及浑厚的低频部分。

有些录音师很喜欢拨片触击琴弦时所发出的声音，因此他们会专门为了这个声音，给电吉他本身（而非吉他音箱）架 1 支话筒。不过，如果演奏者在弹奏的过程中来回晃动，那么可以想象这又将为录音师带来一系列新的麻烦。

（6）3 支话筒 +1 个 DI 盒

如果你在调音台上需要开启 3 轨以上的通道来录制电吉他声音，就显得有些复杂化了。因为光是摆放调试这些话筒就需要花费大量的棚时。

根据情况，去灵活变化话筒的指向性

心形指向性的话筒可以更好地对声音进行定位，在拾音过程中也能更容易地将其他多余的声音元素排除在外，比如其他乐器的串音，以及房间内存在的不良声学问题等。但如果换成了全指向性，由于这种指向性的特色是除了拾取声源的直达声，也会将房间的声学特性一并拾取下来，从而可以将真实的声音更为原汁原味地还原出来。当你将吉他音箱摆放在录音棚内声乐条件最佳的位置时，使用全指向性的话筒来贴录吉他音轨是再合适不过的了。

调整话筒拾音位置的时机

一旦你已经将话筒设置好，并摆放在吉他音箱前那个大致的拾音位置范围内，且此时吉他手也开始对吉他音箱进行调整的时候，就可以开始让你的录音助理帮忙寻找最适合此次录音的话筒摆放位置了。步骤如下。

（1）去吉他音箱附近之前，要先戴上隔音用的耳塞，或作为防护用的降噪耳机，甚至哪怕是一副没有接线的耳罩式耳机也好。在没有任何保护措施的情况下，吉他音箱所产生的高声压级声音会造成听觉损伤。

（2）记得嘱咐录音助理——在吉他手弹奏的同时慢慢移动话筒，一定是音乐起，话筒动；音乐止，话筒停。

（3）随着话筒位置的变化，此时你要在控制室内时刻监听电吉他音色的变化，直到找到那个最佳的拾音位置。

（4）一旦话筒的最佳拾音位置被确定了下来，那么你也可以让吉他手停下来休息一下了。

（5）这实际上也等同于告诉你的录音助理可以停止移动话筒了。这时，录音助理要做的就是在严格保证话筒头的位置及指向不变的前提下，将话筒的位置固定下来。

给吉他音箱送一个千周信号

通常，我们会先找到音箱发声时声压级最大的那个位置，以这个点为基础去确定话筒的摆放位置。要确定这个点，你可以从振荡发生器传送一个 1000Hz 信号给吉他音箱，与此同时一边让你的同事在音箱前慢慢移动话筒，一边时刻观察 VU 表的电平何时达到最大值，然后将话筒固定在这个位置上。一般来说，话筒的最佳拾音位置应该就在这个点附近。

寸土寸金

一旦你确定了话筒的拾音位置，那么就不要轻易去改变它。有时，哪怕只是移动了几厘米，甚至只是改变了话筒的指向角度，就有可能会让声音音色发生劣化。当然，反过来如果你想要调整话筒的音色，也可以通过这种方法去微调以找到自己满意的音响效果。

巧用循环播放功能

在前期试音环节，有时可以直接将电吉他接入 DI 盒，让吉他手演奏乐曲中的一个乐句，将其录入你的音频工作站。然后重复播放这个乐句，将其送到吉他音箱。通过这种方法既可以让你有足够的时间放松下来去调试话筒，同时又能解放吉他手，一举两得。如果一遍又一遍地问吉他手："麻烦您再弹几遍，我试试音。"这对于你和吉他手而言都是一种折磨。

给演奏者备一个小号的吉他音箱（比如，练习用的吉他音箱）

在录音的过程中，吉他手经常会跟录音师一起待在控制室里演奏而非与吉他音箱一起待在录音间内，也就是说吉他手与吉他音箱是分别处于两个空间内的，这就会导致吉他手不能随时听到他所弹奏的声音。要知道他在平常练习时的状态可是会一直跟他的吉他音箱待在一起的。因此，为了避免录音棚内的这种新环境对吉他手造成困扰，我们可以在控制室内为吉他手准备一个小号的吉他音箱，以供他随时监听自己的声音。

最终的修饰润色

如果你确定所拾取到的吉他声最后会被送入某个效果器或音频处理器进行修饰处理，那么在前期试音时就要将这个环节考虑进去，尤其是当后期的音色处理会较为剧烈、激进时，更要注意前期声音素材的音色。以这种情况为例，当你需要将最终的电吉他音色处理为那类坚硬粗劣的效果，那么前期录音时咱们就应该将电吉他的声音录制得偏温暖宽厚一些，以此来抵消效果中那些令人不愉快的冷硬感。

错误的话筒选择

如果所拾取到的吉他音箱声在后期制作时需要进行较为极端的处理，那很有可能是因为你在前期录音时选择了错误的话筒。当然，我也听到过其他借口："话筒本身没问题，出问题的肯定是吉他音箱。"

第6章
声学乐器的话筒设置

弓弦乐器主要是通过弹拨、用弓拉弦或是敲击等演奏方式，来让一根或一组绷紧的琴弦发出声音。当弓弦乐器发声时，依靠琴弦本体震颤所产生的能量是很微弱的，其声能的主要来源实际上是琴弦背后的共鸣腔。乐器的尺寸（除了长宽高，还包括板材的厚度）和琴弦的拉伸程度决定了琴弦的音高及和弦的构成特性。

毋庸置疑，一把经过精心调试、木质优良、箱体共鸣丰富的木吉他，其音质无论如何都会比一把老旧开裂的沙滩吉他要好很多。单以木吉他为例，在录音开始之前一定要以专业的水准和态度，将其音准调好，并保证琴颈及音品在弹奏的过程中不能发出一点噪声。

6.1 声学乐器的调试

当琴弦的使用时间过久，其音色就会变得暗沉无光

所以，一定要及时地更换木吉他的琴弦，这样才能保证其拥有清脆、透明的音色。

琴弦的松紧

在更换琴弦点时候，为了维持弦乐器琴弦的张力，应该是在其余旧琴弦固定不动的前提下换好一根新的琴弦之后再换下一根，而不要先一次性拆下所有的旧琴弦，再去上新的琴弦。一次性卸下所有的琴弦，会造成弦乐器的琴颈部位处于一个张力完全被弱化的状态，而这并非如吉他等其他类似声学乐器的自然状态（这么做可能会对乐器造成损害）。另外，为了让更换好的

琴弦有充分的时间来拉伸、舒展，乐手应该在录音开始之前就将琴弦换好。

乐手的演奏水平才是决定一切的关键

如果演奏者没有进入演奏状态，那么想要录出一部优秀的作品基本上是不可能的。可以说，我们宁愿让演奏技巧高超的演奏者和音质平平的乐器来搭配，也无法忍受演奏技巧一般的乐手和质量优秀的乐器组合。

为吉他乐手创造舒适的录音环境

有些情况下，要拿出你对待歌手那样的精神来，适当地迁就、纵容一下吉他手的某些需求——比如，将灯光调暗一些，摆一张桌子或是谱架。总之要尽量为演奏者创造一个舒适、温馨的录音氛围。

6.2　乐手的位置

避免来自于其他方面的干扰

在进行贴录的时候，你可以将演奏者安排在房间中央，面朝控制室的位置。在稍大一些的录音棚中，你还可以在演奏者的后方及侧方放几块屏风，甚至在地上铺一块毯子，以减小在近距离拾音的过程中，房间环境声对声音造成的干扰。

按照你的需要来赋予声音一定的生命力

在一个强吸声的空间中来录制吉他等声学乐器，尤其是在使用中、远距离的拾音方式去拾音时，那些能带给吉他及其他声学乐器光泽、色彩的声音成分就会被这个房间吸收掉。因此，如果你希望得到一路音质清晰丰满的声音，那么建议选用一个本身具有一定活跃程度的自然声学空间（如带有硬木地板的录音棚）来录音。

当然，也不排除某些录音师由于需要在最终混音的阶段中对声音进行各种各样的处理，会喜欢在声学条件完全沉寂的环境中录制素材。其目的就是为了减小房间自然混响对声音的染色。

租赁乐器

如果某件乐器的音色、音质无法满足你的要求，那么你可以考虑去租一件质量更好的乐器。虽然租来的乐器可能只会陪伴你几天的时间，但是最后录出来的作品可是会被永久留存下来的。

不受欢迎的反射声

我们很少听说某个非常棒的作品是在一个面积小且声学条件很活跃的录音棚中录制出来

的。因为，当你在如浴室等这类具有硬反射面的地方弹奏木吉他或是其他乐器的时候，伴随着直达声会产生许多短而紧密的反射声，这些反射声会对乐器本身的音色造成严重的声染色。即便是你需要这样的反射效果，你也可以在先录完干净的吉他声之后，再利用混响及延时效果对其处理。

如何获得悦耳的琴声

在录制小提琴这类弦乐器的声音时，这些乐器在房间中所处的位置是非常重要的。话筒通常会被摆放在距离乐器几英尺的位置，以拾取乐器所发出的所有泛音及温暖感。所以作为录音师，你最好能事先了解房间的声学特性，比如哪几个频段的声音容易出现共振，有没有驻波问题等。举例而言，你肯定不应该在录制大提琴的时候，将其放在房间中有低频提升的位置上，因为这样做会令大提琴声中的低频部分产生不自然的提升。

6.3　话筒的摆位

录音时，应首先考虑选用电容话筒

由于电容话筒的频率响应范围很宽且频响曲线平滑，因此非常适合用于为各种类型的弦乐器来拾音。而相比之下，很多动圈话筒的高频响应就显得有些不尽如人意，更不用说还可能在某些频段上存在不必要的提升。

不过，也不排除在某些具体情况下，动圈话筒才是拾音的最佳选择。当然，你也可以考虑试试铝带式话筒。总之，一定要视具体情况来决定选用哪种话筒。

电子管话筒

如果可能，还应该尝试一下电子管话筒。因为由电子管话筒所拾取到的声音会具有独特的温暖感，所以非常适合用于录制各类声学乐器。不过，现在绝大部分小型的私人录音棚都无法承受购买电子管话筒所需要的高昂费用。

试一试大振膜话筒

与小振膜话筒相比，大振膜话筒会对大提琴及低音大提琴等低频乐器所发出的音色有更好的响应。

根据环境选择话筒的指向性

一支全指向性的话筒可以在没有近讲效应的前提下，拾取到经过了整个声场加工之后的声音，还能在一定程度上将弓弦乐器的声音变得更富有生命力。而心形指向性的话筒则会主要只拾取来自于话筒正前方的声音，因此它更适合在一个设计欠佳的声学环境中使用。

仔细聆听乐器的声音

当演奏者将乐器调试准备好之后，你就可以开始寻找话筒的最佳拾音位置了。由于每件声学乐器的特性，及演奏者的技巧、水平都是不一样的，这就需要你靠自己的耳朵去定位这个最佳拾音点了。必要的时候你甚至可以跪下来，用手捂住你的一只耳朵，专心地去听辨声音音质的好坏。简单来说，也就是在乐手试奏的过程中，在他的周围走一走，听听哪个位置的声音最为丰满、优美，然后将话筒架设在那个位置上。

想拥有更具穿透力的音头吗？

如果可能，将话筒向下倾斜，令其拾音主轴对准吉他拨片（如果使用拨片）触击琴弦的位置。

以你的耳朵为基准

如果你感觉音量太高，那么可以考虑开启固定衰减器。举例而言，当你为一把声音轻柔的木吉他录音时，那么应该是用不着固定衰减器的。但是，如果当音源换作是小号的时候，那么固定衰减器可能就会派上用场了。

不要将近距离的拾音话筒摆放在乐器音孔的正前方

应该将话筒摆放在稍微偏离乐器音孔声辐射主轴一些的位置。因为在乐手演奏的过程中，乐器的音孔会随着声音中的低频成分产生共鸣，这会给那些摆放不当的话筒带来很多低频声波的冲击。因此，如果你所选用的话筒是心形指向性，那么在摆放的时候你就应该让话筒的拾音主轴更多朝向琴颈的方向，而不是指向音孔。如此一来，那些令人不愉快的低频声，便能通过话筒的指向性自然而然地被衰减掉了。但是，如果你不得不将话筒指向乐器音孔的方向，那么就只能为话筒加装一个防风罩作为补救措施了。

检查信号的电平

如果话筒的摆放位置合适，那么每根弦所发出的声音电平比例都应该是均等的。而如果话筒的摆放位置是错误的，那么你所拾取到的声音中可能就只有高音弦（或低音弦）所发出的声音才是清晰的，而且还会缺少应有的音响冲击力。当然，如果你就是想将吉他或是某件乐器的声音作为辅助成分，点缀在乐曲其中，那么它们的低频声可能就不会显得那么重要了。另外，为了获得更多的高音琴弦声及谐波成分，你可以将话筒的高度降低一些，或是将其向远处移动一些。总体而言，我们的录音理念就是希望能在不增添过多处理环节的前提下，拾取到最好的声音。作为录音师，你一定要根据最后混音时对于声音的不同需求，来采取不同的录音方式。

因此，再次重申一遍——当你打算对声音进行均衡处理之前，我建议先对话筒的选择、摆位及设置进行调整。

不要将话筒的拾音主轴指向乐手的嘴部

因为，任何一点不必要的呼吸声都可能对一段意境较为安静的唱段造成负面影响。

寻找最佳拾音点

你可以让你的录音助理慢慢地变化在吉他音孔前的话筒位置，这样你就可以在控制室中及时地听辨出那个最佳的拾音位置了。

具体的拾音方式要随时根据具体的乐曲风格而改变

所有话筒的最终摆放位置都是取决于乐曲的风格的。以木吉他为例，对于一把用于弹奏爵士乐的木吉他而言，是不会采用与录制流行乐一样的拾音方式的。同样，对于乡村音乐和情歌这两种风格截然不同的乐曲来讲，其中用于吉他的拾音话筒的摆放方式也肯定是大不相同的；甚至乐曲节奏的快慢也会成为选择话筒拾音方式的一个重要依据。也就是说，每一次的录音都会有自己的不同之处，如图 6.1 所示。

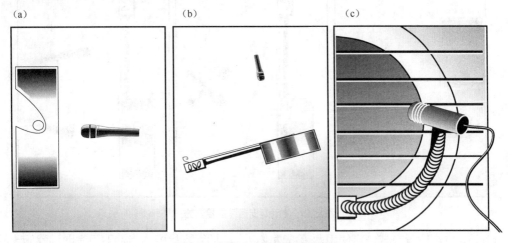

(a)　　　　　　　　　　(b)　　　　　　　　　　(c)

图 6.1　使用 1 支话筒的拾音方式

（a）近距离的拾音方式。将拾音话筒摆放在距离乐器 1ft 或者更近的地方，便可以获得中高频较为突出，且音质比较"结实"的乐器声了。不过，这种拾音方式却比较容易受到近讲效应及乐器音孔共振的影响。它还有一个缺点是演奏者必须尽量保持其演奏位置的稳定，因为只有如此才能保证声音的音质不发生变化。所以，应将话筒放在距离乐器音孔稍远一些的位置，这样才能在不损失声音音质的前提下，给演奏者提供一定的动作发挥空间。

（b）非近距离的拾音方式。在一个声学条件不错的录音间内，你可以将话筒摆放在距离吉他稍远一些的位置，这样可以拾取到更加圆润、温暖的声音。此时话筒可以拾取到那些在近距离拾音方式下所拾取不到的声音。当话筒的拾音主轴指向乐器，且被摆放在距离乐器 12～18in 的位置时，所拾取到的声音的质量会比较好（当然具体位置还需要你根据情况进行细调）。不过，你应该注意如果吉他声中含有过多的环境声，那么在混音中它很可能被其他声音元素掩盖。

（c）微型拾音话筒。如果你选用了一支夹在吉他琴箱上的微型话筒作为拾音话筒，那么你就不用再为演奏者的站位或者晃动而担心了，因为此时话筒与吉他的相对距离是保持不变的，所以你所拾取到的声音的音色就不会再因为距离问题而发生任何变化了。这种拾音方式对于声学条件比较活跃的录音间而言，是非常实用的。因为这类话筒所拾取到的声音成分中绝大部分都是木吉他本身的声音，它基本上不会受到其他声音元素的过多干扰。

使用两支话筒拾取声学乐器的方式

使用两支话筒来拾取木吉他的方法一般包括以下几种。

（a）远近不同的两支话筒。如图 6.2(a) 所示，又多加了一支摆放在距离乐器较远位置的拾音话筒，它的作用是为声音增添更真实的环境感及方位感。但是要注意，由于声波在到达第二支话筒时会有一定的延时，因此要记得检查两支话筒的信号之间是否存在相位问题。

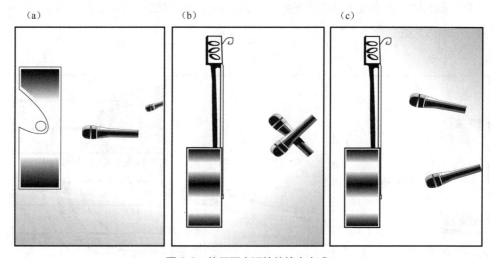

图 6.2　使用两支话筒的拾音方式

（b）立体声拾音方式。当使用两支或两支以上的话筒来拾取木吉他的声音时，我们一般都会选取两支话筒摆成立体声的拾音制式，来拾取一对立体声信号。但是同样需要注意，两支立体声话筒之间的距离越大，其声音的中空效应就会越严重。

（c）琴颈及音孔的声音。你可以将另一支话筒用于拾取琴颈位置所发出的蹭弦声，然后在混音时将两轨声音以不同的比例混合在一起。例如，一支话筒所拾取到的多为声音中的中高频部分，而另一支话筒就应拾取到一些声音中的中低频部分。并且，等到要将两者合并成一路信号的时候，你应该多利用推子来调整两路信号的比例（也就是声音中高频及低频的比例），而不是用均衡器来处理。最后要提的就是，如果你希望两轨声音的音质、音色更为一致，那么你就应当尽量选用两支特性相近的话筒。当然你也可以选用两支特性不一的话筒，这样可以将吉他不同部分的声音的细微差别体现出来。

再用一支话筒来拾取微型话筒所发出的声音

如果你在木吉他上安置了一支微型拾音话筒，那么你可以将这路信号送给一只吉他音箱重放出来，然后再用另一支话筒来拾取吉他音箱的重放信号。最后将两者结合起来，便可以给原本纯净的木吉他声加上类似于电子乐器的音响效果了。

同时录制吉他和人声的方法

有时乐手会有边弹边唱的习惯，这就给录音师带来了难题，因为我们是不希望人声或是吉他声两者之间存在串音的。为了解决这个问题，你可以试着在木吉他上夹一支微型拾音话筒，而为人声架设一支强指向性的话筒。这种方法可以较好地避免人声对于吉他声的串扰，但对于人声而言其中可能会存在一定的串音。当然你也可以采用其他类型的话筒或指向性来录制这类吉他弹唱的作品，但通常情况下人声声部的重要性都要高于吉他声部，因此要尽量优先考虑人声的音色是否合适，是否存在串音问题（以及与吉他声是否存在相位问题）。

还有一些录音师为了减小这类的串音现象，会在乐手的嘴和手之间摆一个夹有树脂玻璃的话筒架，不过这样却令你所拾取到的声音中夹杂了一些不必要的反射声。另外，这样做还存在着一个最大的缺点，就是这块隔声板会令乐手感到非常的不舒服——这是咱们最不希望遇到的情况。然而，除非发生了如我们必须重录这两轨中某一轨的这类情况之外，其实人声音轨与吉他音轨之间的少许串音不影响后期混音。唯一需要注意的，就是不要让这两支话筒所拾取的信号存在相位问题。

房间的大小与近距离拾音的关系

在一个空间较大的厅堂录制弦乐五重奏，采用两支话筒来拾音就能获得不错的音响效果。但如果同样是弦乐五重奏，当其在一个空间较小的厅堂中演奏时，你可能就需要为每件乐器都摆一个话筒来拾音了。当话筒距离声源越近，其拾取信号中的直达声成分就会越多，受到房间声学特性的影响就会越小。

将 DI 盒的信号和话筒所拾取的拾音信号混合起来使用

你可以利用话筒来拾取声音中的低频成分，同时利用 DI 盒来记录下来完美的高频成分，将二者结合起来就能获得一个频响丰富的声音素材。那种夹在吉他上的微型话筒一般只适用于现场演出这类场合，如果是在录音棚中录音，通常还是选用一支摆放方式位置得当的话筒所拾取到的声音会更为悦耳。不过，你也可以考虑将这支微型话筒的信号保留下来，然后在后期制作时将上述两种录音方式所拾取到的信号声像分别放在左侧和右侧，这样便可以获得一个类似立体声的效果了。当然，是否要采用上述这些录音方式是由你这位录音师来决定的。

提前做好准备

像小提琴、中提琴、大提琴等弓弦乐器都属于比较贵重的乐器，而且这些乐器的演奏者一般也都拥有相当高超的演奏技巧，可想而知，他们的演出费用也是十分高昂的。作为录音师你最好能在演奏者到达录音棚之前，就将话筒摆放设置好，将一切准备工作都做好才能最大程度上节约时间、节省开支。要知道，那些技艺精湛的演奏家们通常每天都会安排多场录音工作，他们一般都会严格地按照每天的行程安排来工作。

小提琴与其拾音话筒的距离不要过近

当小提琴与拾音话筒之间存在一定距离时，我们所拾取到的声音才会足够丰满及圆润。在录制一个小提琴独奏的时候，你可能没必要使用立体声的拾音方式对其进行拾音。但是当录制两把或更多把小提琴的声音时，你就可以在所有小提琴演奏者上方几英尺的地方，架设一对 X/Y 拾音制式的心形话筒，这样拾取到的声音音质丰满，且拥有较多的空间感。另外，随着弦乐器种类的增多，当你在为大提琴和中提琴拾音时，应将话筒置于这两种乐器的前方，而不是正上方。

巧用高台

在早期那些没有扩声的日子里，倍大提琴的演奏者通常都会将其乐器放在一块高台上来录音。这么做的原因，是当演奏者在这块高台上弹奏倍大提琴的时候，这块高台本身也会随着倍大提琴的演奏而发生共振，这样便能达到增加声音中低频成分，并提高音量的目的。

给吉他使用不同类型的琴弦

你可以给木吉他安装一组十二弦吉他上高八度的琴弦，然后让演奏者随着原来的吉他音轨再演奏一遍这个乐段。当然如果你希望得到更完美一些的音响效果，那么就最好找来两名吉他手，一人使用普通的木吉他，另一人使用装有不同琴弦的另一把木吉他，一起来演奏这个乐段，并将其录制下来。这样所拾取到的声音其深度更佳。用十二弦吉他录制出来的六弦吉他音轨声，会带有类似合唱效果的独特音色。

盖住吉他的音孔，可以使声音听起来较为沉寂干涩

当然，这样做会阻止空气从音孔中流进流出。这也就意味着，那些在吉他琴箱内部产生的微弱气压变化是无法被扩散到外界去的，由于空气的自行压缩是不会产生声音的，所以没有气压的变化自然也就不会引起话筒振膜的振动。自然，声音中的那些丰富感、活跃感也就会被大大削弱。

6.4　钢琴

对于钢琴来说是没有所谓对或者错的拾音方法

钢琴是一种音色、风格相当多变的乐器，因此对于它而言不存在绝对正确或是错误的拾音方法。当然，不同的话筒摆放位置，必然会致使其所拾取到的声音音质也随之发生巨大的变化，可能对某一首歌来讲是拾音效果很好的方法，对于另一首歌来讲效果就很差。再加上钢琴的发声频率范围那么宽，且分为不同的尺寸及形状，因此就更难判断哪一种拾音方式才是正确的。

为录音棚内的钢琴调音

一般而言，录音工程师不负责钢琴的调音工作，我建议一定要将这类专业工作留给专门的钢琴调律师来做。

在调律师到达录音棚前，确定好钢琴的位置

如果在为钢琴调完音之后，再去挪动位置，很有可能会使钢琴由于振动而再次出现走音的现象。

不要将琴盖的开口方向朝向附近墙面，而是要朝向录音间中开阔的地方

你肯定不希望拾取到的钢琴声中还夹杂着来自于墙面的反射声吧。同样，对于立式钢琴而言，也要将其移至远离墙面的位置之后再开始录音。

检查钢琴是否会在演奏的时候发出噪声

和演奏者一起检查钢琴的每只踏板是否会发出噪声，如果存在噪声就利用润滑油来将其消除掉（要记住，这个过程应该是同专业人士一起进行的，因为你可能并不十分了解钢琴的构造及特性）。另外，除上润滑油之外，或许你也可以在踏板下放一块垫子，说不定也能达到消除噪声的目的，但这可能会令演奏者觉得不舒适而遭到反对。

不得不再次被提到的串音问题

有时，钢琴必须被放置在主要的录音间中和其他乐器一起进行录音。这时，你只能利用屏风及毯子等工具来尽量消除串音。所以，如果可能，你应该将钢琴摆放在一个单独的录音间内。不过这说起来容易做起来难，实际上很少有录音棚会专门为钢琴开辟一个小型的录音空间。

对钢琴进行隔音处理

如果我们在录音的过程中用不到钢琴，那么最好能利用屏风和毛毡等吸声材料将其在录音

空间外。因为在录制其他乐器的同时，钢琴可能会随之产生共鸣，进而这种共鸣被话筒拾取下来而对乐器本身的音色造成影响。

反射声的作用

如果乐手能够背谱演奏，那么就将钢琴内置的谱架拆下来吧。不过不要将琴盖拆下来，因为琴盖所带来的反射声实际上也是钢琴声中的一部分。

6.5 钢琴拾音话筒的设置

打开琴盖——将头探进去听

当钢琴的摆放位置确定好后，你就可以在乐手试奏那首即将开始录制的歌曲时，将头探到钢琴的琴盖下面，仔细听一听这段乐曲的风格、节奏，再综合演奏者的技巧等多方面因素来确定拾音话筒的具体摆放位置。

拾音话筒的选择

话筒通常可以根据振膜尺寸的不同被分为大振膜话筒和小振膜话筒，它们各自的适用范围分别为——大振膜话筒适用于录制古典乐及爵士乐，或是一些节奏较为舒缓的歌曲；小振膜话筒则适用于录制摇滚乐等节奏较轻快的歌曲。并且需要提醒的是，无论你所选择的话筒是何种类型，你都要用一个最大、最稳固的话筒支架来安装它。

按特性来讲，电子管话筒所拾取到的声音音质最为温暖，而且与驻极体（固态）话筒相比它还能产生更多较为悦耳的谐波失真。电容话筒则适合拾取频率覆盖范围很大的钢琴声，动圈话筒可能更擅长拾取钢琴声中的低频成分。还有界面话筒，当它被粘在琴盖的内侧时，它便可以将来自外界声音的干扰减弱至最小程度，尤其是当你将琴盖合上或是只由一根短棒支撑，再在外面加盖上一块毯子之后，就更能体现出界面话筒的这个长处了。

近距离拾音还是远距离拾音

由于钢琴音板（这是钢琴绝大部分的声音来源）的面积较大，因此近距离的拾音方式是无法将钢琴所发出的全部声音成分都拾取到的。将话筒摆放在距离音板很近的位置，所拾取到的钢琴声往往较为尖锐明亮（在混音时，可能会对其他乐器声造成干扰），且还会含有更多"音锤敲击琴弦"的成分。相比之下，稍微拉开一些拾音距离便可以令钢琴的音色变得更为丰富饱满，而利用远距离拾音方式则可以获得更多的空间感。也就是说，随着话筒与音板之间距离变得越来越大，房间声学条件对声音造成的影响也会变得越来越严重。不过，对于一个声学设计合理的房间而言，利用远距离的拾音方式才会令钢琴声听起来更加动听悦耳。

或许近距离的拾音方式更适合用于流行音乐的录音，而空间感较强的声音则更适合于爵士乐或布鲁斯。所以说，乐曲的风格才是话筒摆放位置的决定性因素（除非你用屏风将钢琴与其他乐器隔离起来录制，且钢琴并非乐曲的主要声部时，才可以不太考虑钢琴音色对整首乐曲的影响）。

给钢琴的拾音话筒加装防震架

由于体量较大，重量较沉的乐器一般都有着非常丰富的低频声，这会导致地板和话筒架也随之发生共振。如果这时没有了防震架，那么话筒就会将那些低频的隆隆声也一起拾取进来。

只使用一支话筒为钢琴进行拾音

如果现实情况中我们只能用一支话筒来拾取钢琴声，那可能是话筒的数量不够或是调音台上剩下的输入通道数不足了。另外，可能是因为在此首乐曲中，钢琴只不过是众多伴奏乐器中的一个罢了，使用立体声的拾音方式很容易就会令其声音在混音中失去方位感。又或者是因为作为录音师的你，计划在混音时只将钢琴的声像摆在整体声像中的某一侧。所以根据上述种种理由来看，单声道的拾音方式还是有其必要性的。那么，以下为如何使用一支话筒对钢琴进行拾音的指导性建议，如图 6.3 所示。

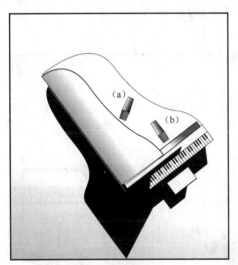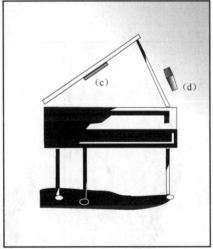

图 6.3　一支话筒的拾音方式

（a）将一支 8 字形指向性的话筒从钢琴外侧指向琴板处，并将其 8 字形指向性的两侧拾音主轴分别对准高音区和低音区。

（b）选用一支全指向性的话筒，将其摆放在琴板正中间的位置。

（c）你也可以将一支界面话筒粘在琴盖的内侧，但是一定要小心，因为胶带很可能会对琴盖上的漆面造成损伤。说不定你也可以将界面话筒贴在钢琴旁边的地面或是墙面上。

（d）或者将一支话筒摆放在距离钢琴开口处几英尺远的地方，以令其拾取到的声音既能拥有大小刚好合适的琴键敲击声，且又不会含有过多的环境声。

使用两支话筒为钢琴进行拾音

一般而言，两支话筒比较适合用于三角钢琴的拾音，它可以将钢琴高音区到低音区完整的声音都拾取下来。图 6.4 和图 6.5 所示为两支话筒拾音方式的不同摆放方法。

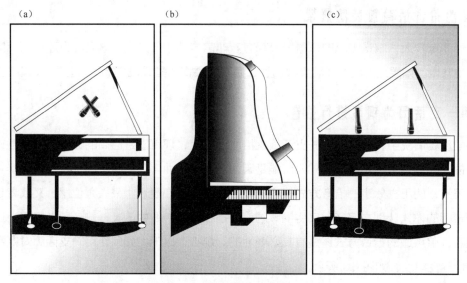

图 6.4 　两支话筒的其他拾音方式 1

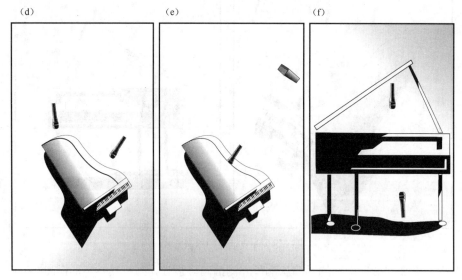

图 6.5 　两支话筒的其他拾音方式 2

（a）一对立体声拾音话筒。尝试在距离音板上方 1ft 的地方摆放一对 X/Y 拾音制式的立体声话筒。其中，一支话筒主要是用来拾取钢琴高音区所发出的声音，而另一支话筒主要用来拾取钢琴低音区所发出的声音。这种拾音方法所录出的声音，给听众带来的声像距离感很小，且音质较为明亮。不过需要在拾音过程中留意的是，话筒与钢琴之间的距离不要过大，以免造成拾音盲区，从而无法完整地拾取到钢琴中音区的声音。

（b）高、低音的拾取。将其中一支话筒指向钢琴的高音区琴弦，同时将另一支话筒指向钢琴的低音区琴弦，也就是钢琴声中低频部分的主要来源。一些钢琴如立式钢琴或小型三角钢琴，它们所发出的声音中往往没有足够的低频成分。所以要选用大振膜话筒作为钢琴低音区的拾音话筒，可以捕捉到那些容易丢失的低频声。

（c）将两支话筒摆放在钢琴音板的正上方。这两支话筒应被摆放在距离音板 1ft 远，垂直向下指向钢琴琴宽 1/3 处和 2/3 处的位置。

（d）两支话筒的位置都距离钢琴有几英尺远。将两支话筒摆放在足够高的位置指向钢琴，此时，你可以根据不同的需要来考虑是否需要将两只话筒设置成立体声的拾音制式。

（e）一支话筒用于近距离拾音，而另一支话筒则用于远距离拾音。要注意，此方法并非立体声的拾音方式。其实有些时候你可能没必要以立体声的形式将钢琴录制下来。因为，当一首歌里含有了过多的立体声音轨时，其音响效果倒可能会变得混乱不堪。

（f）一支话筒从上方指向音板的同时，将另一支话筒从钢琴底下指向上方。再次需要提醒的就是，由于两支话筒的拾音方向彼此相对，因此要对下方的话筒极性做反相处理。

抬起钢琴的琴盖

当你选用近距离拾音方式为钢琴拾音时，应尽可能地抬起琴盖，以减小通过琴盖所产生的反射声对于拾音话筒的干扰。当然，如果你选用的话筒为粘在琴盖内侧的界面话筒，那么就不必把琴盖抬得过高。

用 3 支话筒为钢琴进行拾音

在用了一对架设在钢琴音板上方的立体声话筒之后，你还可以用一支话筒着重拾取钢琴的低频声。对于超大型的三角钢琴而言，这种方法尤为适用。当然，你也可以配合以上任何一种立体声的拾音方式，利用这支话筒来专门拾取房间中的环境声。

利用单声道的方式来检查最终录制完成的声音素材

如果在单声道的监听模式下，你发现声音中的某些频率成分消失了，那么就说明你的拾音话筒之间出现了相位方面的问题。

征求演奏者的意见

在试录完一段音乐之后，你应该让演奏者也来听一下这段声音的音色（当然，录制其他乐器时也应当如此）。由于钢琴的声音音色变化多样，因此演奏者们（尤其是那些独奏演奏家）可能会对声音比较挑剔，他们一般也会很高兴能提出意见。因此，你有必要将演奏者所提出的意见都认真地思考一遍，并在必要时做出相应的改进。这样，会令演奏者们十分开心，要知道，一位心情舒畅的演奏者所弹奏出来的声音也会更加悦耳。

直立式钢琴与三角钢琴的拾音方法各有不同

由于立式钢琴的琴弦都深藏于琴体之内，而且其琴身也总是靠墙放置，所以对于录音师而言，录制立式钢琴的工作将会非常富有挑战性。虽然，将钢琴从墙边移开可以减小那些严重干扰话筒的反射声，但这又会将原本就微弱的低频声衰减得更多。

三角钢琴的琴声听起来比较丰满、醇厚的原因是其低音区的琴弦较长。但是相比之下，立式钢琴的琴弦长度就十分有限了。因此，在为立式钢琴拾音时候，你最好能卸掉钢琴的上盖再架设拾音话筒。图 6.6(a) 所示为一对摆放成 X/Y 拾音制式的话筒，图 6.6(b) 所示为两支分别位于钢琴上方拾音的话筒。当然也有其他的拾音方法，你可以把一支话筒伸至钢琴琴身内部，但这样做的缺点就是会导致话筒距离某几根琴弦过近，从而使某几个特定的音符听起来音量过大。

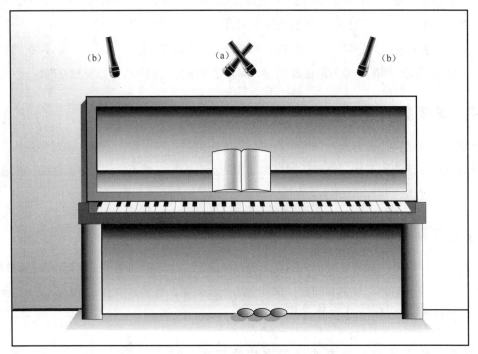

图 6.6　立式钢琴

6.6　键盘

准备工作

确认事先已经完成了所有的准备工作，如音序器的编程等。缺乏经验的人总是会在客户要来录音的时候，才开始学习如何操作设备，从而浪费了大量的时间。

除非录音师或者是程序员 / 演奏者都已经对设备十分熟悉了，否则我建议你在录音棚里随时准备一份设备说明书。这样一来，无论是谁想来修改计算机上的音序器、软件的设置，都可以知道这些设备是如何操作的。

在保存程序之前要确保所有音序设置的正确

在理想情况下，当你按下播放键之后，所有的音序都能被正确地播放出来。甚至在某些时候，你还需要将音序器的设置锁定，或将其设为根据之前预录的时间码进行播放的状态。

在为你不熟悉的键盘录音之前，在其输出端口加设一台限制器

尤其是在你试录的过程中，更要如此。一个电平极高的冲击信号不仅可能会对你的监听扬声器造成损坏，同样也会对你的耳朵造成不小的影响。

直接输出

现今的键盘乐器都应该配有 XLR 或是 TRS 的平衡输出端口，可以被直接插接到调音台的线路输入端口中去。不过，那些老式的键盘可能就需要 DI 盒的帮忙了，而且你还需要将 DI 盒的输出信号接到调音台的话筒输入端口，用来将信号的电平提高到一个合适范围之内。

6.7　铜管乐器

在声学条件比较活跃的房间内录制管乐器

按照大部分人的审美观来说，在声学条件比较活跃的录音间内录制出来的管乐器声才是最为悦耳的——当然，这个声学条件也不能过于活跃，否则就可能出现驻波和不必要的反射声。所以，在录音的时候，你应该铺上地毯或摆放几块屏风，以防止可能存在的频率缺陷对声音造成影响。

通过合适的乐器摆放位置来获得良好的空间感

全指向性的话筒适合以远距离的拾音方式来拾取管乐器及弦乐器的声音。因为全指向性话筒会连同房间中的自然混响声一并真实地记录下来。

但是，如果管乐器的位置距离墙面或窗户太近时，就可能造成话筒所拾取到的声音中含有太多的反射声成分。尤其是当管乐器演奏者们站成一排，一齐面向控制室来演奏的时候，声音就更可能会经由控制室的观察窗被反射到拾音话筒里去。

演奏者们在录音时的位置应与其在舞台上演出时的位置相同

让铜管重奏的演奏者们站成一排，然后在距离演奏者们几英尺的地方摆放一对立体声拾音话筒即可。这种拾音方式不仅能将管乐器声中的温暖感表现出来，还能避免出现那些在近距离拾音时所容易产生的刺耳声音。通常，乐手们也会根据他们所偏好的习惯演奏位置向你提出建议。

选用铝带式话筒作为拾音话筒

　　铝带式话筒非常适合用于拾取铜管乐器的声音，这是因为铝带式话筒不仅拥有极好的高频瞬态响应，还能将铜管乐低频声中温暖而平滑的一面展现出来。不过要注意的是，不要将铝带式话筒摆放在距离管乐器过近的位置，因为它们通常无法承受过大的声压级。相比之下，动圈话筒的耐受力就要好一些，它可以在声音不出现任何过载现象的前提下，将管乐器明亮清脆的高频声记录下来。

尝试使用固定衰减器

　　管乐器的声音是非常嘹亮的，其中含有相当多的瞬态峰值信号，因此在录音时可能会用到固定衰减器。你应该在正式录音开始之前，多跟演员磨合一下电平，多预听几遍，并且在每一次录音完成之后也要回放一遍，以确认声音素材没有出现过载的现象。

保持 1ft 远的距离

　　为了使音色听起来更加温暖、圆润，拾音话筒与萨克斯号筒之间的距离至少应保持在 1ft 左右。这段距离的存在让萨克斯的声音得以与空气进行一下"化学反应"，只有这样才能使声音更具生命力。而且，另外一个不应该将话筒放得与号筒口太近的原因是，随着声音的震动，乐器号筒口也会产生一定的流动气流，这就很有可能会造成"喷话筒"的现象。

录制管乐器需要用多少支话筒

　　录制管乐器的话筒摆放方式将随着你所选用的话筒数量的变化而变化，如图 6.7 所示。

　　（a）只使用 1 支话筒的拾音方式。所有的演奏者都应围绕在这支话筒周围来演奏。

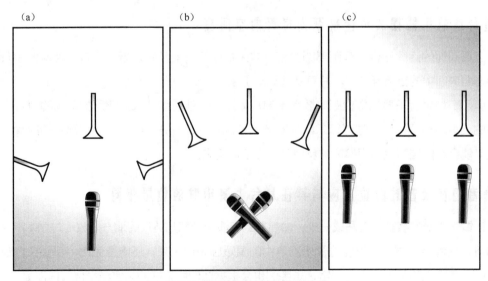

图 6.7　铜管乐的摆位及拾音方式

　　（b）2 支话筒的拾音方式。将 2 支话筒摆放成立体声的拾音制式来拾音，或者是根据演奏者们的不同位置来摆放。

　　（c）3 支话筒的摆放方式。对于那些乐器数量并不多的管乐组合来讲，我们可以为每件乐器都单独架设 1 支拾音话筒。不过在这种情况下，每支话筒的位置一定要遵从三比一原则来摆放。

弱化瞬态信号的影响

　　由于管乐器的号筒口是其发声的主要声辐射源头，它能产生瞬态变化极大的声音。所以如果将话筒直接摆放在号筒口正前方，那么你所录出的声音就会显得十分冷硬且刺耳。因此，你应该令管乐器的号筒口指向偏离话筒拾音主轴的方向（如 45°）来演奏，或者将话筒向远离号筒口的方向移动几英尺，这样便能拾取到音质更为温暖悦耳的声音了。

拾取整件乐器的声音

　　就某些木管乐器及铜管乐器而言，如单簧管、长笛和萨克斯等，它们的发声位置不仅仅是乐器的号筒，而是整件乐器。因此，在对这些乐器进行拾音的时候，一定要将话筒摆放在能拾取到整个乐器发声的位置才可以。

充分利用话筒的指向性

　　在决定话筒选型和摆位的过程中，话筒的指向性起到了决定性的作用。

加防喷网

　　在录制某些木管乐器和铜管乐器的时候，你可能会需要在话筒前加装一个防喷网甚至是防风罩，以防止过多的气流对话筒造成干扰。

一起录制管乐器

　　一个理想的管乐器组合就像小合唱一样，需要演奏者（演唱者）们彼此之间能够相互听闻，只有这样他们才能够及时地对自己的声音做出调整，以使整体的音响效果更加完美动听。如果每件乐器都是以分期分轨的方式被录制下来，那么最终的混音工作是由录音师来完成的；但如果所有的乐器是一齐（同期）被录制下来的话，那么演奏者们就可以替你来完成这项混音的工作了。

　　在混音的过程中，你应使用不同的监听音量来检查混音的音响效果。因为，有时候那些在监听音量较大时听起来丰满的铜管合奏，在减弱了监听音量之后就只剩下其中的小号声还能被人听清楚。

　　经由合适的话筒选型及摆放方式所拾取到的铜管声，哪怕它在整体混音中的电平比例很小，我们也能够较为清晰地听到它。但是，如果你的话筒选择及摆放方式不够恰当，那么当你以较低的电平比例，将所录得的管乐声与整体混音信号一同重放的时候，就只能听到管乐声中那部分尖锐刺耳的声音成分了。

第 7 章

人声的录制

在录制人声的时候，必须有一个来负责把控全局的人。而这个人会是作为录音师的你吗？如果在录制过程中，没有一位明确的制作人来承担这个责任，那么通常情况下乐手们都会转而希望录音师能接替这个位置，认为你能根据经验给他们提供一些指导性建议。

放手去做吧，担起责任。这是你与歌手建立关系的重要时刻。展现出自信，告诉歌手你想要的是什么。录音棚就是你的主场和舞台，只要是能让歌手放松下来，有益于演唱的方法你都可以去尝试使用。只有当歌手开始对你建立起信任感了之后，他才能真正放松下来，全心全意地投入到歌唱中。

7.1 选择位置

为话筒找到合适的摆位

通常，录制人声的最佳位置应该是在录音间中央被屏风围起来的一块地方。屏风是被用来控制周边声场的。万一歌手在另一个录音棚也想获得之前同样的人声音色，那么他只需要选择相似材质的屏风，以及同一类型的话筒就可以了。

歌手的位置

如果是我，我更喜欢让歌手待在控制室，站在我身边大声歌唱。这种方式能让你对歌手的演唱有一个更为直观的感受，也让你更容易与歌手进行沟通交流。录音时，我们都要戴着耳机，并将监听扬声器关掉（等重放时再将扬声器打开）。不过这就意味着，控制室内不可以有如风扇等任何会对人声造成干扰的噪声源。

不要用类似洗手间的声学环境录音

洗手间这类厅堂环境存在着大量的硬反射面，在这种空间中得到的声音会非常明亮活跃，且含有大量的近次反射声。这与为乐器拾音是一个道理，一旦在演唱的过程中将反射声一并录在了人声音轨上，那么该反射声就很难被去掉了。因此，为了给后期留有足够的制作空间，我们完全可以等进入混音阶段后，再通过效果器将这种效果创造出来。

舒适的表演空间

不要让歌手处于一个过分压抑狭窄的空间内。这类容易导致幽闭恐怖症的环境会让人感到很不舒服，这绝对是弊大于利的存在。虽然改变空间大小可能会对所拾取到的音色造成影响，但是我们依然要将歌手的舒适度摆在第一位。

7.2　挑选话筒

知己知彼，百战不殆

如果你是第一次给某位歌手录音，那么除非你对手中所有话筒的性能非常了解，你一定要先将棚里最好的话筒拿出来准备好。我们经常能看到这样一个场景——某位录音师把棚里所有能用来录制人声的话筒都架设好，然后让歌手在这些话筒前唱歌并将每一路话筒信号都记录下来，最后再逐轨重放，直到找到最适合歌手音色、曲风的话筒。要知道世界上并不存在适用于所有人的话筒，即便如此，在话筒的选型上我们依然是存在倾向性的。通常，对于人声而言，心形指向性的电容话筒是一个不错的选择，但这并不意味着我们就要排除动圈话筒。当歌手的演唱风格是类似于死亡金属——如习惯自己拿着话筒，并贴着话筒大声嘶吼——那么还是选择动圈话筒会更合适一些。不论是电容话筒，还是动圈话筒，二者在近距离拾音时都可以拾取到非常理想的音色。下面是如何才能找到最适合歌手的话筒的步骤。

（1）将所有话筒摆放在距离歌手嘴部远近相同的位置，比如 1ft 左右。

（2）关掉所有固定衰减及低切功能。将所有话筒都设置成同一种指向性，如将所有的话筒都设置成心形指向性。而且，为了尽最大可能让声音在同一时间到达每支话筒的振膜，在摆放话筒时我们要尽量将每支话筒的振膜都摆放在同一个位置上。

（3）由于人们普遍认为声音的音量越大，其音质就越好，因此为了避免由于音量的不同而造成听感上的偏差，我们要调整话筒的输入增益以使得所有的话筒输入信号的电平都是相同的。

（4）请歌手对着话筒唱那首即将被开始录制的歌曲，然后逆着刚才调整输入电平的顺序，对所有话筒所拾取到的声音依次进行听辨，筛选不合适的话筒，直到只剩下一支最合适的话筒为止。

选用最好的前置放大器

这与话筒其实是一样的，不同的前置放大器、均衡器及压缩器的声音特性也是不同的。由于各种设备的自然物理特性，其实每台设备都会在声音的通路中引入一定的信号失真。而且可以肯定的是，价格低廉的设备所使用的电路元器件也很有可能质量欠佳，这就必然会导致信号通路中被过早地引入失真。

绝大多数的周边硬件话筒放大器其音色都要更好一些

大多数调音台（尤其是高端品牌）都内置有音质尚可的话筒放大器。但就我个人的经验而言，依然是周边的单独话筒放大器硬件的音质会更优美一些。如果可能，还是选用外置的话筒放大器吧。

话筒指向性的选择

如果只为一位歌手录音，那么选用一支心形指向性的话筒就应该能解决问题了；若是有两名面对面站立的歌手，那么你就可以考虑 8 字形指向性的话筒了；而对于四位围绕在一支话筒周围演唱的歌手，那么全指向性的话筒便是最好的选择了。另外，如果歌手在演唱的过程中总习惯到处晃来晃去，那么建议你使用全指向性的话筒。

防震

将话筒安装在防震架上可以将房间中的很多低频隆隆声消除掉。但若某一款话筒没有配套的防震架，那么就开启话筒的低切功能。注意，低切功能指的是一个内置在话筒电路中的滤波器，它可以对声音加以修饰。

7.3 话筒的摆放

隔声

当你录音的时候，厅堂环境也会对声音的音色造成很大的影响。当歌手处于一个面积较大的录音棚时，在歌手的侧面和后面摆放几块屏风，用以控制周边厅堂环境的活跃度。这样一来，所拾取到的人声既能拥有自然的空间感，又不至于被过多的混响反射所染色。

有些录音师喜欢在一个较为空旷的厅堂来录制人声，以此来获得自然的深度和层次感。一个拥有自然空间混响的房间可以让人声听起来更舒服，且融合度更佳——对于用于背景和声的人声而言更是如此。而另一些录音师，则偏向于不加任何混响的干声。这种音色听起来非常不自然，会给人一种被挤在盒子里的感觉。就算是在后期用混响和延时加以处理，最终也不可能达到自然混响的那种听感。而且大家要知道，平时隔音用的毡子和屏风对于频率低于 200 ～ 300Hz 的声音也是起不到吸声作用的，这就意味着即便是让声音处于一个完全死寂的厅堂环境中，声音中的低频部分也得不到有效控制。

另外，有的厂家还会售卖一种可以架设在话筒架上的弧形泡沫吸声挡板，造型较为小巧。这种挡板也可以吸收大量的混响反射声，进而使声音变得更沉寂、更干。不管怎么说，我还是认为自然的音响效果才是最好听的。

选择话筒的摆位

为了追求更为完美的声音，花点时间多架设几支话筒是值得的。通过这种方式，你可以从其中选出那支最适合这首歌曲及歌手嗓音特色的话筒。在架设这几支话筒过程中的唯一宗旨，就是要让话筒的拾音主轴指向声源（歌手的嘴巴）。人声话筒常用的 6 种摆放方法如下，如图 7.1 所示。

（a）摆放在声源前方 6 ～ 10in 的位置。这通常是录制人声时最常用的话筒摆放方式。通过这种方式录制下来的人声不仅十分丰满，而且连歌手的头腔及胸腔共鸣也能被一并拾取下来。声源与话筒之间这段距离的存在，可以令人声听起来更为温暖，这样的温暖感恰恰是拾音距离过近时所容易缺失的。不过，这种对于录音师而言比较理想化的拾音距离，在歌手看来可能会有些不太适应。如果出现这种情况还是先花时间与歌手磨合一下，找到那个最让他舒服的演唱位置，然后再来考虑如何对声音进行补救。

（b）超近距离拾音。为了使人声听起来更加亲密，你可以将话筒放在歌手嘴巴前仅几英寸的位置，这样做能更为清晰地拾取到歌手在吐字时的很多声音细节。不论是电容话筒还是动圈话筒，其实都可以用于这种近距离的拾音方式。只不过，这种方法只适用于人声动态比较平稳，歌手不会突然对着话筒大声喊叫的情况。当然，这种拾音方式也存在较为明显的缺点，那便是当歌手距离话筒振膜过近时会导致近讲效应，从而使得声音中的低频部分被大幅度提升了起来。而且，这么近的拾音距离会导致另外一个问题，就是歌手一旦出现任何晃动都会造成极为夸张的电平变化。最后，一定要记得安装上防喷网。

（c）将话筒摆放在演唱者面前超过 1ft 的位置。甚至将话筒摆放得更远一些（大于 12in），这样可以拾取到那些在近距离拾音时会丢失掉的"空间感"。与动圈话筒相比较而言，电容话筒应该更适用于这类摆放距离较远的拾音方式。另外，这种方法同样也适用于那些在演唱过程中晃动幅度较大的歌手。而且，我们也都应该知道，拾音距离越远，房间声学环境对声源音色所造成的影响就会越大。

（d）将话筒的拾音主轴垂直对准歌手的鼻子。在这种拾音方式中，话筒头（话筒的振膜）应该平行于歌手的鼻子，并指向的歌手嘴部或嘴边周围。这样在拾取到的声音中，便不会有鼻音的干扰了。而且将话筒振膜指向偏离歌手嘴部的位置，也是为了避免拾取到过多的齿音。虽然我们建议在话筒前加装一个防喷网，但这不一定是必需的。

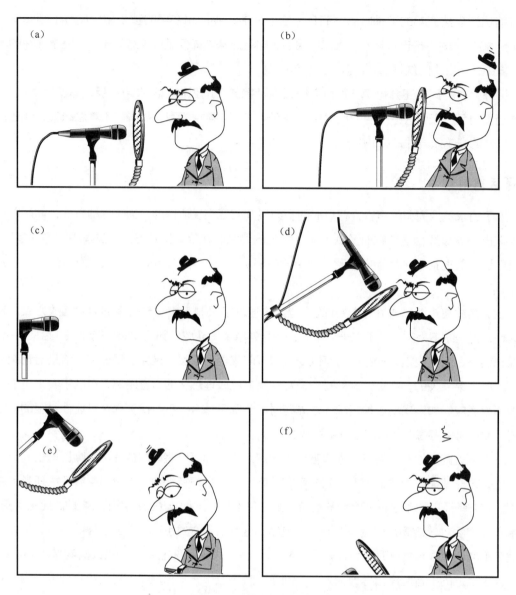

图 7.1　话筒的各种摆位方式

（e）将话筒拾音主轴与歌手鼻子垂直的同时，将话筒放在距歌手超过 1ft 的位置。当一位歌声动态范围较大的歌手处于一个强吸声且面积窄小的录音间中时，使用这种拾音方式就非常合适了。而且，这种话筒摆放方式的另一个优点是，它不会挡住歌手看歌词的视线。

（f）将话筒摆在歌手头部下方，并指向歌手嘴部的位置。有些歌手在演唱的时候，总会不自觉地朝话筒倾身。而如果将话筒放在这种略低于嘴巴的位置上，就可以令歌手的头部向下低一点儿，从而减小了其向前倾身的趋势。这种拾音方式还能拾取到真实自然的胸腔及人体共鸣。

将防喷网架设在距离话筒头 2in 的地方

防喷网，也叫防喷罩、口水罩，是一个用来摆放在话筒前方、由尼龙网布制成的网膜。其作用是尽最大程度来衰弱如 b、p、t 等这类爆破音。因为伴随这类爆破音随之而来的是一股急促的气流，如果没有防喷网的隔挡，便会直接对话筒振膜产生冲击，甚至使电平出现过载。

要注意，那种给话筒配套使用的海绵套不是防喷网，那是防风罩，其作用是用来减轻外面风声对话筒的影响。

保 持 干 净 清 洁

时不时更换一下防喷网的尼龙网布。在经过几次喷口较多的录音之后，这层纱网可能会有异味。

在 地 上 贴 标 记

如果来棚里录音的歌手比较缺乏录音经验，那么当你确认好歌手的理想站位之后，就用胶带在那个位置做一个十字形标记，告诉歌手演唱时就以这个标记为准，不要随意变换自己的位置。这可以在一定程度上起到控制人声音色的作用，如果歌手能比较熟练地控制自己歌声的动态范围，那么就可以让他站在距离话筒比较近的位置上演唱；但如果歌手不具备熟练控制自己声音的能力，那么就让他再向后退 1 ~ 2ft。当然，在后期制作设置限制器时，你要记得以歌手和话筒的距离作为参数调整的依据。

话 筒 架 设 完 毕 后 ， 按 歌 手 的 喜 好 布 置 一 下 演 唱 环 境

在录制人声的时候，最重要的就是要保证歌手的自信心及其在演唱过程中的舒适度。也就是说，歌手在录音时应该是怀着愉悦的心情走到话筒前，戴上他最喜欢的耳机，然后开始演唱。所以说，歌手所处的演唱环境就是关键所在。想要做到这一点，你需要从细节着手，为歌手摆放一些能使他感觉放松、舒适的物品，比如以下做法。

（1）在地板上铺一张地毯，放一把舒适的椅子或凳子。

（2）点几根蜡烛或熏香。

（3）贴几张对歌手具有影响力的海报。

（4）放一张上面摆有水、茶或是雪碧等饮料的小茶几。

（5）放一盒纸巾，一个垃圾桶。

（6）让房间的灯光明暗舒适，温度适宜。

（7）准备一份歌词的复印件，以及一支用于临时修改歌词的铅笔。

（8）准备一副棚里最好的耳机。

（9）准备一台带有小台灯的谱架。

反 射 声

你可以在谱架上缠一条毛巾（或者类似的东西）用来吸收反射声。这样，人声就不会被谱

台反射到话筒中去，进而造成声染色了。

在棚内设一个简单快捷的人声录制角

人声录制角指的是一个拥有话筒架、话筒、耳机、耳机放大器及一些常用线缆的小空间。做足了这些准备之后，当我们再遇到那些紧急的人声录制工作时，就可以从容不迫且非常迅速地进行录音了。

让歌手保持心情舒畅

让歌手在录音时保持一个愉悦轻松的心态，是我们录制人声时最基本的要求。一定要尽力摒除任何可能造成歌手负面情绪的因素。只有当歌手心情舒畅了，他才有可能发挥出最佳的演唱水平。

将灯光调暗

也许将灯光调暗一些能让歌手更快地进入状态。我跟大家一样喜欢稍微昏暗一些的暖色灯光。但注意不要将照度调得过低，毕竟制作人还得需要灯光才能看清歌词、合同及外卖菜单。

仔细听

一旦当你将话筒架设好之后，记得找副耳机检查一下话筒所拾取到的信号。由于现在数字录音的信号十分清晰（本底噪声极低），因此哪怕是很轻微的空调噪声或是用脚打拍子的声音都会被话筒拾取下来。当我们使用扬声器重放时，这些噪声很可能是难以被听到的，但耳机却可以将这些微小的声音清晰地展现在我们耳边。

第8章

控制室的设置

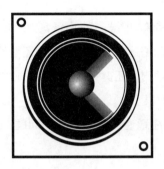

8.1 控制室的准备工作

保持室内的整洁

　　工作环境的清洁整齐可体现出你对工作严肃认真的态度。而一个杂乱无章的环境则更容易让人感到焦虑。更糟糕的是，如果你的工作间乱得像一个垃圾站，那么客户们同样不会对你的技术抱有多大希望。尽管客户们付给你报酬的多少可能存在差别，但他们对于作品质量的期望值是从来不会降低的。可以说，保持工作环境干净整洁的目的不仅是为了让客户感到舒适，也是为了提高录音师的工作积极性。这就像人们出门之前要换一身干净的衣服一样，会让整个人感到更有自信、更有掌控力。

布光

　　如果条件允许，录音棚也要考虑一下布光问题。长时间在白色灯火或日光灯下工作会更容易让人感到劳累。而且，录音棚是一个需要激发艺术家们灵感和创意的地方，总是让大家处于一个惨白的灯光之下也不利于灵感的迸发。所以，你可以尝试安装一些带有色彩的光源，买几盏台灯，变化一下棚内的灯光环境。

麻雀虽小，五脏俱全

　　录音棚里要备有彩笔、胶带、士力架、创可贴、耳塞、阿司匹林、维生素片、吉他琴弦、鼓钥匙、铅笔、钢笔、音轨规划表、纸巾、电池、标签纸、可书写的胶条、扬声器保险丝（特别是当在录制音量较大的鼓声时）等所有可能在录音中用到的物品。

在控制室中安一台空气净化器

一个空气清新的控制室才更适合人们工作的。便携式的空气净化器可将污浊不堪的室内空气变得清新宜人。

音频设备的摆放

在安装周边设备的时候，尤其像均衡器这类设备，你一定要将它们放置在伸手可及的地方。也就是说要尽量让你的双耳在你调整这些设备的时候，还能处于立体声最佳听音范围之内。因为，假设在你需要对声音进行处理时，还得穿过整间屋子才能调节设备参数，你就无法在设置参数的同时，听到修改后的声音效果了。

此外，在架设设备时，还要注意通风散热方面的问题，要保证设备在工作过程中能够保持凉爽。

确认设备的租用期限

如果你签了一份租赁合同，一定要先将你所租用的设备全面检查一遍，如外壳有没有任何凹陷、擦伤、裂痕等，还要记录下编号。这跟租用汽车是一样的，如果在你还车的时候车上出现了新的凹痕，那么你就要负责赔偿了。

做好准备

在客户到来之前就做好所有的录音准备工作。我们应该做到在客户进入录音棚的那一刻起就能立即开始录音工作。

开关机顺序

在开启或关闭电源之前，要先开启调音台和耳机的前置放大器上的哑音功能。因为，电流的波动可能会烧坏保险丝、扬声器及耳机等设备。因此，在每天启动各个设备的时候，功放永远是最后才能被开启的设备。同理，在关闭各个设备的时候，功放又必须是被最先关闭的设备。

芝麻开门

开机检查一下计算机及可能会用到的外置硬盘是否运转正常，然后打开要用的音频工作站。再检查确认一遍系统通路，所有的输入和输出端口是否连接正确。完成上述步骤后，我们就可以准备开始录音了。再次提醒一下，为了消除设备的接地问题，所有设备都应当被接到同一个电源上。

检查所有的设备

　　用振荡发生器来检测各台录音机与处理器的输入和输出端口，是否与调音台正确连接在了一起。你只有在亲耳听过之后，才能真正确定所有设备都已经发挥出了其应有的功能，且不存在任何负载、底噪、接线错误及多余的处理环节等问题。毕竟，若是真有哪台设备出了问题，我们总是希望能在录音开始之前就能及时发现并解决这个问题。

8.2　计算机工作站

什么是数字音频工作站（DAW）

　　数字音频工作站，或称 DAW，指的是一套用于录制、编辑及缩混音频素材的设备。这套设备既可以是安装在计算机上的软件，也可以是一台专门用于音频制作的计算机（及配套硬件），还可以是一个独立的数字录音机。以上这几种设备都可以被称为数字音频工作站。

以汽车为例

　　内燃机（发动机）是让一辆汽车正常行驶的核心机械装置。其工作原理是，在一个封闭空间（气缸）内，喷入燃油和空气的混合气体并点火，混合气体燃烧时体积膨胀，产生的能量推动活塞移动，进而活塞带动驱动轴开始转动，最终得以使汽车开始行驶。当然，汽车中还有大量用于保证其运行起来更为顺滑流畅的复杂组件，但其核心的工作机制就是这么简单。数字录音也是同样的道理。数字录音的设备往往由多种软件和硬件组合而成，但其核心工作原理却是一个非常简单的概念——二进制数据的存储及调用。

　　简单说，模拟的声音信号是由一系列线性、单个的波形组合而成的。而数字处理器则将模拟信号的这种线性特质，转变成了按阶变化的不同电压值，并以数字的形式存储下来。通过将这些十进制的数据转换为二进制，处理器会在一瞬间完成对这些二进制数据的存储和调用。下面，让我们先来了解几个数字领域的名词。

什么是二进制

　　二进制是一种只使用 0 和 1 两个数字的计数系统。图 8.1 中所示的扑克牌，是以最常见的十进制为其计数系统的，每种花色一共 13 张卡片——"1"代表 10，"3"则代表剩余的数额。而在八进制中，我们则需要用"15"来代表之前十进制的 13——"1"代表"8"，"5"则代表剩余的数额。那么以此类推，五进制也是一样的道理，十进制的 13 会被转化成五进制的"23"。由此可见，其实卡片的数量都是一定的，只不过是计数系统出现了变化而已。那么，在二进制中，十进制的"13"则会被转化成"1011"。计算机之所以选择二进制，是因为它处理起二进制的数据会更为容易一些，要知道数字电子电路识别"0101"或"0110"的速度比识别"9"

或"4"的速度要快多了。当只有"1"或"0"（"开"或"关"）这两种选择时，设备出现错误的概率是相当小的。当然，实际的数据要比上述例子要长许多，但哪怕是有再多的"0"或"1"，它们所代表的数据意义都是一样的。数字处理器就是以比特［也就是 bits，取自 Binarydigits（二进制数字）的前两个字母和末尾两个字母］来存储那些变化的电压值的。

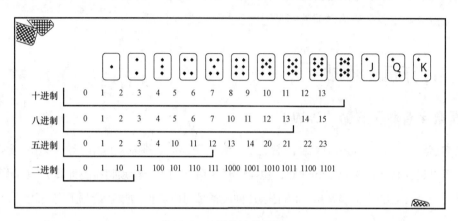

图 8.1   不同的计数系统

人类最为熟悉的十进制实际上是以手指的数量为基础而诞生的。试想，如果人类天生就只有一只胳膊和 5 个手指，而非两只胳膊和 10 个手指，那么今天我们所用的计数系统很有可能就是五进制了。

什么是比特率

如果用二进制来从 1 数到 16，我们需要 4bit(比特也就是"位"）。换一种说法，就是一个 4 位处理器具备处理 16 个二进制数据或是 16 个特定电压步长的能力。

为了让系统可以存纳更多的数码，或者说更多的有限步长，我们肯定需要一个处理能力更高的处理器。一个 16 位的处理器可以存纳 65 536 个数码，而一个 24 位的处理器则可以存纳超过 16 777 216 个数码。处理器的比特率越高，其能记录并处理的电压步长就越多且越精确，意味着模数转换的精度也就越高。现如今，业内常见的专业化水准其比特率一般为 24 位。如图 8.2 所示，为一个 4 位处理器与一个 24 位处理器的对比。

什么是采样率

采样率（也称为采样频率，单位为 Hz）是指设备对一个瞬时电压值进行读取，并将其定位到其对应的比特数值的速度。这与动画片的原理类似。那些看起来连贯的画面实际上是由一系列以一定速率（每秒大约 16 张）按顺序播放出来的图画所构成的。如果每一幅画所占用的时间是 1/16s，那么动画片的采样率就是 16Hz(如果动画片有采样率）。那么对应到音频领域，就是处理器会以特定的电压值（比特率）及特定的时间长短将每个采样记录下来。

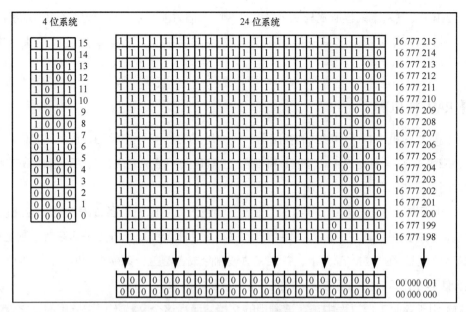

图 8.2 4 位处理器与一个 24 位处理器的对比

采样率越高意味着这个设备每秒所能处理的采样数量也就越多，也就意味着其所记录下来或回放出来的声音能够越清晰精确。如果说某件设备的采样率被设为 48kHz，那么就是说这件设备会以每秒读取或存储 48 000 个采样的速率来对音频信号进行处理。

现如今，我们较为常见的采样率为 44.1kHz 和 48kHz。除非你对音频的精度有更高的要求，否则 44.1kHz 的采样率就已经相当理想了，以这个采样率为基础记录下来的音频素材占用空间不大，"性价比"很高。要知道，那些需要以 96kHz 为采样率的录音工程会占用非常大的磁盘空间。

如果最终的传播媒介是 CD 光盘，那么我推荐使用 44.1kHz 的采样率。这样一来，不论是在前期拾音过程还是后期制作过程中，都可以避免出现由于欠采样而导致的音质劣化等问题。而对于其他所有的媒体类型，你还可以使用 48kHz、88.2kHz、96kHz 或 192kHz 等不同的采样率。不过要注意，将 48kHz 的采样率切换为 96kHz 时，会使设备的内存使用量加倍，进而增加计算机的处理负担。

什么是文件格式

你的工作站在将模拟信号转换为数字信号时会用到编解码器。在记录声音的过程中，编码器会将信号编译成一个数字的比特流，将其以某种数字格式的文件存储在一个指定的文件夹。我们通常会见到的文件格式包括以下几种。

（1）WAV：它的是全称"Wave Files"（波形文件格式）被缩短为文件扩展名时的形式。WAV 文件中包含有大量原始且通常是未经过压缩处理的数据（无损）。在当今录音业内，WAV 是我们最常用的文件格式。

（2）AIFF：其基本内容形式与 WAV 文件相同，但只能在某几种特定的系统中使用。

（3）MPEG 或 MP3：这是一种为了节省文件占用空间，而被专门设计出来的有损音频格式。

什么是 RAM 和 ROM

在我们的计算机中有两种形式的存储器，一种是 ROM（只读存储器，也就是我们常说的存储空间、磁盘），另一种是 RAM（随机存储器，也就是我们常说的内存）。所有数据的存储工作都是由这两种形式的存储器来完成的。

ROM 是用来存储操作系统的地方。磁盘空间越大就意味着设备处理器的响应速度越快。也就是说，内存大的计算机有能力使用更高的采样率、比特率及承载更多的音轨录制工作。所有数据都会被记录在 ROM 部件上，并且无法被删除或者覆盖，只能被读取。由于 ROM 的非易失性，使得在计算机关机断电之后它依然能保存其中的数据。

RAM 用于存储工作过程中正在被调用的文档。而当这个文档不再被调用时，它就会回到其所指定的存储地点了。由于 RAM 具有易失性这个特点，因此当计算机被误操作关机时，被存储在 RAM 中的信息会全部丢失掉。

什么是延迟

延迟，指的是信号通过系统通路所需要的时间。每个 CPU（中央处理器，也就是一台计算机的核心部件）多少都会存在一定的轻微处理延时（一般以采样的数量才计量这个延时的长短），这个处理延时就被称为延迟。根据计算机所需计算的效果器、音频处理器复杂程度不同，延迟的长短可以从几个采样到几千个采样不等。当你添加了太多的插件时，这种由于延迟而造成的时间错位就会变得非常明显了。

音频工作站的计算处理能力决定了其最终的表现力。当你在同时播放多个音轨，并在编辑的同时加载运行着全部插件，那么工作站在这种高负荷运转的情况下就可能会出现时滞（滞后时间）。大额的缓存容量虽然可以大幅降低系统运行的负担，但却会造成延迟。而小额的缓存容量虽然会降低延迟，但这却意味着你必须少添加一些插件以此来减轻系统的计算压力。

什么是插件

数字插件就是一些用于处理数字音频的小型应用程序。它们在某种程度上代替了原先录音棚中的模拟硬件周边效果器。像均衡器、压缩器、噪声门、混响器及延时器等这样的插件，都是在你将原始的声音素材记录下来之后，才会被"插接"进来的。

什么是缓存容量

缓存容量的作用可以看作计算机为了处理输入进来的数据而提前给自己预留的空间。在录音的时候选择低缓存容量可以最大限度地降低系统延迟量。但到了后期混音的阶段，要记得再将缓存容量重新提升起来，这样系统才有可能运行更多的插件。

8.3　输入信号的处理

什么是抖晃处理

模拟信号在被转换成数字信号之前，是需要先经过一定的处理的。当某个输入信号的电平小于数字系统的最低量化电平时，就会造成信号出现数字失真。为了掩蔽掉这种失真，就需要在模拟的输入信号上加载一种低电平的噪声——这就是抖晃处理（如白噪声、方波、锯齿波等，依设备生产厂家的不同而不同）。抖晃噪声的电平是高于最低量化电平的，这就意味着输入信号的电平又向着最高有效位前进了一步，同时也表示模拟信号会以更高的精度被转换成数字信号。不过值得一提的是，数字录音中的抖晃处理与模拟录音中的交流偏磁还有所不同的，数字录音中添加的这种抖晃噪声虽然被称为噪声，但实际上却是为了使重放时的声音听上去更加悦耳。

打个比方，如果你需要将一个 24bit 的信号转换为一个 16bit 的信号，那么我建议当你在对信号做下变换比特（位）处理时，别忘了给信号添加抖晃噪声。因为抖晃噪声可以使 16bit 声音信号，在某种程度上依然保持着 24bit 声音信号的音质。

什么是混叠噪声

混叠噪声是指一些被引入声音频谱中的错误频率声。奈奎斯特采样定理指出，当声音本身的频率乘以 2 以后所得到的值大于其采样率时，就会出现混叠噪声了。可以试想一下，当乐音的泛音频率达到 24kHz 甚至更高，但采样率被设为 48kHz 的时候，会出现什么情况？

如图 8.3（a）所示，当声音频率的两倍等于或大于其采样率时，声音信号就已经无法被准确地还原出来了。图 8.3（b）所示是一个低通滤波器，也被称作抗混叠滤波器，它的作用就是只允许低于一定频率的声音通过，阻止频率过高的声音通过，以此来避免混叠失真的发生。

在这个图中我们可以看到，所有频率低于 24kHz 的声音都是可以通过抗混叠滤波器的。再举个例子，如果某个声音的采样率为 88.2kHz，那么可算得 88.2kHz 的一半等于 44.1kHz，也就是说这个系统中的抗混叠滤波器，只会允许那些频率低于 44.1kHz 的声音通过；同理，如果某个声音的采样率为 96kHz，那么其抗混叠滤波器就只会允许频率为 48kHz 以下的声音通过了。

什么是采样和保持

A/D（模拟 / 数字）转换主要分为以下两个步骤：第一步，采样和保持；第二步，量化。如果一个声音的采样率是 48kHz，那么每个采样的持续时间就是 1/48 000s。然后这些采样就会经由量化的处理，被赋予相应的二进制数值，最后以采样为单位被存储起来，如图 8.4 所示。

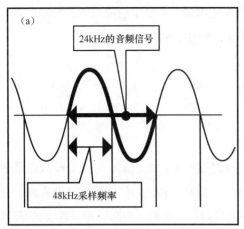
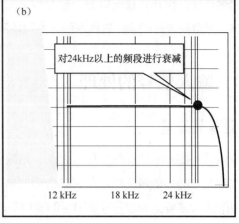

图 8.3 抗混叠滤波器

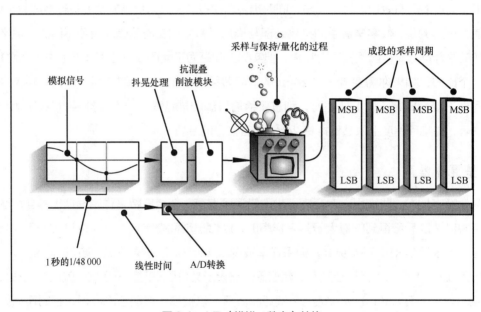

图 8.4 A/D（模拟／数字）转换

什么是量化／纠错

如果输入的模拟信号电平无法由二进制的数值精确地表示出来，那么转换器就会自动将这个电平值转化为与其最相近的二进制数值。图 8.5（a）所示是一个采样率为 11kHz 的 4 位（bit）处理器，假设某个输入的模拟信号电平值为 0.460 12mV，那么转换器便会自动将其读取成 0.5mV——这个与 0.460 12mV 最接近的数值。

而图 8.5（b）所示则是一个采样率为 48kHz 的 16 位处理器。与上段中 4 位处理器相比较，16 位处理器不仅需要取近似值的情况会少得多，其量化出错的概率也会小得多，更重要的是其精确度也要高很多。继续以电平等于 0.460 12mV 的信号为例，此信号在经过 16 位处理器转换成数字信号之后，其电平值依然还是等于 0.460 12mV。

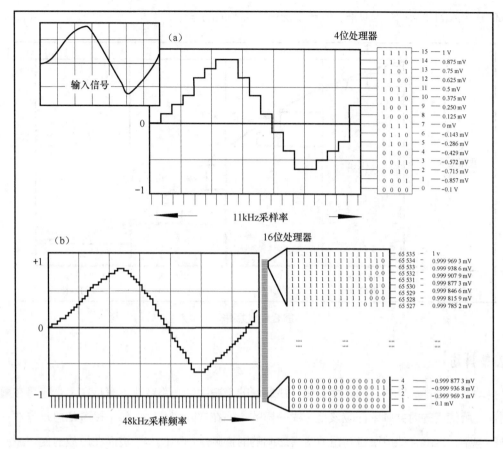

图 8.5 量化

什么是过采样

过采样是在信号经过抗混叠滤波器之前，尽量保留声音中高频成分的一种方法，因为过采样可以通过加宽声音信号的频带宽度，使得频率坡度下降得更加平滑、和缓。如图 8.6 所示，过采样实际上是一种弱化 2 个采样间距的处理方式。在对信号进行过采样处理时，设备会在原先的 2 个采样之间，再生成 2 个新的采样（甚至 4 个、8 个乃至更多）。如此一来，采样率就变成了原先的 2 倍（或 4 倍等），这样处理的目的是为了让模拟信号的量化过程变得更趋于线性。这样既能减少声音信号的相位失真，还能降低声音信号中本底噪声。

什么是脉冲编码调制

将数字转换成二进制形式是一回事，但将其存储起来以备将来的调用却又是另一回事。脉冲编码调制，或称 PCM——是一种在 0 和 1 之间往复变化的开关机制。那些在 0 和 1 之间变化的数据流，就是由电压脉冲的开与关来表示的。数字设备在记录音频信号时，会以一个特定的时间机制（也就是时钟或帧率）为基准，在电压发出脉冲信号的时候记录下 "1"，而在无脉冲信号的时候记录下 "0"。这个时钟基准就等同管弦乐团的指挥，让管弦乐团中的每个演奏者都以他一个人的"节拍"为基准，同步演奏出一部华丽的作品。

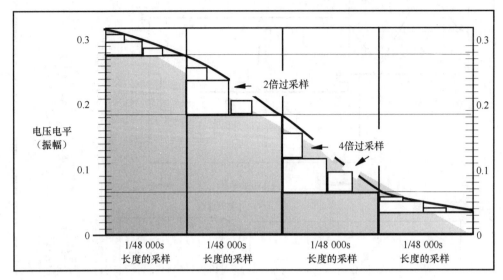

图8.6　过采样

什么是抖动

抖动就是采样周期长短的轻微变化。在理想的情况中，一路音轨不管是在录音还是在重放的时候，所使用的时钟频率都应该是一模一样的。但在实际情况中，每个设备却总是存在一些细微的差别，这就会造成录音与重放两者之间的时钟频率出现误差，进而在重放时使声波波形发生一定的扭曲，导致抖动的出现。但是要知道，抖动只有在信号进行 A / D、D/A 转换时才会出现，只要信号一直是在数字域内被播放或者被处理，那么它是不会发生抖动的。

同样的音源在分别经过数字和模拟两种方式被记录下来之后，会有什么不同

这与我们在观看电影（模拟）和视频（数字）时，所感受到的区别是相类似的。你能"看"到其中的差别，但要是想将具体感受描述给他人却不是件容易的事。大体而言，二者区别如下。

（1）模拟的声音，其低频部分会出现轻微的提升现象，进而使声音听上去更为温暖，这是数字声音所不具备的特色。

（2）声音中的峰值信号可以使模拟磁带出现过饱和的现象。有些录音师很喜欢这种染色所带来的听感。

（3）当我们通过模拟方式来回放声音时，由于模拟磁带的局限性，声音中的高频部分会出现轻微的缺失。相比之下，数字录音却不存在可以为人耳所感知的高频缺失。

（4）数字录音的出现使得很多曾经困扰模拟录音的问题都不复存在——比如，由于物理损坏（如磁粉脱落等）而出现的信号缺损问题，如声道串扰、复印效应，以及多轨磁带外沿音轨劣化问题（这种劣化多发生在多轨模拟磁带的第 1 轨和第 24 轨上）。

（5）在模拟转模拟的复制过程中，声音的音质会由于信号损失的逐步叠加而出现逐步劣化。但在复制拷贝数字形式的声音文件时就不会发生这种情况，因为数字拷贝的过程只是对二进制编码 0 或 1 的克隆过程，不会出错。

（6）数字声音文件在使用时更为方便快捷。现如今，我们可以将整个工程文件轻松地存储在移动硬盘中，然后怀揣着移动硬盘穿梭于各个录音棚之间。如果传输速度足够快，那么你都不需要将工程文件拷至本地，直接挂在移动硬盘中就可以打开，进行下一步操作。

（7）数字化声音的另一个优点就是"可视化"。传统意义上，录音师在工作时只能依靠他的双耳来判定声音的位置及音质的优劣。但是，随着数字化进程的发展，我们则可以一边听着声音一边看着波形、频谱来工作，这些可视化的元素大大降低了录音师的工作难度。

什么是 SMPTE 时间码

SMPTE（电影与电视工程师学会）时间码是一个会在录音同时被记录在音轨中的"时钟"。这项从视频借鉴而来的技术，会将时间分割为细化到帧的点来读取及同步重放设备。

SMPTE 编码本质上就是一个以"HH：MM：SS：FF"为格式来记录 24 小时时间制的时间码。其中，"HH"代表小时，"MM"代表分钟，"SS"代表秒，"FF"代表帧。这个时间码是基于真实时间产生的，如果我们看到时间码显示为 13：15：56：12，那么这就意味着现在是下午 1 点 15 分。

如果需要将两台或更多的设备同步或锁定到一起协同操作，那么我们就要先将所有编码送入到同一个时间码读取器，由它去锁定时间码，以此来同步各个设备。以电影为例，负责后期合成的部门会从声音制作部门和视频制作部门分别拿到声音和视频文件。虽然这两个文件来自于不同的部门，但其内嵌的时间码是一致的，如此时间码读取器便可以将声音与视频同步对应到一起了。时间码的统一，使得画面与声音之间不会存在脱节或延迟等问题，而且通过输入"HH：MM：SS：FF"这 4 个参数，我们可以精确地定位到音轨或画面轨的任何一个位置。

时间码中的帧是什么

一帧，指的是一系列按照顺序排列好的画面中的其中一幅。这个说法是早年间伴随着黑白电视机的诞生而出现的。那时，美国电视使用的是 60Hz 的交流电网作为同步，于是申影与电视工程师学会的工程师们便根据当时交流电网的频率确定并创建了这个一直沿用至今的帧率——30 帧／秒。这个帧率意味着黑白电视机在播放节目的时候，会以每秒钟 30 次的频率刷新（扫描）画面。

什么是丢帧时间码

随着彩色电视广播的出现，电视机需要一种装置来辨识何时从黑白转换到彩色。此时，美国国家电视标准委员会（NTSC）选择了一种频率更低的时钟速率作为同步。这样做是为了让电视在读取到这种频率更低的时钟速率时能切换到彩色模式。这 1% 的变化就使得原本每秒刷新 30 帧的速率变得稍微慢了一点点，成了每秒 29.97 帧的帧率。换算成时间长短，这个略低一些的帧率意味着每个小时都要损失 3.6s。在音频领域里，3.6s 听起来可能不算什么，但对于电视制作人来讲却足以让他崩溃了。

电影与电视工程师学会发明了一种可以跳过或丢弃某些特定帧的系统，以此来实时（以小时为单位）地与每秒 29.97 帧这个帧率相匹配。这就是我们所说的丢帧时间码。

卸载计算机上你所不需要的软件

这样做可以减轻一些计算机的运转压力，以防出现系统迟滞甚至死机。记得为你的音频文件准备一个独立的硬盘分区。将所有计算机文档都归纳在同一个文件夹内，并为每一个文件做清晰明了的标注。

关闭其他所有应用程序

要将所有的资源和可用内存都优先供给数字音频工作站使用。

避免出现信息错误

再三确认你所使用的音频驱动程序、接口设备／程序及线缆都是与系统相匹配的。廉价的音频线缆听上去好像比较划算，但若是用它来传输专业音频信号，那就有可能导致音轨中出现打火或其他小瑕疵。

如果在上述软／硬件都不存在问题的前提下，设备依然无法记录／存取正确的信息，那么就试试重新插接一下线缆，或是将接口设备连到另一个端口上。当然，重启一下工作站或是计算机也可以。

将工作站安置在一个方便舒适的地方

工作站所处的位置应该满足这几点要求。第一，不容易被误碰；第二，不能被随意挪动；第三，有足够操作空间来挪动鼠标；第四，摆放位置不能够遮挡监听扬声器。

避免拖动窗口

我们在操作的过程中不可避免地要在混音和编辑窗口之间来回切换。如果有条件，可以使用双屏显示将两个窗口分别放在两个屏幕上，这样更为直观方便。要知道，依靠鼠标来点选切换两个窗口，会非常耽误时间。

删除你的偏好设置

如果你的工作站开始表现异常，比如总是弹出一些错误信息，或是突然不给插件授权，甚至是突然意外闪退。有时候导致出现这些现象的原因可能只是你无意中拔掉了某根接口线缆。你可以通过删除偏好设置文件夹这种方法（你既可以手动删除，也可以利用某些应用程序来删除）来恢复工作站的正常运转。不用担心删除文件夹会造成文件丢失，因为系统会自动重建、补全这些丢失的信息。你所要做的只是重置一些偏好设置，比如输入／输出的通道设置等。

线性方法

通常，我们会为每一首歌曲都新建一个工程文件，但不是所有工程都必须如此。在有些录音工程中，我们可以在同一组音轨中将所有歌曲依次录制下来，使整个工程文件的持续时间变得很长。例如，第一首歌曲是从工程的第 1 分钟处开始的，第二首歌始于第 5 分钟的位置，第三首歌则始于第 9 分钟的位置，以此类推。使用这种方式的优点是所有歌曲都可以统一使用相同的插件及设置，而且可以十分迅速地在歌曲之间来回切换。

启动的时刻到了

现在所有的准备工作都已完成，可以开始正式的录音工作了。让我们正式启用音频工作站。在第一个弹出来的窗口中，通常我们会看到如下几个选项。

（1）创建一个模板。这相当于是为你将来的录音工程事先制作一个母版。依照你的喜好习惯来设置各种音轨的排列顺序、颜色、输入、输出和插件。

（2）打开一个模板。如果你已经创建过模板了，那么现在只要打开这个模板，就可以看到工程文件中所有的音轨、母线、标签等，都是按照你所喜欢、习惯的样子展现在你眼前。

（3）新建一个工程。你也可以跳过模板步骤，直接打开一个全新的工程文件。通常，新工程文件都会按照行业标准，将音频格式自动设为 WAV，采样率设为 48k，比特率设为 24 等这样的默认预设值。排除外界条件的限制（如当前录音条件的限制，内存及 CPU 速度等），你要决定一下什么样的参数设置才能让计算机以最优性能工作的同时，将处理器的工作负载降至最低程度。

在这个窗口中你还能找到按照你偏好设置好的 I/O（输入／输出）设置。你可以根据需求修改输入和输出端的具体名称。

（4）打开一个已有的工程文件。顾名思义，也就是直接打开某个之前已经存在的工程文件。

另存为

我喜欢将那些最主要的文件都放在计算机桌面上，直到本次录音工程完全结束，我才会将这些经过细致命名的文件移动到另一个合适的位置保存起来。不过，也有一些录音师则喜欢将工程文件的相关数据存在系统盘的文档区域。

不管你使用的是哪种系统，在工作过程中你都要尽量随时保持各个文件的命名、存储位置整齐有序。要知道大多数工程在录制的过程中都会产生许多衍生文件、碎片，这些都可能对你的工作造成干扰。

将你的工作站文件与工作文件都存储在同一块硬盘中

选一块外置硬盘专门用来存储你的录音文件，而非将文件存储在计算机中。

给文件起名

使用歌名的简称与录音日期作为文件名。比如，"歌名 2017-12-6"。

创建音轨

一旦所有的偏好设置等参数都调整完毕（记得保存），我们就可以新建一个工程文件了。在新建轨道的下拉菜单中，我们常用的轨道有以下几个种类。

（1）单声道音轨——单路输入及单路输出。

（2）立体声音轨——拥有双路输入和双路输出的交错模式音轨。

（3）辅助音轨（母线）——效果的返回通道，母线送出通道及返回通道。

（4）主输出音轨——主输出的推子电平控制着音频最终的电平大小。用户可以在主输出音轨中添加对音频整体进行处理的效果处理器，如总线压缩器或是某个母带处理方面的插件。另外，我们也可以利用其对音频整体进行淡出或淡入处理。

初始音轨设置模板参考

对于一般常规化的乐队录音来说，通常我们的初始音轨设置模板可以如下——先为每一件乐器创建 16 路单声道音轨，再为那些需要以立体声形式录制下来的音源（如钢琴、房间混响等）创建 4 路立体声音轨，然后再建一路立体声的辅助音轨，用于添加延时或混响效果，最后再建一路主输出音轨。这样的设置方式，可以让我们在混音界面中，无须上下滑动鼠标滚轮，就能一目了然地看清所有可供使用的音轨。

通过颜色来分类

有些录音师喜欢根据乐器的种类来设定音轨的颜色。比如，在创建录制鼓所需的音轨时，他会先新建一路音轨，然后根据习惯添加一些插件，再给它分配一种颜色标签，最后将这路音轨复制 6 到 8 次甚至更多，来作为录制鼓的音轨组；同理，在创建录制吉他音轨时，他会将标有其他颜色标签的音轨复制几轨，以此来作为录制吉他的音轨组。

音轨名称缩写

现在到了命名音轨这一步了，注意给音轨起名时一定要尽量节省空间。假设你有 3 路音轨需要命名，尽量不要给他们取如"张三吉他""张三人声""张三电贝斯"这样的名字。因为音轨可以显示的字节数量有限，当字数过多时它只会将头几个字母或汉字展示出来。这样一来，刚才的那 3 轨名称可能就都变成了"张三"了。因此，尽可能保证音轨名称的言简意赅。比如，"底鼓""电贝斯""吉他"等这样的名称就足矣。

创建节拍音轨

在音频工作站窗口中的工具栏中，进入"音轨（Track）"，单击一下"节拍音轨（click track）"这个选项。这时，在混音界面中你就会看到多了一路节拍音轨了。在这个界面中，你还能找到速度等相关参数。通常，速度的默认值是 120BPM，你可以根据需求自行修改这个数值。如果你不知道歌曲的具体速度，那么节拍插件中通常有一项功能是可以允许用户跟着歌曲的节奏敲击，然后由插件来自动识别并跟随速度的。

大多数情况下，你可以指望鼓手来告诉你每首歌曲的具体速度。如果不行，那么这时节拍插件中这个敲击识别节奏的功能就派上用场了。一旦节拍和速度都被设定好，记得将窗口中的格栅也以此为基础对应调整一下。

横向还是纵向

在录音时，你基本上有两种选择——第一种，以时间码的走向为参照，横向将每一遍录音素材依次记录下来；第二种，在同一段时间区间内，建立多层编组音轨，将每一遍录音分别记录在每一层音轨内纵向排列。举例说明，如果你为某一首乐曲录制了三遍素材，那么在音频工作站中你是打算横向地按顺序摆放三遍素材，还是先在第一层音轨录制第一遍素材，然后将所有素材移至第二层音轨内，再回到第一层音轨从同一个时间点开始录制第二遍素材，然后以此类推再录制第三遍素材？

保留节拍器

如果你选择了分层模式，那么试试这种方法吧。当你切换层时，记得将节拍音轨锁定并保留其位置不要动。而且，在第一遍录音时就确定好一个固定的预备拍，在未来每一遍录音时都从这个固定的位置开始录音，那么每一遍音频素材的长短就都是相同的了。这样一来，我们可以很方便地在音频工作站中抓取这部分素材，且无须手动对齐各个音频块，直接将其粘贴到主音轨上即可。

开启自动保存功能

开启这个功能使得工作站可以每隔一段时间（这个时长一般是可以用户自定义的）就自动将现在正在运行的工程文件保存一个备份。假设你是因为没有自动保存备份文件而丢失了大量的数据，这绝对会让你感到悔不当初。

8.4　扬声器

什么是扬声器

扬声器就是一种将电流信号转换成声音信号的换能器。与动圈话筒的构造原理相似，扬声器的纸盆是用来支撑音圈的，它可以使音圈悬于磁场中。音圈会随着输入电流的变化而来回振动，继而带动纸盆产生出相应变化的声波。

什么是录音棚的监听音箱

现今大部分的监听音箱都是由多个扬声器单元组成的。单靠一个扬声器单元是无法还原出完整人耳可闻频段内的声音的，不同类型的扬声器单元所能重放出的声音频段也是不同的。通常，在大型录音棚中，除了会为录音师安装大型墙壁嵌入式多单元扬声器，还会配有不同类型的近场监听扬声器。图 8.7 所示为使用两台功放推动的 3 个扬声器单元，这是录音棚监听系统中最普通的设置方式。其中包括以下组件。

（a）分频器。分频器是由一组互联互通的带通滤波器所构成的。这些带通滤波器的功能是将声音信号按频段分成不同的部分，再将其分别馈送给各个独立的扬声器单元。也就是说，它会将声音信号的高频部分馈送给扬声器的高音单元，将声音信号的低频部分馈送给扬声器的低音单元。有些分频器是有源的，也就是其自带功率放大器，这使得用户可以自行设置扬声器单元的电平音量、分频点及分频斜率。一般来讲，大型墙壁嵌入式监听扬声器都有两个以上的扬声器单元，而且每个扬声器单元也都自带功率放大器。

（b）功放（功率放大器）。在图 8.7 中，第一台功放的左声道用于推动扬声器的高音单元，右声道用于推动扬声器的低音单元。而下面第二台功放则是用于推动次低音扬声器的，由图 8.7 可知，功放的双声道输出一般会通过桥接的方式，来产生一个声功率较高的单声道信号。

（c）扬声器的高音单元。体型较小的扬声器单元一般会用于重放声音信号的高频段部分。分频器会先将原始声音信号中所有中频、低频段的声音都去掉，再将其馈送给高音单元。有些大型的墙壁嵌入式扬声器会选择号筒式扬声器单元作为其高音单元。

（d）扬声器的低音单元。体积较大的扬声器单元会用于重放中低频段的声音信号。那些超出了这个扬声器单元额定频率范围的声音，也是在经过分频器的时候就会被衰减掉。

（e）次低音扬声器。这种大块头的重型扬声器是特别设计用于重放频率极低的声音信号的。

什么是近场监听扬声器

近场监听扬声器一般都位于距录音师前方几英尺的地方，大多都会被摆在调音台表桥上方或后方的架子上。由于房间的形状和布置方式，一般都会对大型墙壁嵌入式监听扬声器所重放出来的声音音质造成很大的影响。因此相比较而言，近场监听扬声器所受到的周边环境影响就要小许多了。按常理来说，在控制室前方用来摆放扬声器的空间里，其所有声学设计的目的都应该是在尽可能减少重放声受到房间声场影响的前提下，将声音传送到录音师的耳朵中去。

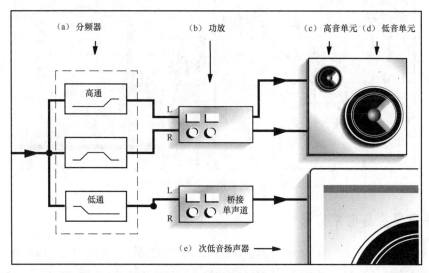

图 8.7 录音棚监听音箱

摆放扬声器时，要避开房间的角落及墙壁

在控制室中，扬声器的摆放位置应该满足两点。第一，朝向录音师身后，房间较长的一端；第二，一定要为扬声器背面与墙面、房间的角落之间留出足够的距离。因为，如果墙面与扬声器之间的距离不够大，那么近次反射声就会对直达声造成干扰，进而导致声像定位偏移，甚至是出现声染色等问题。

扬声器的位置

图 8.8（a）所示为一对近场监听扬声器与听音者双耳所构成的三角形。我们要保证这是一个等腰三角形，也就是说左扬声器到达听音者左耳的距离要与右扬声器到达听音者右耳的距离是相等的，只有这样我们才能保证左、右两个扬声器所重放出来的声音能够同时到达听音者的双耳中。如图 8.8（b）所示，当我们把监听扬声器摆在调音台表桥后方且高于表桥的位置时，可减少重放声在打到调音台台面上时所发出的反射声。另外，由于低频声的指向性较差，因此扬声器的低音单元可以不必严格与耳朵处于同一水平面上。

将摆在扬声器上的杂物清理干净

任何放在近场监听扬声器上面的东西，最终都会被扬声器震落到调音台上。

满屏的彩虹

让你的扬声器与视频监视器保持一定的距离。因为，未被屏蔽的扬声器磁场会对视频监视器的颜色显示造成严重干扰。

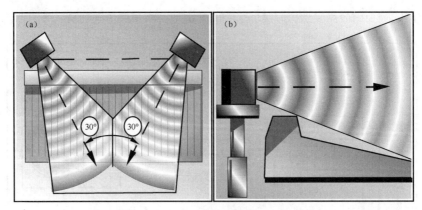

图8.8 近场监听扬声器的摆位

会烧毁扬声器的高电平信号

要尽可能选用质量最好的扬声器线缆，同时记得给你的扬声器加装内嵌式保险丝，一定要安装厂商推荐的保险丝款型。高峰值电平的声音信号，如鼓手敲击底鼓时的声音，会被转换成足以使扬声器过载的高压电流信号。幸运的是，当我们遇到这样的高电平信号时，保险丝通常会在扬声器被烧毁前烧断，以此来换取扬声器的安全，毕竟更换保险丝要比修理扬声器简单得多。

给监听扬声器配置大功率的功放

功率较低的功放很容易发生过载，而已经失真了的过载声音并不是我们想要的。一般情况下，就算出现过载的情况，也应该是扬声器先于功放出现过载。不过，现今许多录音师都使用带内置功放的扬声器作为近场监听扬声器，因此也就免去了我们给扬声器选配功放这项工作。

随便找个地方就可以了

如果你的监听系统是小型书架式扬声器与次低音扬声器相配合的模式（立体声2.1），那么由于低频声指向性不强这一特性，你不用纠结次低音扬声器的具体摆位，你只需要随意将其放在调音台的附近就可以了。唯一需要重视的是，你要确认次低音扬声器与其他全频扬声器的接线是正确的，要知道若是万一将功率强劲的低频信号错送到了小型扬声器上，那么很有可能将小型扬声器直接烧毁。

当你设定好次低音扬声器的电平之后，先开车出门兜一圈

在调试次低音扬声器与其他监听扬声器的音量时，当你觉得某个电平差不多合适了，就以这个电平比例混出一首歌曲来。然后在你的车里，通过你最熟悉的车载音响播放出这首歌。这么做是为了利用车载音响来检测一下最终的电平比例是否合适，毕竟除了录音棚，我们手边最熟悉的听音工具就是爱车的车载音响了。如果我们感到歌曲的低频部分过重，那么就说明在混音时我们提升了过多的低频频段。由此对应到录音棚的监听系统，就说明我们需要再提升一些

次低音扬声器的电平。同理，如果在车里我们感觉歌曲的低频部分偏弱，那么相对应的，就应该再衰减一些棚内次低音扬声器的电平。

调试整体的效果

很多专业的近场监听扬声器都允许用户自定义设置其均衡和分频点。在确定了近场监听扬声器和次低音扬声器的位置之后，便可以拿出你最喜欢的 CD 来，听听其重放效果，当然，要记得将均衡器（位于扬声器的背面板）旁路掉，以免对重放声的客观真实度造成影响。如果有条件，你可以多试几款扬声器在这个房间中听一下重放时的效果，如此就更能客观地把握这个房间的声学特性了。

当房间的声场和扬声器的特性都已经被做过恰当的均衡处理之后，便可以依靠我们的耳朵来分辨什么样的声音效果才是正确的。一个设计优良、且经过校音的房间，其声场中的各个声音频率都应该是可控的——即房间的频响曲线没有凹陷或是凸起，为一条平滑的曲线。噪声的处理上，应做到房间外的噪声传不进来，而房间内的噪声也传不出去。

8.5　调音台

了解调音台

调音台相当于是所有信号、线路的总分配集散地。也就是说，所有输入信号在被送入调音台之后，都可以被配送到任何目的地，例如多轨录音机、监听扬声器或辅助送出等。同时，调音台还会为录音师提供均衡器、声像调节、效果器和动态处理器等模块，以便为声音制作提供更多的可能性。

你还要记住一些常用的术语，如调音台的通道、多轨录音机的音轨等。通常，我们将调音台上的一个信号通路称作一"路"。

不管是 12 路模拟调音台、48 路数字调音台，还是一台数字音频工作站，它们所遵循的理念都是相同的。其通道部分（channel）皆是用于处理输入信号的，如话筒信号、从电子乐器直接线路输入的信号、多轨录音机的返回信号及从效果器的返回信号等。然后，这些信号都会被重新配送到各个目的地，最终混合到主输出的信号中，并大多以立体声的形式被重放出来。

可以这么说，如果一位录音师对调音台的信号通路走向没有一个宏观、清晰的概念，那么他是不可能将调音台所拥有的巨大潜能开发出来并加以利用的。

什么是单列一体式调音台

通常调音台按照结构和面板设计的不同会被分为两大类。一种是监听分离式调音台，另一种是单列一体式调音台。其中，监听分离式调音台的监听模块与输入模块是相互分离的，两者所占用的推子组也是相互独立、互不干扰的。相比较而言，单列一体式调音台的监听模块则与输入模块被组合到了一起，使得同一路通道条既可以作为输入通道，又可以作为监听返回通道。

让我们来快速回顾一下单列一体式调音台都有哪些组成部分。

大体上讲，每一路单独的通道条都是由 4 部分组成，即输入模块、输出模块、监听模块和中央控制模块。

8.5.1　输入模块

顾名思义，输入模块的功能是将信号引入调音台。它的主要存在意义就是能够让信号以尽可能高的电平输入进来的同时将底噪维持在最低限度。一般单列一体式调音台的每一路通道都会含有如下功能。

（1）话筒输入／前置放大器：通常使用的是平衡 XLR 输入端口。由于话筒本身的输入电平非常低（−70dBu 到 −50dBu），它们必须通过前置放大器来提升电平。这个前置放大器的作用就是将话筒信号提升到一个可以为调音台输入模块所用的电平大小。

（2）线路电平输入：通常使用的是平衡 XLR 输入端口，或是可以接收高电平输出设备信号的 1/4ft TRS 输入端口（也就是我们所常说的"大三芯"）。

（3）插入点：插入点是一个用来向信号通路中引入外部设备（如均衡器、压缩器等）对声音进行处理的输入端口。某些调音台生产商会选用 1/4ft 的 TRS 接口作为每个通道的插入点，这时与插头的 T 所连接的信号线 1 会被用于信号送出，而与插头的 R 所连接的信号线 2 则会被用于信号返回。

（4）话筒／线路输入切换键：根据音源的不同，抬起或按下这个按钮，可以使单路通道的输入源在话筒与线路之间来回切换。

（5）幻象供电：这个电压为 48V 的直流电源会在话筒前置放大器之前为电容话筒进行供电。

（6）电平微调旋钮：由于不同的信号源会有不同大小的输入电平，若想要获得更为理想的录音电平，我们就需要以前置放大器的电平为基础，利用电平微调旋钮对信号源电平进行更为细致的调整。

（7）固定衰减按钮（pad）：固定衰减按钮设定了一个固定的电平衰减值，这个值从 −10dB 到 −30dB 不等。也就是说，按下固定衰减按钮，输入电平就会以一个固定量向下衰减。总体而言，通过前置放大器的调制，再配合电平微调旋钮和固定衰减旋钮的帮助，无论是哪种声源最终都能被设定在一个合适的输入电平范围内。

（8）反相：其实，我认为如果将这个功能改称为极性切换会更贴切一些。它本质上就是将信号的相位反转了 180°。在某些立体声话筒拾音的设置过程中，或是某件乐器或设备的信号线出现反相问题时这个功能就会派上用场了。

（9）切换（flip）：这个按键是用来切换通道条信号源的，也就是说通道条的输入是来自于棚内声源（线路入或话筒入），还是来自于重放设备（如 DAW），都是通过这个按键来切换选择的。通道数更多一些的调音台可能会在中央控制模块设置一个主切换按键，按下这个按钮就意味着我们可以同时将所有通道的输入源从话筒输入模式切换到设备重放模式。

8.5.2　输出模块

　　每路通道条上的输出模块是用来对声音进行加工处理，以及调整其电平大小的。这个模块含有如下功能。

　　（1）录音电平：单列一体式调音台的那一层小推子通常是用来控制录音的最终电平的。这一层小推子的声音由于未经过更多层级的外部环节，其音质听起来会更为干净、轻柔一些。

　　（2）直接输出：这个功能可以直接将信号从通道条中取出，并送入到与通路相对应的多轨录音机中。举例而言，将通道 7 的直接输出按钮点亮，就意味着通路 7 的信号会无视其他系统路径直接进入多轨录音机的第 7 路输入端。除非通道信号需要与其他信号一起被送入某路母线，否则在录音过程中我们都会用到直接输出这个功能。

　　（3）插入点的 <Pre> / <Post> 键：这个按键可以让用户决定插入点在通路中的顺序，是在均衡前还是在均衡后。

　　（4）母线／编组输出：一路母线可以被用于同时传送（合并）多路信号。每一路通道上都有多个编码不同的母线按键，如果用户需要将某几个通路的信号送入到某一路（或某几路）母线上，只需要点亮响应的按钮即可。

　　（5）母线／编组声像定位器：由于这些立体声母线／编组输出总是以单、双数的编号成对出现，这就意味着声像定位也是这类立体声母线／编组通路的一个重要功能之一。在录音过程中我们也会经常用到这个功能。比如，当某个立体声母线中被引入了多件乐器通道信号，这时利用声像定位就可以轻松地为每一件乐器进行定位了。试想一下，如果没有这个功能，那么在立体声音轨中你只能将声像定位在极左、中间或极右 3 个位置上。

　　（6）均衡器插入位置（此功能仅限单列一体式调音台）：这个功能的存在，使用户可以选择均衡器的插入位置，如选择插入前级的输入模块，还是选择后级的监听模块。

8.5.3　监听模块

　　每路通道上的监听模块指的是从多轨录音设备返回到调音台的那部分通路。这个模块含有如下功能。

　　（1）哑音键：开启或关闭通道的开关。

　　（2）< 单独选听 > 键：点亮这个键，就意味着将其余通路哑音的同时只对选中通路进行监听。在单独选听模式被监听时，声音信号中具体带不带处理效果，还要依据通路的设置来判断。

　　（3）声像定位：这个功能可以让你将信号的声像摆放在左右两个扬声器之间的任何一个位置。

　　（4）辅助送出：这个送出信号通常是从多轨返回通道送出的，且通常有两个用途——其一，作为效果器的激励信号；其二，单独混成一路立体声信号被送入棚内耳机，作为返送信号。在调音台的中控模块我们还能看到许多返回通路，一般这些返回通路的信号就是从这些送出信号而来的。不论是返回还是送出信号，我们都可以很容易地通过调音台或跳线盘上的插接点进行取出或接入，并且都分推前（pre）／推后（post）两种模式可供选择。如果想将馈送给返送耳机的混音信号区别于控制室内的监听混音信号，那么点亮各路辅助送出的推前功能，就可以让返送信号不受大推子电平比例的影响。

（5）输出母线：所有调音台都至少拥有一路立体声母线输出，也就是最终的母带输出母线。有的调音台还会给予用户多种多样的选择，如一路 4 声道的母线，或是一路用于环绕声节目的 6 声道母线。

（6）大推子（推拉衰减器）：用来控制调音台所有输入信号（包括话筒、多轨返回设备及效果返回等）的监听电平。在这些推子旁边会有以 VU 表为基准的刻度显示，以分贝为计量单位。如果我们将刻度显示准确的推子位置摆放在 0VU，那么在单通道电平表这边显示为 0VU 的信号，它对应到主输出电平表上也应显示为 0VU。

（7）通道命名（备注）：你可以将所有与通道相关的信息都写在这个区域里。通常，我们会从调音台的左侧到右侧贴一条长长的胶带来记录相关信息，如名称、话筒、输入端口等。若是未来某一天需要对这个节目进行重混，那么这些被记录下来的信息就能派上用场了。

8.5.4　中央控制模块

中央控制模块一般都被设计在调音台的中间位置。这个模块含有如下功能。

（1）对讲：在中控模块中我们可以找到一个按下去就能跟棚内演员对话的按钮。有的录音棚还会利用一根线缆将这个对讲按钮延长出来，好让坐在控制室后方大沙发上的制作人随时按下它与棚内进行交流。与它处于同一区域的还有主送出电平调节旋钮和主对讲按键。

（2）<Slate> 键：这个功能可以直接将录音师的声音信号送到录音机上，使他可以对录音素材进行口头备注。

（3）PFL：预听功能。先在中控模块点亮这个主预听键，然后再将选中通路上的 < 单独选听 > 键点亮，这样可以让你直接调取小推子之前的信号进行监听。

（4）主送出及主返回：主送出的电平是可调的，这使录音师可以自行对送入外接效果器或处理器的总体电平大小进行调整。在主控模块中还设有一定数量的立体声主返回推子。假设，我们在各路通道上的辅助送出是用于激励外部混响效果器的，那么从混响效果器返回到调音台的效果信号就会被送入某一路立体声主返回推子上。简单举例，我们将通道 1 的辅助送出信号送入混响器 1，然后将从混响器 1 输出的立体声信号送入主返回推子 1 上。

（5）主母线电平：通道上的所有母线送出都有其相对应的主电平调节旋钮。这个电平旋钮只有在通路向母线中送出信号时才会起作用。

（6）主推子：这是信号在被最终合成之前的最后一道总电平控制工序。如果可以，将推子保持在刻度 0dB 永远是最理想的电平位置。

（7）控制室监听：你能通过这个按钮来选择控制室监听扬声器的信号源，它既可以来自于

CD 播放器，也可以来自于录音机监听，还可以来自于调音台的某一路输出。

（8）扬声器监听的切换／选择：通过它你可以在不同的监听扬声器之间来回切换，可以选择近场扬声器，还可以选择体型巨大的远场监听扬声器，也可以选择放在调音台中间尺寸超级小的扬声器。

（9）振荡发生器：这是一个可选频率及电平增益的正弦波发生器，通常被用来测试各个设备的入口电平，或是被用来试验信号链路是否通畅。如今，很多应用软件也都具备了这种功能，甚至有着更为丰富的波形及噪声种类的选择空间。

8.5.5　跳线盘

什么是跳线盘

跳线盘是一个用于将信号在设备间来回取出／插入的接线端面板。也就是说，我们可以将跳线盘看作调音台各路通道与各个设备入口／出口的大集合。

你可以在跳线盘上找到与调音台每一路通道的入口／出口相对应的插接端口，我们一般会将上排端口设为取出端，而将下排端口设为插入端。这些插接点允许我们将信号引入到整个音频通道的不同输入／输出点位（如最前级的通道输入，到中间的音频处理部分，再到最终的信号送出等）。在这些通道链路中，有如下几种可供操作的插接点。

（1）话筒输入端口：这是通道条上话筒增益模块之后第一个被引入跳线盘的信号接取点，这些插接点与录音间墙壁上的话筒输入端（墙插面板）是一一对应的。利用跳线盘上的插接点我们就可以实现不去录音间内插拔墙插面板连接的话筒线，便改变话筒通路顺序的目的。举例说明，假设我们想要使用的是棚内鼓房墙插面板上的第 4 路话筒输入，但却错将话筒线接在了棚内的另一处墙插面板上，那么无须进棚重新接线，你只需要通过跳线将错接的那路话筒信号引入到正确的通路就可以轻松地纠正这个错误。

（2）多轨返回／线路输入：这些插接点被设在多轨录音机的返回与线路输入之间。它们存在的主要目的是调换通路顺序，或是插入周边设备。

（3）插入点的入／出：跳线盘上的这部分插接点也就相当于是调音台通道条上的插入点，它主要是用来将外部周边设备接入到信号链路中去，其既可以在均衡前也可以在均衡后。

（4）母线输出，多轨输入：这个跳线位置用户可以实际接触到每一路母线的输出，例如我们可以利用跳线将第 16 路母线的信号送入混响效果器。同样，我们也可以将这些插入点看作录音输入。例如，你需要将 3 路音轨的信号并轨到第 8 轨，但第 8 路母线却已经被占用了。那么，我们就可以先将这 3 路信号送入到一路未被占用的母线，比如第 10 路母线。然后利用跳线，将第 10 路母线的输出信号转接跳线盘上第 8 路通道的多轨输入端。

（5）多轨返回／监听扬声器的插接点：你可以将这部分插接点的输出看作第二个多轨返回信号。而这部分插接点的输入端则是直接与监听扬声器相连的，也就是说如果将信号引入这个插接点，那么监听扬声器所播放的信号源也会随之而改变。

8.5.6　设备的接入

跳线盘同时也可以拥有将信号引入／取出到以下外部设备的功能。

（1）周边设备。如果没有跳线盘作为通路接驳站，那么每次想要将外部周边设备都接入调音台的时候就必须将多条线缆连接到调音台背板的插入点、送出／返回点。相比之下，利用跳线盘来连接各个接口更加简洁便利。

（2）主送出和返回。在跳线盘上，每一路辅助送出和返回都有其相对应的插接口，通过这个端口我们可以将那些在跳线盘备有接口的周边设备（如混响效果器）引入到母线中去。

（3）混音设备的入口。调音台的主母线输出最终是要被连接到外部的记录设备（不论数字还是模拟）上的。然后，记录设备的输出会被接回到位于调音台中控区域的重放键。所以，在跳线盘上通常也会给记录设备的输入和输出预留插接点。

（4）编码设备。所有同步设备及室内时钟的信号输入／输出也都能在跳线盘上找到接口。

（5）联络线。有些规模较大的录音项目可能会同时需要多个录音棚协同参与进行录制，这时各个控制室的信号就会通过这种联络线被连接汇通到一起。也就是说，通过联络线，位于录音棚 A 的录音师可以随意取用录音棚 B 中各个设备的音频信号。而且，许多录音棚都设有用于放置多轨录音机及其他一些设备的机房，其中多轨录音机也是通过联络线与控制室进行相连的。

（6）返送信号。通过这个插接点我们可以将信号送给返送耳机和返送扬声器。

（7）并连线。并连线指的是若干被并连在一起的插接点。如果你需要将某路信号分成两路甚至更多路信号送往不同的设备，那么并连线就能派上用场了。

什么是环通

环通是信号线跳线盘上接线端的焊线连接方式。根据前文，大家也都能了解到调音台上的每一路通道都会在跳线盘上留有一定数量的信号插接点，以供我们将信号取出并送入到外部周边设备（如均衡器），然后再送回到信号通路之中。每一个这样的插接点都被分为上下两排，上排负责取出信号，下排负责插入信号。

跳线盘会默认将上排插接点以半环通的方式进行焊接，这就意味着当你从这个插接点取出信号时，信号不会被截断。而跳线盘的下排插接点则是以全环通的方式进行焊接的，也就是说当你将外部信号引入这个插接点时，原始的信号通路会被截断。

给调音台贴上标签

利用备注功能，可简单明了地将调音台各通道的用途记录下来，比如是用于话筒输入还是线路输入，是用于多轨录音机返回、耳机返送，还是接入了效果器等。当然，你也可沿调音台的边沿贴一条长长的白色胶带，在上面标明各路音轨的用途。这样，每条胶带所对应的都会是一首歌曲的音轨设置，那么在录制下一首曲目之前，我们便可将这条胶带撕下来贴在墙上以备未来参考之用。这对于将来我们要制作不同的歌曲来说，是相当节省时间的。

同理，跳线盘的每一个插接点也都应该被贴上相对应的标签。如果跳线盘的某个插接点接口设置被改变，但标签还未来得及重新打印，那么要记得在一旁附上一张标明更改插接点对应路径的标签纸，以方便大家使用。

要及时清理闲杂线缆

在每次录音开始之前，都要检查一遍跳线盘上是否留有不必要的接线，如果有一定要及时拔除。因为，那些接地存在问题的外部设备可能会造成哼声噪声的存在（若是这时被跳线连接到通路中，就会成为潜在干扰录音的危险），而且那些处于半插半拔状态的接线端也容易造成通路信号异常，使信号出现"打火"等现象。

插接跳线盘的注意事项

（1）顺着音频信号的流向来插接信号（也就是说，在需要引入信号的位置插入信号，而非在输出口插入信号）。

（2）可以拆分输出信号，但不要拆分输入信号。

（3）不要将信号插接回音频链路中早于其取出位置的点，否则容易造成反馈。

（4）不要从并线信号再引出新的并线信号，否则容易造成信号的音质劣化。

（5）电平的传递必须保持平稳统一。比如，不要将话筒信号直接插接到线路输入端。

（6）一定小心使用唯一的那根红色跳线。这根线缆可以让信号反相。

将通道哑音

记得在插拔跳线前先将通道哑音。使用插头带有污渍的线缆跳线时，可能会由于接地不好而导致嗡嗡、爆点或咔哒等噪声。

检查话筒

当调音台已经被设置好，且输入通路都被正确分配好之后，就可让助手通过刮擦话筒头，或在话筒前打响指等方式，来检查所有的通路连接是否正确。有些录音师，特别是那些经常录爵士乐的录音师，会更偏爱打响指的检测方式。

检查耳机

去录音间亲自检查一遍每路耳机是否都已经被接通了，是否每个演奏者都能清晰地听到返送信号。每个演奏者的耳机所接收到的声音信号电平都应该足够大，这样才能保证人人都能听清楚对讲信号。

8.6　均衡器

设备配置比较完备的录音棚都会配有多台周边音频处理设备，包括均衡器、压缩器、限制器和效果器等。其中，均衡器是用来处理调节声音的频率部分的，压缩器、限制器和噪声门等是用来处理声音的动态的，而延时器、混响器及和声效果器则是被用来处理声音的时间问题的。如要了解更多有关效果器的知识，请参考第 11 章。

高频带来的麻烦

熟练掌握均衡器的调节方法是录音师一辈子的追求。你听过的作品越多，你就越能发觉所有声波的构造都是极其复杂的，而且每种声音在与不同声音发生干涉的方式也是不同的。虽然人耳听不到那些频率特别高或特别低的声音，但它们却会与一些频率在人耳可闻范围内的声音发生干涉，进而对声音整体造成影响。如图 8.9 所示，均衡器的频响范围可被分为如下几个部分。

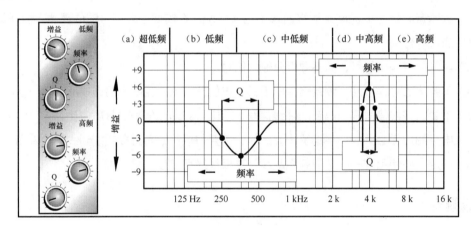

图 8.9　均衡器

（a）超低频。80Hz 及 80Hz 以下为哼声或很低沉的声音所在的频率范围。一把普通吉他，其低音 E 的频率为 82Hz，而一把贝斯吉他的低音 E 频率为 41Hz。而再低于这个频率的声音只能是卡车或空调所发出的哼声等噪声了。

（b）低频。在 80 ～ 350Hz 这个频率范围内，主要为乐器本身所发出来的声音。提升这个频段内的声音，可明显强调出乐器所发出声音的基频部分。

（c）中低频。350Hz ～ 2kHz 这个频段，是塑造声音丰满、整体感的主要频段。大部分乐器的泛音都在这个频率范围内。

（d）中高频。2 ～ 6kHz 这个频段，是决定声音临场感及清晰度的频段。因此提升某条音轨声音的中高频，便可明显提高这条音轨在整体音响效果中所占的比例，而且其声音的位置也被提到前面来。同理，当我们衰减掉声音中这个频段的时候，便会感到此时的声音向后退，与背景声混在一起了。

（e）高频。6kHz 以及 6kHz 以上的频率成分，决定着声音的清晰度、临场感和愉悦感。而频率更高的部分（12kHz 以上），都被认为是"空气声"，也就是用以增加声音鲜亮感及光泽度的频段。但是，过分提升这个频段的声音，则会让听者觉得声音过于尖利，像是有一把锥子在不停地戳自己的脑门。

什么是 Q 值

为了确保被调节声音频率范围的精确度，需要对被提升或衰减均衡曲线的宽窄形状进行限制，这就是 Q 值的存在意义。钟形曲线，由于其形状类似一口大钟而得名，通过形状我们也可以得知，当针对某一个频点对均衡曲线进行提升或衰减处理时，受到影响的并不只是被选定的中心频率，而是连带该频点附近频率范围的声音也都会被一同提升起来或衰减掉（幅度有所差别）。相对于模拟均衡器而言，现今工作站中的均衡器插件允许用户将钟形曲线的宽度调得更窄。

对乐曲 Q 值的设置

Q 值是由钟形均衡的中心频率（以 Hz 为单位）除以钟形均衡的频带宽度（以 Hz 为单位）得来的。对于钟形曲线来说，带宽是以钟形均衡的中心频率为基准，向两侧延伸到其增益下降了 3dB 时两点之间的距离。相比较而言，对于高切或低切的曲线来讲，带宽则是以水平轴为基准，从增益减少 3dB 时的频点开始到操作频点之间的距离，此时同样的 Q 值会造成更为陡峭的曲线形状。

图 8.10 所示分别为将 Q 值设得较小时（两个倍频程）、设为中间值时（一个倍频程）、设得偏大时（半个倍频程）的曲线形状（总的来讲，Q 值越高，被调整范围越窄；Q 值越小，被调整范围越宽——译者注）。

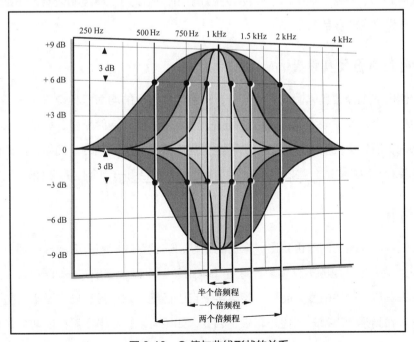

图 8.10 Q 值与曲线形状的关系

8.7　均衡处理

不要无目的地使用均衡

使用均衡器之前先问问自己："有必要使用均衡器吗？"要想回答这个问题，你就要亲自进一趟录音棚，亲耳听听乐器或音源的真实音响效果。利用演奏者排练的机会，对比一下哪些频率的声音在录音棚里听起来很明显，但在控制室中被重放出来之后却缺失掉了。现实中最理想的情况是，能直接从音源拾取到令我们满意的声音，在尽可能不加任何处理的前提下将其记录下来——不过这确实难以做到。在使用均衡器之前，我们可以采取如下做法。

（1）调整话筒的位置。声音的频率越高，其指向性就越强。有时候，稍微变一下话筒的位置，就能让你拾取到的声音音色变化很大。

（2）改变话筒上的设置。例如，打开 / 关闭低频衰减开关或增益固定衰减开关。

（3）换话筒。一定要找到一款适合音源音质的话筒，话筒对声音塑造所产生的影响是世界上任何一种均衡器都无法比拟的。

（4）让演奏者调整乐器或吉他音箱的音色，甚至建议他改变一下演奏方法。

（5）如果可能，也可更换不同材质的琴弦或鼓皮。

（6）添加、去掉或调整压缩处理。

（7）试试变换声像的摆位等这类简单的操作。

（8）更换演奏者。演奏者的演奏技巧越高，所呈现出来的音响效果也就越好，录音师的录音工作也就越省力。一部经典的录音作品会流芳千古，所以为了最终的成品，还是尽量找些更为专业的演奏者来完成录制工作。

一个合适的均衡器及其设置

对于均衡器的选择要具体情况具体分析，一台性能优良的均衡器其音质应该是丰富且悦耳的，但也会存在个别音质较为尖利的特定频点。考虑到不同的话筒型号、类别，以及不同音质的乐器和状况，所配合使用的均衡器牌子和类型也应该是有所不同的。例如，如果你想达到的目的仅仅是要衰减声音中的一些低频成分，那么就没必要启用一个全频带的均衡器了。

被染色的声音

对声音做均衡处理的同时也会造成声音的相移，这就意味着声波的波形会随着均衡处理量的增加而产生越来越严重的劣化现象。这种"声染色"可能会造成某一轨声音，尤其是人声，在终混时失去其应有的清晰度。而且，还会将来自于话筒、调音台、周边设备及整个音频通路中的嘶声及本底高频噪声都一同提升起来。因此，如果可以，应当尽量在前期拾音过程中依靠合适的话筒及拾音方式来获得音质完美的声音，而非在后期制作过程中通过均衡器等人为手段对声音进行过多的处理。

一定要以声音悦耳为原则，对声音进行均衡处理

　　先听听一件乐器的乐音部分，再对声音中的某部分频率做出提升 / 衰减处理。每个音符所产生的复杂波形都是由其基频（基音）和其谐波（泛音）组成的。声音音质丰富感的多少便是由这些基频及谐波所决定的，因此随意提升声音中某部分频率的做法，很有可能只会将声音中的非乐音部分提升起来——也就是噪声的音量。例如，假设现在有一首 A 大调的歌曲，那么它的很多频率成分都应该集中在 220Hz 及其泛音——440Hz、880Hz 左右。从理论上讲，这些泛音就是这首歌曲声音质感的核心组成部分。

在提升之前先衰减

　　先将声音的中频部分衰减掉，再提升声音的总体电平，这样处理所得到的音响效果，要比直接提升声音高频段和低频段所得来的音响效果好。经过这样处理的声音，其频率响应曲线更为平滑，而且出现过载的可能性也会比较小。

突出某个频段

　　如果只通过衰减出问题的那个频段的声音，来减少频率之间的混叠，那么很有可能会将声音中某些更为重要的频率成分一同掩蔽掉。衰减掉一条音轨某个频段的声音，也会影响到其他音轨在这个频段相互作用后的音响效果。图 8.11 所示为应用于两把吉他的均衡频率响应曲线。

　　吉他 1——衰减 250Hz 周围的频率声，同时提升 4kHz 周围的频率声，可增强这把吉他的临场感。

　　吉他 2——提升 250Hz 周围的频率声，而衰减 4kHz 附近的频率声，可突显出其他音轨的声音。可以说，当各个频率成分之间的比例都被协调好，且无混叠现象发生的时候，那么乐曲整体的音响效果就应该是清晰、和谐、平衡的了。

关于 Q 值的提示

　　设置恰当的 Q 值，对于增加乐器之间的音色差别会起到十分关键的作用。如果你将钟形曲线设得过宽，调节时则可能会干扰到声音中一些无须改变的频率成分；如果将钟形曲线设得过窄，则可能导致我们错过想要提升或衰减的那部分频率成分。

合适的 Q 值

　　当你通过扫频的方式来寻找需要进行均衡处理的频段时，可配合电平表看一下电平出现峰值的起止频率是多少，再根据这些频点所决定的频带宽度来设定 Q 值的大小。当然，我们只能将电平表视为一种参考工具，而不能将其当作最后判断的绝对依据。

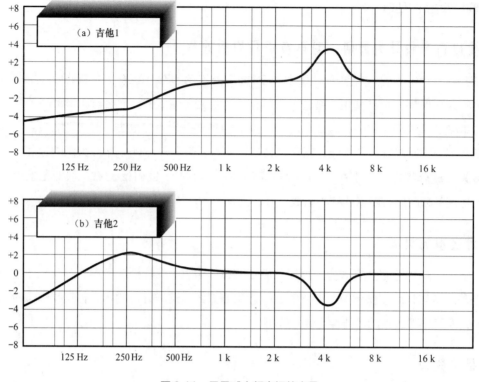

图 8.11   尽量减小频率间的交叠

先对某个频段进行提升，然后再对其进行衰减处理

为了找到某些频段的确切位置，需要花时间进行多次尝试的。

（1）衰减这条音轨的电平。

（2）将这轨的声像定位在两个监听扬声器的中间。

（3）反复播放某个乐曲片段，找出你需要做均衡处理的大概频率范围。

（4）提升均衡的电平增益，调整 Q 值，然后在上述频率范围内进行扫频，不管你是通过大幅提升某个频点的电平，而使声音变得尖利刺耳，还是通过过分衰减某个频点的电平，而使声音变得浑浊不清，只要你能通过夸张的音响效果，将需要做均衡处理的那个频段确定下来即可。

（5）在找到确定的频点之后，便可以将均衡的电平增益和 Q 值都调整到一个合适的位置。Q 值稍偏低一些，可使声音听起来更为柔和、悦耳一些。

将 Q 值设置得较小，可减少所需提升的电平量

在进行提升处理时使用较小的 Q 值，而在衰减处理的时候使用较大的 Q 值。当你衰减某个频段的声音时，应该将 Q 值设高一些，相应得到一个带宽较窄的均衡曲线，这样声音的丰富感就不会由于大范围的衰减某个频段的电平而受到严重的破坏。至少经过如此处理的声音听起来总会比某个频段存在缺失的声音要好得多，这也在一定程度上保证了声音的音质。

避免尖峰的出现

起伏过高的均衡曲线，如超过 ±8dB 或 ±10dB 以上的均衡电平，是很少能让人听起来感到舒服的。而且，电平中一些过高的峰值对于母带工程师而言也是个"噩梦"。

过多的均衡处理可能会导致过载

由于均衡器中的滤波器使用的是有源电路，那么将声音中某一频率的电平提升起来的同时，也会将声音信号的电平整体提升起来。所以说，经过大量均衡处理的信号通道很容易发生过载。

找出并衰减掉乐器的共振频率

有些乐器，如电贝斯，其频响曲线会在某个特定的频率上有一个明显凸起。通过扫频的方式可以很快地在这个频段中锁定共振频点，并在必要的时候对这个频点的电平进行衰减处理。

优化某个频点的音质

提升（或切除）某个频率其 2 倍（或 1/2）的那个频点的电平，这样可使得经过均衡处理后的声音变得更加平滑自然。例如，如果你提升了 220Hz 处的电平，那么就还要再将 440Hz 处的电平提升一点，并稍微衰减 110Hz 处的电平。能够熟练完成这种操作的录音师，势必要具备一定的音乐素养。

瞄准靶心

通过切除声音中低频成分的方法，来寻找某个会引起音色变化的频点，可帮你将要寻找的目标频率缩小到中频范围以内。不过要注意，在找到了这个频点后，要记得将之前被切除的那部分低频声恢复原状。

留意低频部分

在一些价格低廉的调音台上，其均衡器的参量设置是不具备扫频功能的，只有几个可供选择的固定频点。试想，若是将底鼓、军鼓、通通鼓、电贝斯、吉他和人声等都在 100Hz 处做提升处理，那么把这些经过处理后的声部混合在一起，所得到的音响效果将会是含混不清的。如果你不得不使用这样的调音台，那么你就只能在前期录音中，多在话筒的选择及摆位上下些功夫，以保证拾取到合适的低频声音。

过分的均衡处理

有的时候，一些比较极端的均衡处理确实是有必要的。运用这种均衡的关键技巧就是要能精确地把控哪些频点才是需要被处理的，以及提升或衰减的量是多少。比如说，当你感觉一首乐曲的领奏乐器在乐队总体平衡中的比例偏小时，也许就应该给这件乐器增添一些低频成分了。

均衡处理不要过多

试想一下，如果一位画家为了使他的作品看上去非常鲜艳亮丽，在调色的时候，他就把翠绿色、艳红色、明黄色和天蓝色等颜料都混在一起使用。那么，虽说这几种色彩单看起来都是非常鲜艳的，但是当它们被混在一起使用时，我们得到的就只是晦暗的棕色或灰色了。

所以对于音乐这样的画卷来讲，代表着不同色彩的乐器声部都应该拥有自己的一席之地，将自己的个性适当地展现在画卷上，使听众们既能感受到乐曲的整体效果，又能听出来各个乐器单独扮演的角色——不过不要将整幅画都占满，适当的留白是必需的。

8.8　压缩器

压缩器的功能是什么

压缩器是用来压缩某路声音信号的动态范围的。大多数乐器和人声的动态范围都是过大的，这就需要利用压缩器来提升声音中的低电平部分，同时再压低声音中电平过高的部分。压缩器的作用类似于自动的电平控制，可将声音信号的响度明显提升起来，使那些原本在演奏中极易让人忽略掉的最轻音符，都能被我们听到。但要注意，在提升低电平信号的时候，不要将本底噪声也一同提升起来。所以在录音的时候，要尽可能地提高信噪比——这对于录音师来说是一项挑战。压缩器的控制参量包括以下几项。

（1）输入 / 输出。绝大多数的压缩器都至少会有一个电平增益控制。如果输入电平过大会造成输入电路的过载；但若输入电平不够大，那么在提升压缩器输出电平时，就会将噪声电平一同提升起来。

（2）门限。门限决定了压缩器在什么时候开始起作用，也就是说，只要输入信号的电平一超过门限值，压缩器就会开始对声音信号进行压缩了。门限值越高，被压缩的信号就越少。如图 8.12（a）所示，门限值较高，这时只会有很少量的信号被压缩；如图 8.12（b）所示，门限值处于比较适中的状态；如图 8.12（c）所示，门限值较低，那么此时大部分的声音信号就都会被压缩掉了。

（3）压缩比。压缩比指的是压缩器输入电平变化量与输出电平变化量的比值。如图 8.13（a）中的包络线所示，当压缩比为 1：1 时，就相当于此时的增益调整是对声音信号电平的整体提升，即输入电平与输出电平是没有变化的。如图 8.13（b）所示，当压缩比为 2：1 时，这就意味着，一旦输入信号的电平超过了门限，那么每输入 2dB 的信号，都会被压缩成 1dB 的信号输出出去。如图 8.13（c）所示，压缩比为 8：1，当压缩比达到 8：1 或 10：1 时，压缩器就相当于是一个限制器了。将高压缩比配合低门限值使用，可造成声音音色和电平上的巨大改变。

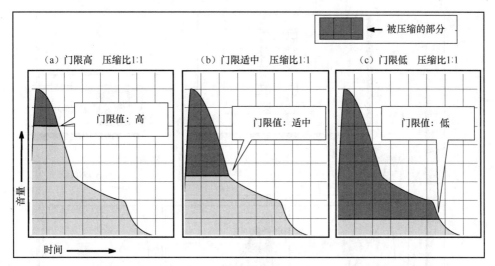

图 8.12　门限

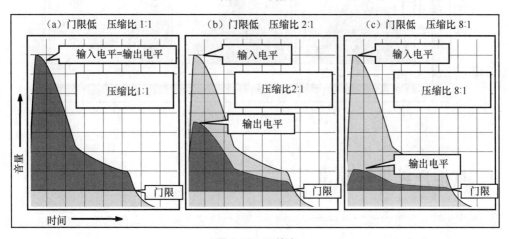

图 8.13　压缩比

（4）建立时间和恢复时间。建立时间和恢复时间是用来控制压缩器由未压缩状态转换到压缩状态的速度的。建立时间是指当压缩器检测到信号的电平值超过门限值后，压缩器由未压缩状态切换到压缩状态所需要的时间；而恢复时间则是指当信号电平降到门限之下时，压缩器从压缩状态回到非压缩状态所需要的时间。每件乐器发声都是需要一定的起振时间的，就算是起振时间最短的乐器也需要几毫秒的时间起振，这样才能使其声音达到电平的峰值。同样，每件乐器的衰减时间也是不同的，所谓衰减时间也就是指各个乐器余音的长短，小军鼓的衰减时间肯定是短于钢琴的衰减时间的。所以，你可以依据各个乐器发声的起振时间和衰减时间来设置压缩器的建立时间和恢复时间。

如图 8.14（a）所示，如果两者都设置得过慢，那么声音的电平峰值信号就会在压缩器起作用之前通过压缩器。而当设置得合适时，如图 8.14（b）所示，建立时间和恢复时间就会将声音的动态控制在一个很合适的范围内。但若是两者都设置得过快，如图 8.14（c）所示，那么压缩器就会错过对声音的峰值电平信号进行压缩处理了。

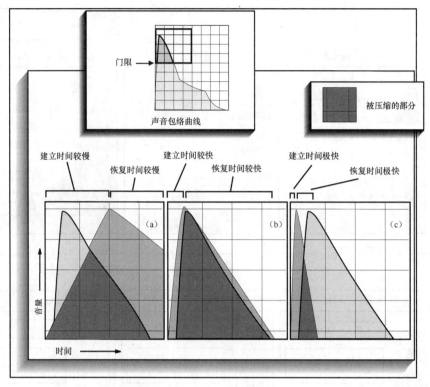

图 8.14　建立时间和恢复时间

8.9　其他压缩处理参量

在使用均衡器、压缩器对声音进行处理的时候，除了上述参量可供调整，还有许多其他的参量可供使用者配合使用，包括以下几种参量。

（1）软拐点。也叫作软比压缩，这种参量可使压缩器的压缩效果更加平滑自然，避免使声音出现剧烈、突然的电平变化。也就是说，这种渐进的压缩过程可以淡化声音的压缩痕迹。

（2）硬拐点。相对于软拐点来说，压缩器也可以在信号电平超过门限之后，突然从未压缩状态进入压缩状态。硬拐点有助于保留声音中的冲击感和硬度，而相比之下，软拐点则更适于软化声音的瞬态尖峰电平。

（3）分离。有的压缩器有一个可以分离声音信号的内部电路。声音信号在被分切成两路后，其中的一路信号会先经过失真的处理，然后再将这路被处理过的信号送回到通路中，与原声音信号混合，可增加声音中的谐波成分。

（4）多段压缩。这种功能可使用户对声音的高、中、低3个频段分别进行压缩处理。也就是说，我们可以令压缩器对声音的低频部分和高频部分使用两种完全不同的压缩方式。

（5）增益衰减表。这个表头显示的是以0VU为顶点，信号增益的下降量为多少——也就是我们所使用的压缩处理，在一定的时间内将声音信号的电平衰减掉了多少。

（6）链接。为了避免对声像定位造成影响，有的压缩器允许用户在使用的时候，与另一台压缩器链接在一起使用，两者同步对一个双声道的立体声声音信号进行处理。

（7）旁链控制，或键控功能，或 duck（交叉渐变功能）。也就是将一个通道的信号设为另一个通道的控制信号。通常，一台压缩器会直接对输入信号做出压缩处理，但是当开启了旁链控制功能之后，压缩器就会根据这个从旁链端口输入进来的信号的动态范围，相应地对主输入信号进行压缩处理。例如，在广播中，主持人可以利用旁链功能，使背景音乐的电平在他讲话的时候自动降低。在主持人讲话时，他的声音就会从旁链输入，触发压缩器开始工作，将音乐声压至一个预先设置好的电平，而当主持人停止讲话时，压缩器就会停止压缩，使音乐声的电平自动回复到原先的大小。

（8）咝声消除器。这是一种根据频率对声音进行压缩的旁链压缩器。咝声消除器会压缩掉只有中高频段中才会包含的齿音咝声，比如"s"或"t"这类音节。咝声消除器主要的应用对象是人声音轨，用于在保持声音高频部分的同时减少齿音的咝声。

不同用途的压缩器

（1）峰值限制器。一个限制器就相当于是将压缩比设置为 8：1 或 10：1 乃至更高的压缩器，用于控制那些到达峰值速度极快且响度极大的信号。不论输入信号的电平有多高，它都可以将输出信号的电平维持在特定的电平范围内。压缩器只会根据信号电平的准平均值起作用，而峰值限制器专门用于限制信号的电平峰值、声音信号的初始脉冲（也就是声音起振时最响的地方）。

（2）电平放大器。这是一个建立时间和恢复时间都被预先设为一般长短的压缩器（仅保留基础功能），可控制的参量就剩下输入电平和输出电平，以及只能级进式调整的压缩比了。

（3）电子管 / 真空管。早期话筒、放大器和限制器的内部电路是由电子管（也被称为真空管）制成的。经过电子管处理的声音会带有较为悦耳的失真感，音质也变得更加温暖醇厚，这便让带有电子管的设备成了广大录音师的最爱。

8.10 压缩处理

精挑细选

如同选择话筒一样，不同的条件也要选择不同的压缩器。设置合适的压缩器可明显改善声音的可懂度和定位感，进而增加被处理音轨的响度。

如果要使用均衡器对声音进行提升处理，那么在通路中要将压缩器安排在均衡器之前

这就意味着你不至于在设置均衡器的同时，还要考虑如何对压缩器造成的音色改变进行补偿。不过这种排列方式也并非不可改变，倘若均衡前置放大器的质量要优于压缩器的前置放

大器，那么也可以考虑将均衡器放在压缩器的前面。

如果要使用均衡器对声音做衰减处理，那么在通路中要将均衡器排在压缩器之前

先通过均衡器将声音中那些你不想要的频率成分衰减掉，如比较模糊的中低频成分等，这样压缩器就可以对经过均衡处理后的声音进行压缩了。但同样，这种排列顺序也并不是一成不变的，在遇到均衡器无法处理的高峰值电平信号时，就需要先对声音进行压缩处理，然后再进行均衡处理。

不要过分地压缩

过分的压缩处理会使声音听起来十分生硬，使整轨的声音失去活力，毫无动感可言。很多录音师都喜欢在他们的作品中大量地使用压缩处理，但这并不是个好习惯。

过分地压缩

假设你有一轨很棒的吉他声，但它听起来还欠缺一些临场感和真实感。这时，你就可以将压缩器的门限调低，压缩比调高，配合合适的输入电平和输出电平，便可将声音"压缩"得更富有真实感。但是，过分的压缩处理会令声音丢失应有的动态范围，也就是说在经过极端处理后的声音，不管原信号的输入电平是多少，其输出电平都会保持不变。

过分的压缩处理还会提升声音中的低频成分，被处理音轨的低频声很可能会将其他音轨在这个频段内的声音掩蔽掉。所以，当你完成了对压缩器的参数调整设置之后，一定要记得再重新检查一下均衡器的参数设置是否合理。

在信号通路中，谁排第一，就先设置谁

如果在你的信号通路中是按照"先是压缩器，然后是峰值限制器，再接一个均衡器"的顺序添加音频处理器的，那么你就要先从压缩器的设置开始，逐级向下对各个设备进行调试。

善于使用峰值表/RMS表（准平均值表）切换功能

如果所需要进行压缩处理的声音信号拥有很多高电平的瞬态峰值，如踩镲音轨等，那么这时你就应该选择峰值表对信号电平进行监控，以防止那些瞬态峰值信号发生过载现象。而对于一轨高电平瞬态信号较少的声音信号，如人声等，你就可以切换回RMS表，以观察声音波形的平均电平大小。

根据乐器的种类和音乐的风格，来设置建立时间的长短

当一个合成器在使用弦乐音色发声时，它的起振时间肯定会慢于一段小提琴跳音演奏的起振时间。所以，对于建立时间的设置来讲，一定要考虑到乐器的种类、音乐的风格甚至是乐曲

的演奏方式等因素。

如果一路音频信号只有某个频段需要进行压缩处理，那就不要对这路信号的整体进行压缩

多段压缩器就可以满足你只想对某个特定频段的声音进行压缩处理的需求。这样就不会令这路音轨的其他频段受到压缩器的影响。

根据乐曲的节拍来设置恢复时间

节奏快的歌曲的恢复时间也应相应缩短。如果恢复时间过长，那么压缩器就很可能在乐曲已经开始演奏下一个音符的时候，还来不及恢复到非压缩状态。

不过，过短的恢复时间可能会造成噪声喘息——声音由压缩状态变换到非压缩状态的速度过快；而较长的恢复时间可使乐器余音的衰减过程变得更加平滑自然。

可以不加压缩，但绝不可过载

在系统通路中加一个限制器，用来防止那些可能会超过预置电平的过大信号，但却不会压缩掉声音信号的任何动态。限制器的压缩比非常高，如 10∶1，同时也要将门限设得非常高，以保证正常大小的信号可以自由通过，而不受到任何压缩或限制处理。设置限制器时，应先以最大音量播放声音文件，然后慢慢降低门限值，直到压缩电平表开始起表为止。最后，反复比较、调换不同的压缩比和门限值，直到你觉得合适为止。

限制峰值电平

限制器的输出信号应将峰值电平刚好控制在表头显示为 −1dB 的位置。所以，输出电平的设置原则是既不能让信号发生过载现象，又要使信号获得最大的信噪比。最理想的情况便是，将限制器的输入电平设置到"在播放乐曲的主要段落时，增益衰减表不会起表，而当播放到乐曲的高潮部分时，压限器才开始起作用"的状态。

8.11 噪声门

什么是噪声门

噪声门，也被称作扩展器（从原理上讲，噪声门可以看成扩展器的一个特例——译者注），其工作原理与压缩器是完全相反的。两者的共同点之一，就是在未达到特定的输入电平值之前，压缩器或扩展器两者都不会开始工作。与压缩器相比较，噪声门也拥有门限、建立时间和恢复时间等参量，但有时它还会多出一个"保持"时间的参量。这个参量是用来告诉扩展器，当信号电平由高于门限值变到低于门限值之后，噪声门要继续维持其开启状态的时间是多久。有时，

噪声门还有一个"duck"（交叉淡入淡出）功能，这项功能可利用旁链输入的信号对噪声门进行控制。而且，另一个噪声门与压缩器的相同之处，就是噪声门也需要被直接串入信号通路中来使用，而非通过如混响器等那样的辅助送出。图 8.15(a) 所示为一个输入信号，图 8.15(b) 所示为噪声门的设置，图 8.15(c) 所示为通过噪声门后的输出信号。

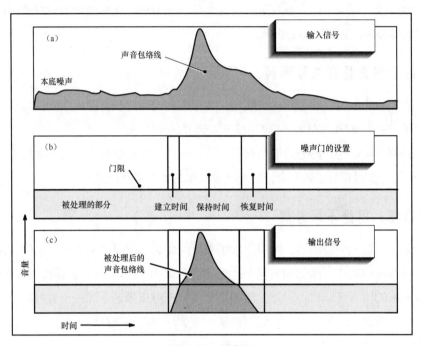

图 8.15　噪声门

消除哼声噪声

噪声门只能在乐器停止演奏的时候，才能消除掉信号中的哼声噪声。一旦演奏者开始演奏，那么噪声门便会打开，扰人的哼声噪声也就随着乐曲声一路畅通无阻地飘进听众的耳朵里。因此，最好能在前期录音过程中就消除掉所有的噪声，这才是最关键的。

在对讲话筒上加一个反向门

加了反向门之后，当演奏者演奏时，录音棚中的高电平乐曲声便会启动反向门，使对讲话筒自动关闭掉。而当音乐停止时，反向门便会重新自动打开，使对讲话筒重新开启。这既免除了我们要反复开启、关闭对讲话筒的麻烦，又节约了不少的时间。

将声音切碎

可以将噪声门串入键盘所在的那条信号通路，再利用一路紧实的踩镲音轨作为噪声门旁路的触发信号，就可以令键盘声产生理想的断奏效果。而且，由于这路断奏信号是由踩镲信号作为触发源所产生的，因此你不必担心被截断的声音信号会出现不合拍子的问题。

第9章

录音的起点

9.1 架子鼓的录制

在录制架子鼓之前，应该先问自己几个问题。如，如果你需要将多路话筒信号通过母线发送到少量音轨上，你是会将压缩器 / 均衡器等直接接入母线中对混合后的信号做整体处理，还是会将它们分别接在每路话筒的输出后，分别对话筒信号进行处理？另外，在整个录音乃至混音过程中，你至少需要多少路音轨？架子鼓的声像定位，是应该以听众的视角为基准，还是以鼓手的视角为基准？你需要使用哪些效果器或信号处理器？需要将带着效果的声音一并录下来吗？需要并轨吗？除此之外，需要我们提前计划考虑的问题还有很多。

你想要的是什么

在进入录音棚之前，你就应该预先将理想中的架子鼓音色在脑海中勾勒出来，并对系统的信号的链接及处理流程有一个非常明确的构思。如此一来，你就能够有的放矢地去进行录音之前的准备工作了。这就像画画一样，我们一定要先预想一下最终的成品是什么样的，才能开始下笔。如果没有构思就漫无目的、毫无章法地画，那么最终的成品必然也是不令人满意的。

有目的地去调试架子鼓的声音

鼓手在试音时所演奏的乐曲，必须是即将开始录音的那首曲子。如果试音时，鼓手演奏的是其他乐曲，那在我看来跟没试音是一样的。

低电平

架子鼓通常是一首歌曲的主干部分，其声音一定要足够厚实，用以承载其他声部的声音。在后期制作过程中，你可以借助压缩器和均衡器，将架子鼓自然清脆的高频声及厚重丰满的低频声突显出来。因此，在前期设置入口电平时，你可以以 VU 表为准，在录制架子鼓的时候，将录音的输入电平设得偏低一些——VU 表的电平的指针偶尔会打到表头的黄色区域，从不打到红色区域。不过要注意，VU 表是无法确切地表示出架子鼓的重击及瞬态峰值的，所以在观察 VU 表的同时，也应时时检查峰值电平表上的读数。

峰值电平的监控

一定要多留意一下哪些音区位于高频，且瞬态峰值电平很高的乐器，如踩镲、吊镲及其他一些打击乐器。因为，在这类乐器的声音中，包含有大量的谐波成分和高电平瞬态峰值信号，可以轻易地令录音输入端口出现过载。

架子鼓的拾音电平不要过高

在前期给架子鼓拾音的过程中，只要保证架子鼓声能在混音中有一个合适的电平比例即可。在高电平的监听音量下，所有鼓声听起来都是不错的，但只有低电平的监听音量才能够反映出架子鼓的真实音质。试想，如果一组架子鼓声在低电平的监听环境下，都能让人感觉其音质足够丰满、清晰，那么在以高电平音量监听时，它们听起来该有多棒！

9.1.1　处理

一件乐器发声的特性可以归纳到两个大类里——音色和响度。均衡处理所针对的是声波的频率，也就是声音的音色；而压缩 / 限制处理则是针对声音的响度（声音的动态范围），也就是声波的振幅（电平）。

9.1.2　底鼓的均衡处理

应该将底鼓及电贝斯作为一组乐器进行均衡处理，也就是说当你调整完底鼓的频率之后，也要对电贝斯的频率进行相应的调整。虽然这两种乐器均承载了歌曲中的低频部分，但这并不意味着就应当将二者混为一谈。也就是说，当你提升其中之一的低频成分时，也应该适当地对另一件乐器的同一频率成分进行衰减处理。而且适当的 Q 值设置，也能尽量减少乐器之间的频率交叠部分。你可以根据以下方法对底鼓的均衡处理进行设置。

（1）将 40Hz 以下频率的声音全部切掉。

（2）提升 60～82Hz 这个频段的声音（有时最低频可能还要再低一些），可明显提升底鼓在乐曲（如一些舞曲）中的力度，以及底鼓声的低频部分。不过，在对这个频段进行处理的时候要小心一点，因为若将这个频段周围的区域也一同提升起来，就可能会令声音变得混沌。而且，需要提醒一下的是，一个结实的底鼓声中是不会夹有敲击松鼓皮时那种低频颤动的声音的。

（3）提升 100Hz 左右的频率，可使底鼓声变得坚实有力。

（4）衰减 164Hz 左右的频段，可令电贝斯吉他声获得更好的清晰度。因为，164Hz 也是电贝斯吉他低音 E 的基频（41Hz）的谐波。不过对这个频点进行处理时，最好能将 Q 值设得大一些。

（5）提升 200Hz 处频率的声音，可增加底鼓的丰满度及在听感上的形体大小。但是，注意不要发生频率混叠。

（6）对 200～300Hz 这个频段（可高至 600Hz，甚至更高）的声音进行衰减处理，可减轻声音中浑浊不清的感觉，并为其他乐器可能会在这个频段上做一些处理预留了空间。需要注意的是，在设置 Q 值的时候，你要关照到架子鼓中其他成员在混音中的声音比例及音色。以上这个频段囊括了电贝斯吉他和吉他的主要频率，乃至人声的低频部分。

（7）提升 2.5～5kHz 这个频段的声音，可得到更坚实的敲击感。不过，那些现今专门用于拾取底鼓声音的话筒，其频响曲线可能已经在此频段做过一定的提升处理了。

（8）提升 5～8kHz 这个频段的声音，可突显出鼓声的清脆感。对于节奏较快的歌曲，底鼓声中应含有较多清脆的鼓皮声，而对于节奏较慢的歌曲，对于架子鼓声的处理则应是从增加些鼓声坚实度的角度着手。

（9）将 8kHz 以上频率的声音都切掉。由于这个频段的声音对改善底鼓的音质起不到什么作用，所以将它们全部衰减掉并不会对声音造成什么影响，说不定还能减少一些高频的咝声。

9.1.3　小军鼓的均衡处理

在其他乐器声部同步播放的时候，对小军鼓音轨进行扫频。在此过程中，你可以多变换几次 Q 值，可能就能清楚地找到哪个频点最需要提升或衰减了。

（1）将 100Hz 以下频率的声音，进行滚降处理，以消除声音的浑浊感。

（2）在 100～300Hz 这个频段范围内找到一个合适的频点进行提升处理，可使小军鼓的声音听起来更加厚实。

（3）提升 500Hz～1kHz 或周围某处频率，可强化声音中类似木料碎裂时的高频声。

（4）提升 1kHz 左右频段的声音，可突出敲击小军鼓时所发出的"叮当"声。

（5）提升 5kHz 这个频点的声音，可以强化鼓槌敲击小军鼓鼓边的声音。

（6）提升 5～10kHz 的声音，可使声音变得更加清脆。

（7）如果有必要，还可以在通路中加入第二个均衡器，专门用来处理小军鼓音色中那个讨厌的"乓"声。尽量在后期制作环节开始前，将这种惹人不快的声音去除干净。

9.1.4　通通鼓的均衡处理

（1）将声音中一些不需要的低频部分平缓地衰减掉。有些通通鼓声的低频下限可以非常低。

（2）找出每个通通鼓的共振频段，并衰减掉这个频段的声音。你可以先提升均衡器上的电平增益，但注意不要过大，因为过大的低频声所承载的功率，有可能会烧毁扬声器。然后，你就可以趁演奏者试音的机会，在通通鼓声的低频段以扫频的方式，找出通通鼓的共振声频段——在 300Hz ～ 1kHz 这个频率范围内，但地通鼓的频率下限可能要更低一些。最后，再衰减掉这个频段的共振声（使用 Q 值设置适当的均衡曲线），但其实这还不足以从根本上改变通通鼓的音质，因为在通通鼓声的整个频率范围内，还包含着很多上述共振频率的谐波成分。同理，这些位于更高频段的谐波之中也应该会有一个共振峰值（相对），当你去掉了声音中低频段的共振点，高频段的谐波峰值自然会被突显出来了。

（3）提升 100 ～ 300Hz 这个频段（不同鼓的这个频点是不同的）的声音，可强化通通鼓声的敲击力度。

（4）衰减 800 ～ 900Hz 的声音，可减轻鼓声的沉闷感。而提升这个频段的声音则可以增加鼓声低频中的"隆隆"声，也就是使鼓声听起来更加浑厚。

（5）使用 Q 值较高的均衡曲线，在 3 ～ 5kHz 这个频段范围内，以扫频的方式找出"最佳"频点（具体是哪个频点，你一听就会知道），然后衰减这个频率的声音。

（6）衰减 8kHz 左右或更高频率的声音，以缩短通通鼓声的尾音长度。

9.1.5　吊镲、炸镲及吊顶话筒的均衡处理

（1）平缓地衰减掉 180Hz 以下频段的声音，以去除空调所发出的哼声噪声和由外面马路上传来的微弱嘈杂声。

（2）将 8 ～ 12kHz 这个频段稍微提升一点，可增加声音的亮度。

（3）通过扫频的方式，在声音的高频段找出一些可能需要衰减或提升的频点。架子鼓上方的那两个镲片，既控制着架子鼓整体声音的音响效果，又是将单个鼓声融合成一套完整架子鼓的黏合剂。可以想象，丰满的架子鼓声应该是高频丰富、低频和谐的。

9.1.6　踩镲的均衡处理

（1）将 180Hz 以下频率的声音做滚降处理，可去除踩镲声中串进来的鼓声。

（2）适当对 500Hz ～ 1kHz 这个频段进行衰减处理，以减弱踩镲声中"叮当"的金属敲击声。

（3）提升 3kHz 处频率的声音，可增加踩镲声的厚实度和余音，但一般不需要这么做。

（4）提升 8 ～ 12kHz 的声音，可增加踩镲声的光泽度。

9.2　房间声话筒的均衡处理

（1）在适当的时候，可开启话筒上的低切开关，将所拾取声音的浑浊感降到最低。

（2）衰减 120 ～ 500Hz 这个频段内某些频点的声音，可为一些更重要的乐器声部留出均衡处理的空间。经过这样的处理，不仅声音中丰富的谐波成分不会受到影响，架子鼓的各路音轨也都能保持厚实丰满的低频声了。

9.2.1　架子鼓

架子鼓的压缩处理

只有技术非常精湛的鼓手才有可能将每遍鼓点的节奏、强弱都打得一模一样，因此压缩器的使用是非常必要的。架子鼓的声音特点是，声波的起振时间及衰减时间都很短，且起振后瞬间达到峰值电平。而这种发声特性所带来的一个问题，就是你如何才能在真实还原声音本质的同时，保证拾音话筒的输入电平不过载。设置适当的压缩处理便能解决这个问题，它既能对架子鼓声的瞬态峰值起到控制作用，提高整体的电平，又能将鼓声的冲击力突出出来。

因为架子鼓声有乐音性较弱和节奏感较强这两个特点，所以跟其他乐器相比，架子鼓声能接受容忍的压缩处理更为极端一些。但是你要知道，随着压缩处理程度的加大，架子鼓声的音色也会随之变化。

总而言之，在对架子鼓进行压缩处理前，应先听听它们原本的声音是什么样的，然后才能开始对其进行后续的处理。例如，不同类型的鼓槌（带有毛毡的鼓槌与木质的鼓槌）都会对鼓声的音色产生影响。甚至，连鼓皮较紧的架子鼓与鼓皮较松的架子鼓相比，所需要的压缩设置也是大不相同的。以下为压缩器各参量的设置建议。

（1）建立时间，也许 5 ～ 10ms 甚至更快。若建立时间过慢，就会使每一下敲击声的音头（瞬态峰值电平）在压缩器起作用之前被释放出来。这虽然会增加小军鼓声的冲击力，但一定要小心电平过载。但建立时间也不易过快，因为过短的建立时间会让压缩器压缩掉鼓声中所应具有的冲击力。可以将底鼓的建立时间稍微设慢一点，因为底鼓声本身也需要几毫秒的时间来达到其峰值振幅。

（2）恢复时间，以 250ms（1/4s）为下限，慢慢调节直到合适歌曲为止。如果恢复时间设置得过快，那么除了会将鼓声余音的电平提升起来（也就是造成喘息效应），还会过分增加小军鼓在整体架子鼓中的声音比例。

（3）压缩比，3：1 或 4：1。由于鼓声本身的特性，除了拥有很多瞬态峰值，其自然的建立时间和衰减时间都较其他乐器更短。同样，架子鼓的压缩比也是比较大的，因为只有这样才能既能控制住鼓声的动态范围，又能赋予声音较好的质感。在调节压缩比的过程中，只要你听起来感觉合适就可以开始录音了，不过要注意别将鼓声中自然的瞬态音头给压缩掉。当然，如果压缩比再高些，超过了 8：1 或 10：1 时，那么压缩器就相当于限制器了。

（4）门限，要设低。较低的门限值既可以将架子鼓声的冲击力度完整地保存下来，也可以令鼓声余音的衰减过程更加自然。

交叉点的设置

不同频率的声音对压缩处理的要求也是不同的。也许，你可以像为人声设置多段压缩器的频率交叉点那样，针对架子鼓的声音特点来设置频率交叉点，这样就可以使多段压缩器只对鼓声的低频成分进行压缩，而非对全频段的鼓声进行压缩。

底鼓——惯用的设置方法

如果你用两支话筒来拾取底鼓的声音，那么可对距底鼓较远的那支话筒所拾取到的声音加一些压缩处理，并衰减其声音中的高频部分。然后，将这两支话筒所拾取到的声音混合起来，这样合成之后的底鼓声将会更具穿透力。或者你也可以在摆放话筒的时候，试着将一支话筒置于底鼓的另一端，也就是鼓槌敲击鼓皮处的附近。不过，一定要记得打开这支话筒的反相开关。

将小军鼓音轨分成两路

当鼓手同时用两支鼓槌演奏小军鼓时，所有的敲击声是不可能做到平均统一的，肯定存在电平大小不一的问题。在你提升那些电平较低的声音之前，要先将这路音轨的信号分成两路。你可按照惯用的方式对其中的一路信号进行处理，不过最后要给这路音轨加上噪声门，滤掉除了高电平的敲击声以外的其他杂音。再将第二路信号送入一个限制器，以压缩掉声音中电平最高的部分。然后将第一路小军鼓信号（经过处理之后）送到限制器的旁路输入，这样，第一路小军鼓信号就成了限制器的触发信号，用于控制限制器的开启和关闭。最后，再将这两轨声音按照一定的电平比例混合起来，直到小军鼓声中最强的敲击声和各声音细节都能被我们清楚听到为止。

房间混响话筒的压缩处理

可以用一台压缩比较高、恢复时间较短的压缩器对房间混响话筒所拾取到的声音信号进行压缩处理。经过这样的处理之后，在演奏者演奏过程中混响话筒所拾取的环境声电平会被整体压低，以减轻声音中多余的浑浊感；而当演奏者停止演奏时，环境声的电平会被重新提升起来，以增强声音的空间感，给听众一种好像演奏者是在一间更大的房间里演奏的感觉。由于每个录音棚的设备和其他条件等都是各不相同的，因此到底要不要对房间混响声进行压缩，还是要根据个人的喜好来决定。你觉得什么样的处理方式能给乐曲增光添彩，就对声音进行什么样的处理。

9.2.2 架子鼓的噪声门设置

在给架子鼓摆放拾音话筒的时候，你肯定要先明白鼓与鼓之间的串音是不可能被消除的。所以在考虑使用噪声门之前，一定要先从话筒的选择和摆位着手来消除这种串音。只要你能找到性能合适的话筒及正确的话筒摆位，就可以将话筒之间的串音干扰减到最小。而且，在前期录音的时候就随意在音轨上添加噪声门的做法，是绝对不可取的，这只会给你将来的后期制作过程增添更多的麻烦。尤其是在给一首动态很大的乐曲录鼓声时，就更应该等到最后混音的时候再加噪声门，这样所获得的音响效果才是最好的。

多听听经过噪声门处理后的声音

如果你一定要在架子鼓的前期录制阶段就添加噪声门，那么一定要先听听经过噪声门处理后声音的音响效果，也就是说要先确认好噪声门的设置是正确的，才可以按下录音键。而且，一旦噪声门所有的参数都设置好之后，那么整条信号通路上的电平等各参数的设置也就都不能再有变化了，因为改变了某轨架子鼓的输入电平（有时甚至是均衡器某些设置的变动），都有可能连带着改变噪声门的触发状态。因此，在进行下一步操作之前，一定要再三确认之前所有经过噪声门处理后的声音都是准确无误的。

小军鼓的噪声门设置

在前期录音中，利用噪声门对底鼓、小军鼓和通通鼓声进行一定的处理是比较常见的，但对炸镲／吊镲的录制过程，我们一般不会使用噪声门。在录音过程中，如果给架子鼓使用的噪声门其触发过程不够快，那么你可以采取以下做法。

（1）在鼓皮边沿夹一个微型接触式话筒（微型电容话筒或领夹式话筒）。这种紧贴于鼓皮的话筒所拾取到的声音可以更快地触发噪声门。

（2）利用均衡器，一边听着接触式话筒所拾取到的声音，一边以扫频的方式找出鼓声中最强有力的频段，然后适当提升这个频段声音的电平。

（3）这轨鼓声在经过一个反应速度很快的噪声门处理后，将会变得更干脆、更有冲击力。

（4）将这路音轨的信号送入接在架子鼓上的噪声门的旁链输入端口。但要注意，只有在鼓手敲击出来的鼓点非常结实有力（声音电平较高）的情况下，这个方法才会起作用。而当鼓声电平较低时，例如鼓手用鼓刷代替鼓槌敲鼓，或是用手轻拍鼓面时，就不可以再按照上述 4 个步骤来设置噪声门。

通通鼓的噪声门设置

如果你想清除通通鼓各音轨之间的串音，但又不想专门设立一路话筒作为噪声门的触发信号，那么对于每个通通鼓，也许你需要采取以下做法。

（1）利用调音台，将一轨通通鼓的声音信号分成两路后，再将噪声门接入第一路通通鼓的信号通路。

（2）对于第二路通通鼓声，先确定其基频，然后用 Q 值较大的均衡曲线对这个频率的声音做提升处理，再衰减掉其他频段的声音。

（3）经过噪声门和均衡器的处理，所有通通鼓声都会变得"冲劲儿十足"。这样一来，鼓声中夹杂的其他任何乐器声，甚至是其他通通鼓的串音就都会被轻而易举地过滤掉了。

（4）最后，将这路信号送入原先接在第一路通通鼓通路中那个噪声门的旁链输入端口。

这样一来，只要鼓手一敲通通鼓，第二路通通鼓的鼓声便会触发噪声门，使噪声门开启，令信号得以安全通过。但由于通通鼓声的建立时间较长，也许你还是应该考虑在通通鼓的边沿夹一个接触式话筒，将这轨信号作为噪声门的旁路功能触发信号。

多与鼓手进行沟通

一旦你觉得已经将声音调好了，就可以让鼓手将要录的歌曲演奏一遍，同时开始试录。试录之后，你应该让鼓手进控制室听听录出来的音响效果。只有在鼓手也感到满意之后，你才可以继续下面的录音工作。

电子鼓的声音一般是已经处理过的声音

电子鼓及其他电子打击乐的声音一般都是预先经过了压缩器和均衡器的处理，所以，不必再对这类电子乐器声做一些前文中所说的均衡或压缩处理。

专业标准

乐器的保养和维护方面的知识，对于录音师而言有些超纲。但如果能了解其中的一二，也对你的录音工作大有帮助。比如说，如果一个乐手想要拿着一把弦龄超过 5 年，且从未调过弦的二手吉他过来录音，那这个活儿还是奉劝你不要接了。既然是专业水平的录音棚，那么有资格进棚录音的乐器也应该是经过了专业水平的调音及设置处理的。

9.3　电贝斯

9.3.1　电贝斯的均衡处理

由于电贝斯属于伴奏型乐器，因此在将其他声部都录完之前，很难决定要对电贝斯声的哪个频段做提升或衰减处理。许多录音师在前期录制电贝斯的时候，都不会做均衡处理，直到在后续的贴录过程中，才会对电贝斯尝试不同的处理方式，以确定哪些处理的方法适合最终的混音效果。

声音要结实有力

电贝斯的声音必须结实且富有弹性。要做到这点，就需要将电贝斯的低频声都集中起来，也就是必须将演奏者所弹奏的电平不一致的声音，经过滤波器、均衡器及压缩器的处理之后，将电平变得统一化。当然，最影响乐曲音质的因素，还是演奏者的水平及作品的优秀程度。对于电贝斯的均衡处理，你可以根据以下方法进行设置。

（1）用高通滤波器将 40Hz 以下的低频率声都切掉。这样，在使用压缩器的时候就不会把声音中含混不清的低频声连带提升起来了。

（2）提升低频段 50Hz 和 80Hz 两处频点的声音。但要注意，在设置参数的时候，不要让电贝斯与底鼓这二者的低频部分发生干扰。也就是说，对于声音中某个频段的提升（或衰减）处理，只能是针对其中某一个乐器的操作，而不可同时提升（或衰减）两个乐器的同一频段。

（3）提升 82Hz 左右频段的声音，既可以强化电贝斯声的力度，也可使歌曲的低频部分变得更加结实有劲。可以说，电贝斯的冲击力就是靠这些低频声来体现的。

（4）使用 Q 值较大的均衡曲线，将 160 ～ 350Hz 的某个频点的声音衰减掉，可增加电贝斯声的清晰度。

（5）如果将 600Hz ～ 1.5kHz 某个频点的声音提升起来，便可使电贝斯听起来更富于激情。但需要注意的是，过分提升这个频段的声音，可能会使电贝斯声变得含混不清。或者，如果你不需提升这个频率的声音，那么你也可以依情况将这个频段的声音先衰减掉，再将声音的电平整体提升起来，这样就可以将这个频段留给其他乐器使用。

（6）提升 2 ～ 2.5kHz 这个频段的声音，可提升电贝斯的存在感，但是要小心不要与其他乐器的均衡处理发生频率混叠。

（7）提升 3kHz 附近频段的声音，可突出电贝斯声的清脆感及指板的擦弦声。

（8）衰减掉 4kHz 以上频段的声音，可使电贝斯的音质更平滑，不易与其他声部发生干扰。

9.3.2　电贝斯的压缩处理

适当的压缩处理，可以将电贝斯厚实、温暖的低频成分表现出来。通常，电贝斯声的初始瞬态电平要小于电吉他的初始瞬态电平，当然这与演奏者是否使用拨片，是否用"拇指点 / 挑弦"的演奏方式有关（当然，这也与乐曲本身的风格有很大关系）。不同的声音所需要的放大器种类也是不同的，电子管（真空管）放大器会以自然悦耳的方式对声音进行压缩处理，所以一般来说没有必要再增加额外的压缩处理。另外，由于话筒摆位及曲目风格等多种因素的不同，使得后期处理的方式也会根据以上条件的变化而变化。比如，近距离的话筒摆位与远距离的话筒摆位，这两种拾音方式拾取到的声音所需要的后期处理方式就不一样；再比如，由于动态范围是影响后期电平设置的重要因素之一，所以一个动态范围很大的声音与一个电平起伏较为平缓的声音，所需要的后期处理方式也是不一样的。而且，如果电贝斯吉他所弹奏的声部旋律起伏很大，那么就可能需要你对不同频率进行不同的压缩处理了。不过，如果这个乐段或是演奏者的弹奏方式确实比较狂野，那可能就又是另外一种处理方式了。作为为电贝斯设置压缩器的开始，你可尝试以下方法。

（1）建立时间，设为 20 ～ 60ms。较慢的建立时间可提高电贝斯声的清晰度，但也会漏压缩电贝斯所发出的第一个音符。由于电贝斯的音区主要集中在低音音区（频率较低），因此电贝斯声达到声功率最大值所需要的时间会比其他乐器稍长。将建立时间设得较短，如 0 ～ 20ms，便可以得到一个"富有弹性"的声音。如果你希望减轻声音从非压缩状态到压缩状态的转换痕迹，可以开启压缩器的软拐点功能。

（2）恢复时间，中等偏长。较长的恢复时间可使声音变得更加结实有力。

（3）压缩比，设为 4：1。压缩比的大小取决于演奏者弹奏的激烈程度——优秀的演奏者弹奏出来的电贝斯声，是不需要用很高的压缩比来处理的。因为过分的压缩处理可能会对电贝斯的高频泛音产生某些负面的影响。

（4）门限，要设得低一些，如在 −25 ～ −15dB。同样，这也取决于演奏者的弹奏风格是否统一。如果他可将弹奏出来的旋律，保持在基本一致的电平范围内，那么我们就可以用一个较高的压缩比，再配合一个较低的门限值使电贝斯声更加连贯平稳。但是，如果压缩比过高且门限过低，那么不仅声音中本底噪声的成分将大大增加，而且电贝斯声也会因过度压缩而失去动态。

牵一发而动全身

有时候必须在不影响其他频率的前提下，控制住某些特定的频率。比如说，某一轨电贝斯中某个音符的电平可能会高于其他音符的电平。但是，当你对这个音符的所在频率做衰减处理时，很有可能会造成整轨的音质都随之下降。在遇到这种情况时，你可以尝试如下操作。

（1）将电贝斯的声音信号发送到另一路音轨上。

（2）以扫频的方式找到其中不和谐的频点。

（3）衰减掉其他频段，只保留此频率的声音。

（4）将上个步骤中经过均衡处理的声音输入到压缩器的旁链输入端口。由于旁链输入的信号控制着压缩器的开启或关闭，因此只有在与输入信号相同的音符出现时，声音信号才会被压缩。需要提醒的是，这轨信号只是一路控制信号，不会被我们听到。

可能存在的峰值电平

动态过大的电贝斯声除了可能需要压缩器对其进行处理，也许还需要一个限制器来防止偶尔出现的峰值电平信号过载现象。

明确你的目的地

在动任何旋钮之前先想好你想要的声音效果是什么样的，做到胸有成竹，不要期盼着胡乱修改参数能得到神奇的音响效果。

演奏者在弹奏的时候使用拨片吗

录音之前要先搞清楚，演奏者在演奏时是使用拨片还是使用指甲。因为，有些时候演奏者可能会临时变换他的演奏方式。例如，在副歌部分时，演奏者是用指甲来弹奏电贝斯的；但到了合声部分时，他却又换成了拨片来弹奏电贝斯。一般情况下，弹奏方式的变化就意味着处理器参数设置也要随之变化。

9.4　电吉他

9.4.1　电吉他的均衡处理

当然，你也许不需要真的给电吉他加什么均衡处理，因为你可以在前期给吉他音箱拾音的时候多试验几种话筒的摆放方式，话筒的摆位不同所拾取到的声音音色也是不同的，所以变换话筒的摆位也是一种对声音的"均衡处理"方式。而且，由于电吉他、拾音器及吉他音箱的种类繁多，再加上演奏者技巧手法、演奏风格的不同，因此很难直接说某个吉他的音质到底是好还是坏。笼统地讲，出色的吉他声在演奏者自己听起来也会是十分悦耳的，演奏者的心情舒畅，那么其演奏水平也会更加出色。

在打开均衡器之前，先了解一下如何弹奏吉他

经过乐感训练的双耳，可以让你在听到声音时自动分辨出其所对应的特定频率。所以说，如果有条件一定要学习一件乐器，这对提高你的耳音会帮助很大。

不要过于依赖设备、软件来获取你理想中的声音

前期录音阶段，最好不要添加任何处理，直接将话筒所拾取下来的声音干净地记录下来即可。这主要是因为你并不知道随着录音流程的推进，乐曲中其他声部会对声音整体效果造成什么样的影响。比如，当你在前期录制节奏吉他音轨的时候就对 4kHz 频段的位置进行了提升处理。然后，当你后续在录制旋律吉他的时候，却发现旋律吉他在同样的频段位置有一个明显的凸起。那么，这两路吉他音轨叠加之后的效果，势必会在 4kHz 这个位置出现频率混叠的问题。因此，在前期录音的过程中只要将节奏吉他直接记录下来即可，哪怕是你认为它的音色真的不够清脆明亮，但是这样做可以让未来的制作自由度更大一些。记住，耐心是一种美德。

一旦系统的各项环节都检查无误，且话筒位置也都摆放合适之后，就可让吉他演奏者先弹奏一段乐曲进行试录了。这时，我们可以尝试如下操作。

（1）对 80Hz 以下频率的声音进行滚降处理。低于 82Hz 以下的吉他声是毫无乐感可言的，提升这个频段的声音只会提升起位于低频频段的共振声及低频噪声。因此，还是将这个频段留给位于低频段的乐器。

（2）提升 80 ～ 250Hz 上某个频段的声音，可以使吉他声听起来更厚实一些，因为吉他的基频就位于这个频段之内。当然，如果吉他不是歌曲的主要声部，或者会与处在这个频段的人声发生频率混叠，那么也可以适当衰减这个频段的声音。

（3）提升 250Hz ～ 1kHz 的声音，可以增加吉他声的丰满度。这个频段对于吉他而言是非常重要的，因为吉他的 A 弦、D 弦的第二和第三泛音都集中在了这个频段。恰当提升这个频段的声音，可使吉他声的声像位置在空间上更加靠前。同样，如果衰减掉这个频段的声音，则可为人声和其他乐器留出均衡处理的空间。

（4）通过扫频，在 2 ～ 6kHz 上找出那处可以强化吉他声力度及弹性的频点。对这个频点的声音进行适当的提升处理后，就可得到一个没有共鸣声干扰，且有棱角却又不失圆润感的吉他声。而且，这样的吉他音色十分特殊，所以你不必担心它会被其他众多声部所淹没。

（5）提升 5 ～ 8kHz 这个频段上的声音，可突出吉他声的丰富感，但也会使声音中的"嗡嗡"声更明显。但是，要注意吉他音箱的重放频带宽度是有限的，因此吉他声的高频部分可能不会如想象中的那么悦耳。

（6）对超过 8kHz 的高频段声音进行提升，这样做可使吉他声中的空气感更加突出，但也容易使音质过于松脆，缺乏厚重感。

9.4.2　电吉他的压缩处理

功率较大的吉他音箱所重放出来的吉他声，往往声音中的低频谐波和泛音非常多，但却没有多少高频泛音或谐波。而且由于话筒存在近讲效应，在设置压缩器的时候也要将这个因素考虑在内。因为，声音中过多的低频成分，会使压缩器更易于被触发进入压缩状态。如果使用得当，压缩器应该可以令吉他的旋律听起来更为流畅、有力度。

对于响度中等或较大的吉他而言，由于其近讲效应不严重，因此不需要过多的压缩处理。在这样的前提下，我们可对压缩器尝试以下的设置。

（1）建立时间，要偏短或适中，如 10 ～ 50ms。长短适中的建立时间可使旋律吉他在独奏时听起来更加平滑圆润。

（2）恢复时间，要设得较长，0.5 ～ 1s 都是可以的，恢复时间的长短主要是根据乐曲的节奏快慢来设置的。较长的恢复时间可以延长吉他声的持续时间，而较短的恢复时间，特别是配合高压缩比和低门限值使用的时候，则可以使每个音符更加有力。

（3）门限，要设低一些。先将门限值设为 −25dB，以此为下限再缓缓地将其提升起来，这样就可将那些轻微的拨弦声也一同提升起来了。但不足之处是，同时被提升起来的还会有不少本底噪声。

（4）压缩比，至少设为 5 ∶ 1，对于有些延迟时间较长的吉他来说，压缩比甚至要高达 10 ∶ 1。所以，如果可能也可在通路中加一台峰值电平控制器，这一操作在压缩器的建立时间较长时是非常重要的，它可以保证每一个吉他声的音头都不至于发生过载。

在控制室进行调整之前补偿吉他音箱

当你认为已经拾取到了理想的吉他声时，对比一下吉他音箱上的设置与调音台上均衡器的设置。假如你发现吉他音箱已经对某个频段的声音做了衰减处理，但调音台的均衡器却对这个频段的声音做了提升处理，那么你最好先关掉调音台上的均衡器，直接从吉他音箱的设置着手，一定要尽量减少对声音进行不必要的处理环节。可以说，决定电吉他音质好坏与否的最根本前提是话筒的摆位和吉他音箱本身的音色。当然，在改变吉他音箱的设置之前，还是要先征求一下演奏者本人的意见。

利用失真效果可创造出新的音色

失真效果可使声音听起来更有棱角。其中真空管在工作时所产生的失真效果可使音质达到最好。因此，如果条件允许，最好要选用真空管放大器。但是不同的音色对失真效果的响应会有很大差别。数字过载所造成的失真是令人难以忍受的。

9.5　木吉他

9.5.1　木吉他的均衡处理

一把经过精准校音、上过新弦且保养良好的木吉他，再加上合适的话筒选择和摆位后，所拾取到的声音不需要经过任何处理就已经很完美了。不过，你也可再利用均衡器对吉他声进行一下润色，如去掉声音中惹人生厌的低频噪声，或是对某些频段进行提升，以增加吉他声的光泽度；或者也可对某些频率进行衰减，以突显其他乐器的存在。

木吉他的泛音非常多，因此，在给这类乐器添加均衡处理的时候，就要在将其中非和谐的泛音衰减掉的同时，将其中悦耳的泛音提升起来。这时，一位乐感良好的录音师马上就会显出他的优势。在设置均衡器时，你可以尝试以下操作。

（1）将82Hz以下频段的声音平缓地衰减掉，一把普通木吉他的最低音为E，其基频就在82Hz左右。

（2）通过扫频，在80～300Hz这个低频范围中，找出木吉他的共振频率，然后用带宽较窄的均衡曲线将这个频点的声音衰减掉。

（3）如果还有空间做提升处理，那么可提升80～350Hz频段中某处频率的声音，以强化吉他声的质感。

（4）提升300Hz～1kHz这个频段的声音，可强化吉他声中的早期谐波。

（5）提升700Hz～1.2kHz这个频段中某处频率的声音，可使木吉他琴箱的木材质感更加突出，而衰减此处频率的声音则可弱化吉他声的二次谐波。

（6）提升1.5～3kHz处频段的声音，可增加木吉他的临场感，而衰减此处频率的声音则可使吉他声变虚、变空。

（7）提升3～5kHz处频段的声音，既能增强木吉他的临场感，又能加强吉他声的冲击力。

（8）提升5～10kHz处频段的声音，可增加吉他声的亮度。

（9）提升10～12kHz这个范围左右的频段，可使吉他声变得更有活力。但是，如果过分提升了这个频段的声音，则可能使吉他声从有活力变成尖利刺耳。而且，提升高频段的声音意味着会将本底噪声一同提升起来。

9.5.2　木吉他的压缩处理

木吉他的特点之一就是其拥有很大的动态范围，每个音达到峰值的时间偏长，且延迟时间较长。木吉他除了击弦的演奏方式，其声音中峰值电平的出现比例虽然不可能大于小军鼓，但也还是有少量峰值电平存在的。另外，通过近距离的拾音方式所拾取到的声音所需要的压缩程度，必然要大于通过远距离拾音方式所拾取到的声音。那么在设置压缩器的时候，你可尝试以下操作。

（1）设置建立时间，大约在 10 ～ 20ms 这个范围内。极短的建立时间可防止每段吉他声的头一个高电平瞬态信号发生过载。

（2）将恢复时间设为中等长度。以 250ms 为调节的基准点，根据歌曲的节奏再调快或调慢一些。

（3）设置门限，适中或偏高。较高的门限值可将木吉他所有的自然音响和动态都还原出来，将音响效果保持在一个最真实的状态。而较低的门限值则可将吉他声低频部分的质感突显出来。

（4）将压缩比设低一些，2 ：1 或 3 ：1 是比较合适的压缩比。只有当演奏者在演奏过程中总会偏离话筒拾音主轴的情况下，才可能用到较高的压缩比。较高的压缩比可使吉他声更加紧实、更富有弹性，而紧实的吉他声才能更好地与其他经过压缩的声部相融合。当压缩比大小合适时，你应既能清楚地听到吉他声中较弱的部分，又能听到吉他声中较强的部分。

用两支话筒拾音

如果你选择用两支话筒来拾取某件乐器的声音时，其中一支可专门用于拾取低频声——通常是离乐器最近的那一支，这支话筒所拾取到的声音所需要的压缩力度，往往要高于拾音距离较远的那支话筒。一定记得将压缩比也设高一些。

吉他声的咝声消除

通过咝声消除器可去除声音中恼人的高频噪声。

去除近讲效应

做均衡处理的时候，记得将那些可能是由于近讲效应而产生的低频提升频点衰减掉，以免压缩器会被某些过大的低频声所触发。

小心共振

在我们录音的过程中，可能会有某件声学乐器是暂时用不到的，这时一定要记得将这件乐器收起来，否则其很可能会与控制室内高声压级的声音发生共振。

9.6　人声

9.6.1　人声的均衡处理

啊？你居然加均衡？

通常，技术水平较高的录音师都会通过合适的话筒选择和摆位来获得优美的人声，对人声进行均衡的处理其实是他们的下下策。哪怕一点点过分的均衡处理都会令人声变得不那么自然。需要强调的是，一定不要在前期录音的过程中对人声进行均衡处理。

当然，具体情况具体分析。也许，有些情况会令你不得不出此下策——比如，你需要利用均衡器来去除房间中的共振声。因此，当你不得不使用均衡器时，那么在让歌手演唱的过程中，你可尝试以下的操作。

（1）将 80Hz 以下的声音都衰减掉。大部分人声的这个频段都是可以被衰减掉的，因为这个频段的声音信号中往往携带了话筒的全部低频噪声，而且与声音的清晰度没有任何关系。何况，将人声的这个频段衰减掉，也可以为其他乐器留出更多的表现空间，如底鼓或电贝斯。你也可以试着用话筒上自带的低切功能，以此来代替均衡器对这个频段进行处理。

（2）提升 80 ～ 300Hz 这个频段的声音，可使人声变得更厚实、更有质感。这个频段包含了大部分歌手嗓音的基频成分，当然有的时候女声的基频可能还要更高一些，可以说人声所有的厚重感都是由这个频段体现出来的。在处理这个频段的时候一定要非常小心，因为衰减量稍微多一点就会使声音听起来发空、分散；而提升量稍微多一点又可能将其他一些比较重要的乐器声部掩蔽掉。不过一般情况下，相较于其他乐器，人声总是拥有绝对的优先权和重要性。

（3）衰减 300 ～ 500Hz 这个频段的声音（当然，不同的人声，所需要的处理也不同），可减弱人声中那些刺耳的一次谐波，使音质变得更加平滑润泽。但在 500Hz ～ 1kHz 处提升得太多则会使人声听起来很轻浮，不够庄重。

（4）提升 800Hz ～ 2kHz 这个频段的声音，可增加人声的可懂度，也可使人声变得更温暖、更丰润。而衰减掉这个频段的声音，则可使原本刺耳的人声变得柔和，但衰减量过大则会使人声变得冷硬。

（5）衰减 1kHz 周围频段的声音，可为其他乐器留出均衡处理的空间。而且，这对于背景人声来讲也是适用的，由于和声往往是用于衬托主唱的，因此它不能引起听众的注意力。

（6）提升 2 ～ 6kHz 这个频段的声音，可将人声的清晰度和临场感提升起来。不过，这也是人声中齿音的汇集区，你可能会需要咝声消除器来去除掉人声中过多的齿音。如果衰减这个频段的声音，就会使人声听起来阴沉，且缺乏生气；而提升得过多，则又会使人声听起来尖声尖气，令人觉得刺耳。

（7）提升 6kHz 至 16kHz(～18kHz) 这个频段的声音，以获得某些高频声及空气声。如果均衡器在这个频段设置得当，那么经均衡处理过的人声听起来就应该是非常优美动听的，但一定要注意在做提升处理的时候，不要连同高频噪声一同提升起来。

9.6.2　人声的压缩处理

人声的特性，主要取决于歌手的特质和演唱环境的条件。人声达到瞬态峰值的时间可以是非常短的，而且人声的动态范围也是极大的。

有的人声需要进行限制和压缩处理，但有的人声则不需要进行任何处理。有的录音师习惯给所有的人声都加上压缩器，但有的录音师则会在录制人声的过程中尽量不使用任何处理器。我认为后者这种有针对性的处理会更好一些，也就是说只在需要处理的地方添加处理器或效果器就可以了。保证声音的峰值电平不过载，且低电平的部分也能为我们所听清，是我们对人声进行各种处理的前提条件。这也就是说，对人声进行压缩处理的精髓在于——能听清人声中每个咬字及发音的同时，却不留任何压缩处理的痕迹。所以，如何对人声进行适当的压缩处理是一门非常精妙的学问。

对人声的压缩处理方法，在很大程度上也取决于其他音轨的处理方法。如果将摇滚乐中的人声与慢节奏歌曲中的人声进行比较，那么必然是前者的总体压缩量更大一些。而且，为了保证人声能永远凌驾于众多伴奏声部之上，在同一首歌曲中人声与其他乐器声部的设置都要尽量保持统一。在进行压缩处理时，你可尝试以下操作。

（1）建立时间，设为中等或较短。建立时间的长短取决于歌曲节奏的快慢，建立时间过短就可能将人声最开头的峰值瞬态信号压缩掉。另外，为了使压缩器对人声的处理更加平滑、不留痕迹，你还可以开启压缩器上的软拐点功能。

（2）恢复时间。节奏快的歌曲其恢复时间也应该是比较短的，同样，节奏慢的歌曲所对应的恢复时间应该是比较长的。

（3）门限。从0开始，一点点地降低门限值。当你看到代表压缩量的电平表上的指针动了，就可以停止降低门限了。理想的压缩器设置方式应该是，只有在遇到人声中电平较大的部分时压缩器才会起作用，而对于人声中其他音量正常的部分，压缩量电平表的指针则基本不动。

（4）压缩比，大约在3：1或4：1，这也取决于演唱者的特质与乐曲个别部分的风格。同样，最好是在前期就能获得令人满意的人声，在后期混音的时候再配合歌曲整体的音响效果对人声稍加润色即可。

根据演唱者的水平进行设置

优秀的演唱者是可以随意控制其声音的动态变化幅度的，而且他们也知道如何利用话筒，才能使他们的声音听上去更优美。与这样的歌手合作时，我们不需要像处理那些经验不足的歌手的声音那样，给人声加很多的压缩或限制处理。比如我认识的某位歌手，他对自己嗓音的控制已经到达了出神入化的地步，他在唱到那些需要大声演唱的段落时，会自行避开话筒的拾音主轴，这样我们拾取到的人声电平虽然很高，但却刚好不至于过载。

根据歌曲的类型进行设置

歌曲中人声部分的动态范围的不同也决定了压缩器设置方式的不同。如果有的歌曲人声电平从头到尾几乎没有什么变化，那么对于这类动态很小的人声其压缩设置方式，是肯定不同于那些歌曲中人声动态有较大变化的压缩设置方式的。对于动态非常大的音轨来说，在进行压缩处理之前可能需要先经过限制器的处理，以防声音信号出现过载现象。

将峰值限制器置于加有压缩器的通路中

一个动态变化很大，而且是通过近距离拾音方式所拾取到的人声，会含有许多非常高的峰值电平信号，而如此之多的峰值电平可能单用一个压缩器无法完全控制住，因此你需要再接入一台峰值限制器才能避免过载现象的出现。而具体两者在通路中的顺序，就需要你来决定了。

双倍压缩

两个门限值为 −3dB 的压缩器对信号的响应肯定要优于一个门限值为 −6dB 的压缩器。但如何能让这两个串接在一起的压缩器对人声进行最优化的处理，就需要花些时间来进行调整了。

与主唱相比，背景人声所需要的压缩量更大

背景人声的动态范围一般不会超过主唱，因此在经过了较大的压缩处理之后，背景人声将会与伴奏乐器更加融合。若要突出领唱，也可将领唱的人声信号分一路到背景人声压缩器的旁链输入端。这样，在领唱演唱的时候，背景人声的电平便会自动压低。

录音前期要限制峰值，混音时再压缩动态

对在录音棚里录制的人声和现场演唱的人声所做的限制处理是不一样的。由于以往模拟录音设备的局限性，一个在棚里录制出来的人声，其动态范围是不可能超过现场人声的动态范围的。但依靠现今的数字录音技术，完全可以将人声中最真实自然的动态范围记录下来。

不要使用均衡器来消除人声的齿音

如果一定要使用咝声消除器，那么就应该将其串入信号通路的最开头部分。这样，在声音信号进入压缩器和均衡器时，就不会受到齿音等高频噪声的干扰了。但需要注意的是，咝声消除器的设置一定要适度，否则它有可能将一些我们需要的齿音也一并"吃掉"。所以，只要前期录制的人声没问题，那么尽量还是等到最后的混音阶段再去除人声中那些过分突出的齿音，这是最保险的做法。

自动校准音调

许多录音师都喜欢在录人声的时候，在信号通路中加一个音调自动校准器，以防歌手跑调。不过，我认为正确的做法应该是，先录一轨未经任何处理的人声，然后再录一轨经过"自动校音"的人声。如果第一轨的人声中有某个音走调了，那么我们只要将这个音与经过修音的那个音进行替换就可以了。

一般对人声的处理是不需使用噪声门的

也许只有在现场演出的时候，给拾取人声的话筒加噪声门才是比较正常的。但在录音棚中

的录音就不同了，我们所需要的是听清人声中所有的细节变化，一个音节的重要与否并不是由其音量的大小来决定的。

9.7 管乐

9.7.1 管乐的均衡处理

如果录音方式不当，那么录出来的管乐听起来很有可能是尖锐刺耳的。同样，话筒的选择和摆位依然在录音中扮演着重要的角色。不过，对于作曲或配器较为糟糕的乐曲而言，要录制出优美的管乐音色也是比较困难的。与录制其他声学乐器的理念一样，在前期录音过程中应尽可能避免对音轨进行均衡处理。但如果你不得不使用均衡器时，你可以尝试以下操作。

（1）除非乐曲中的管乐是作为低音伴奏的声部的，否则在录音的时候，要将话筒上的低切开关打开，以此来将管乐器最低音以下的所有低频声都衰减掉。

（2）提升 200～500Hz 这个频段的声音，可以使管乐的形体感更加突出。但同样，你需要以最后混音中管乐的声像位置作为参考，对声音进行调整，你肯定不希望作为配角的管乐器会掩蔽掉人声这个主角。

（3）2～4kHz 这个频段控制着管乐器的临场感。但调整这个频段的时候要小心，因为这个频段很容易与其他声部的同频段发生频率混叠。所以，如果管乐在乐曲中所占的比重不大，那么可以考虑对这个频段的声音进行一定的衰减处理。

（4）试着提升 5kHz 偏上的频段可以增加管乐音色的光泽度，但如果提升得过多则会使声音过于尖利刺耳。

（5）提升 8kHz 以上频段的声音，会突显出管乐器按键的"噼啪"声。

9.7.2 管乐的压缩处理

管乐器所发出的声音一般动态范围和音量都很大，且起振的瞬态峰值非常高，但衰减时间却非常短。过分的压缩处理会使管乐的动态范围减小，使声音听起来又轻又薄。所以，绝大多数音域较高的管乐都不需要经过任何压缩处理，音域较高的管乐器一般很容易就能在各个声部之间找到自己的位置。但音域较低的管乐器就不同了，如中音萨克斯，它们所发出的声音可能是需要进行少量的压缩处理的。那么，对于管乐的压缩，你可以尝试以下操作。

（1）建立时间，要设得很短。对于大多数的管乐声来说，建立时间越短越好。

（2）恢复时间，取决于乐曲的形式。如果乐曲中的管乐段落有很多跳音或断奏，那么就要将恢复时间设得较短；而在管乐独奏时，就应该将恢复时间设成中等长短；而当管乐器作为伴奏声部出现时，就可以适当地将其恢复时间设长一些。

（3）门限，要设得较低，大概在 –15～–10dB。较低的门限值可将管乐声中所有的低频共鸣声都提升起来。

（4）压缩比，设为 3：1。一般都是以这个值为基准开始调节的，对于那些喜欢在演奏时来回晃动的乐手们来说，可将这个压缩比再设高一些，以此来控制管乐声中电平较低的部分。当压缩比较低时，乐曲的强弱变化就会被突出出来；而当压缩比较大时，由乐曲情绪起伏所带来的动态变化会被适当地压缩掉。一定要注意不要压缩掉过多的动态。

加倍管乐

加倍过后的管乐音质听起来会很不错，但不要加倍中低音类的管乐。因为低频部分的声音是需要清晰度的，而且一般电贝斯和底鼓才是低频部分的主角。

9.8　钢琴

9.8.1　钢琴的均衡处理

钢琴的声音丰满厚实，起振的瞬态峰值很大，且自然衰减时间很长。而钢琴音质的好坏则取决于多种因素，如弹奏的地点、话筒的选择和摆位、演奏者的水平、歌曲的风格等，像我们之前所说的均衡及压缩的方法，一般是用不到的。

如果你不得不对钢琴进行均衡处理，那么就将均衡曲线的 Q 值设得小一点，只做轻微的提升或衰减处理即可。过分地对某个频点的声音进行提升，所导致的后果将是在最后混音时，你所听到的钢琴声只是那些做过提升处理的频点了，而未做过处理的钢琴声就会显得被其他声部埋没起来。在设置均衡器时，你可尝试以下操作。

（1）衰减掉那些频率极低的声音，如 40Hz 以下的频率。即使你不打算对钢琴音轨进行任何均衡处理，也可以考虑添加一个仅对 40Hz 以下频率进行低切处理的均衡器。这样做可以保证钢琴的某些超低音不会搅浑歌曲的整体音响效果。

（2）提升 80 ~ 150Hz 这个频段的声音，可加强钢琴的低音部分。

（3）如果钢琴的低频部分存在共振声，那么就衰减 200 ~ 400Hz 这个频段的声音。

（4）通过提升 4 ~ 8kHz 这个频段的声音，可增加钢琴声的冲击力和临场感。

（5）提升 8kHz 以上频段的声音，可提升泛音或空气声。

9.8.2　钢琴的压缩处理

可将压缩器当作限制器来使用。在设置门限值的时候，可从高到低慢慢地调节，直到门限值合适为止。最好的设置方式是，让演奏者弹奏一遍要被录制的那首乐曲，然后将门限值设为在整首曲目高潮段落，压缩器起表的那个电平就可以了。对于钢琴的压缩处理，你可以尝试以下操作。

（1）建立时间。建立时间是要根据乐曲的节拍来设置的。一般而言，一首快节奏乐曲的建立时间肯定要比慢节奏乐曲的建立时间短。

（2）恢复时间。先将恢复时间设置成一个比较适中的长短，这样可方便在后期混音时再进行细调。与建立时间的设置方法类似，恢复时间的长短也要根据乐曲的节拍长度来设置。

（3）门限。门限值越低就意味着需要经过压缩处理的声音越多，钢琴所发出来的声音是一种音质丰满，拥有着极多基频和谐波的声音。如果门限值过低，就会抹杀了谐波与谐波之间的区别。因此，较高的门限值才是最好的选择。

（4）压缩比。较高的压缩比可保证，即使演奏者将一首抒情歌曲的结尾完全弹奏成疯狂的摇滚风格，声音信号也不至于发生过载。

9.9   依然对音质不满意时该怎么办

有些时候，会发生这种无论如何你都觉得某些声音听起来不够完美的情况。你已经换过了话筒，也做过了均衡和压缩处理，也已经试过了所有能改善音质的方法了，但都不奏效。那么以下操作也许可以帮助你解决这个问题。

（1）先去除所有的外接音频处理器，然后将你认为有问题的音轨与歌曲中几个比较重要的声部（如电贝斯和架子鼓等）一同重放出来，听听能不能找到原因。

（2）将所有前置放大器的增益都开大或关小，听听声音在不同电平下的音质。

（3）断开连接在信号通路中的所有踏板。

（4）使用设备指定的、耐受力较强的线缆来连接乐器和功放、DI盒等设备。

（5）让演奏者再试奏几遍你准备录制的这首曲子。

（6）调节各个设备上的控制旋钮，直到音质变好为止，但不要将全部的精力都放在这上面。将声音的中频段衰减一些，可消除声音中浑浊不清的感觉。

（7）改变其他声部音轨的均衡设置，也可相对地改变这轨在整体音响中的效果。也就是说，有时对某件乐器周围的声部做一些均衡处理，也会使这件乐器被相对地突出出来。

（8）让你的录音助理变换一下话筒的摆位，可能会改善所拾取到的乐器声音的音色。

（9）使用其他前置放大器试试看，甚至更极端的做法，还可以更换前置放大器内部的真空管。

（10）关掉所有踏板或效果器，然后在重放时，依次逐个地将关掉的设备添加回来，直到查出到底是哪个环节出了问题。

（11）重放时带着人声，听听各路音轨重放时的音响效果。

（12）也许，根本不是乐器或录音出了问题，而是乐曲本身的毛病。你可以直接跟作曲者商量一下，让他再重新修改这首乐曲。

（13）多等一会儿，乐手在热身之后，所演奏出来的效果会更加优秀。

第10章

信号通路

不管是模拟式录音还是数字式录音，都必须合理利用现有设备的输入端口、录音架构及输出端口对输入信号进行通路分配、录制及监听等操作。还要根据乐曲的风格、演奏者的风格及可用的音轨数量，来决定你录制伴奏所需的音轨数，以及用于贴录和人声的音轨数等。

10.1 音轨的配置

每次录音时的音轨分配方式应是一样的

如果每次录音的时候，你给各路音轨分配的乐器或用途都是按照同一个模板来规划的，那么时间一长，你就能将各音轨的用途及位置完全熟记在心了。作为一名录音师，你对于调音台的操控，应该是犹如钢琴家弹奏钢琴那般流畅自然。也就是说，你对于调音台的操控要出于一种本能，而不应该在调音的时候，还要考虑："如果我想要某种效果，我必须要如何去做。"当然，你也可以将录制前一首乐曲的通路设置，保留到录制下一首歌曲时继续使用，这样既省时又省力。

录音开始前要先将各路音轨的使用优先级确定下来

例如，如果乐队中的主要演奏者为一位鼓手，那么在给架子鼓分配音轨数量的时候就不要吝啬了；如果主要演奏者为一位钢琴家，那么一定要以立体声的拾音方式来拾取钢琴声，而不要用单支话筒拾取单声道的声音。

这样的抉择对于录音师而言是一项挑战，因为你必须以最终成品的音响效果为着眼点来进行设置。因此，在分配有限数量的音轨时，你需要确定以下内容。

（1）这首歌曲总共需要录制多少件乐器。

（2）每路音轨分别用于录制哪件乐器？

（3）哪些音轨是以立体声模式录制的，以及哪些音轨是以单声道模式录制的？

（4）每位演奏者将占用几路音轨？

通常，录架子鼓所需的音轨数量是最多的，例如，一个大型的音频工作站可提供多达48通道的信号输入端，即便是较小型的音频工作站也应该能提供16通道的信号输入端。当你拥有48个输入端口时，其中用于架子鼓录音的音轨数会占音轨总数的很大比例，基本上每个通通鼓（每个通通鼓的上、下各需一轨）、小军鼓、吊镲及空间感话筒等都应该拥有其自己的信号通道。不过，假设你只有16路音轨可用，那么其中至少得分配5路音轨用于录制架子鼓——底鼓、小军鼓、踩镲，以及以立体声形式录制的通通鼓和吊镲两路音轨。

调音台的设置

数字调音台的音轨是按组分层排列的，通常每8路音轨为一组。成对的立体声音轨也应该是被成对分配的。比如说，不要将两路立体声音轨中的左声道放在一组里，而将右声道分配到另一组里。同样，你也不希望出现，在给架子鼓的效果的返回信号中，还会夹杂着人声音轨这类的情况。按以往的经验来看，一般效果器的返回信号都会被集中送到调音台上的某一组相邻的音轨上。不过由于数字调音台的设置方式非常灵活多变，因此你可以将架子鼓的效果返回信号都送入同一组音轨或几组音轨，这才是合理安排架子鼓效果返回通路的方法。一般情况下，在录制一首歌曲时，基本上两组音轨就能足够架子鼓及其效果返回信号使用了，其中架子鼓音轨占了12轨，而效果信号则占去了两对立体声音轨，这样算来总共需要16路音轨——刚好等于两组音轨的轨数。

人声也需要效果器的修饰

与前文同理，给人声添加的效果信号所使用的音轨，应该也与人声音轨位于同一组音轨里。

音轨位置小技巧

如果你用音轨编号较高（靠近调音台中部）的通道拾取人声，那么信号返回到调音台上的监听音轨，也会被系统默认为是位于调音台中部的这一轨。因为，如果你将人声（或其他乐器）录到第一轨（最靠调音台左侧），那么即使你已经坐在了最佳听音位置上，但你依然需要倾身过去才能对这路音轨的各个参量进行调整。这样你就无法在调整旋钮的同时，对声音的音质进行准确的判断了。因此，应该尽量将戏份最多的人声分配到较靠调音台中间位置的音轨上，这样你在后续录音过程中对人声进行各种处理时会更方便。

扩大你的选择范围

如果有足够的音轨可用，那么你就可在录制同一件乐器的时候，多换几种不同的录音方式。例如，在录制电贝斯声音的时候，你既可以录一轨电贝斯的直接线入信号，同时又录一轨话筒所拾取的贝斯音箱声，或是加了一些效果处理的电贝斯声。也就是说，在录音的过程中，你可以将做过不同的处理的声音录到不同的音轨上，最后再选出音质最符合曲风的那几轨进行混音。当然，此时你一定要检查一下所有的音轨，看其相互之间是否存在相位问题，而剩下的那些音轨是留作备用还是彻底删除，全凭你的需要来决定。

我的立体声不见了

在一首歌曲的录音过程中，不要录制过多的立体声音轨。因为所有声部的声像定位都得到最后混音时才能被确定下来。若架子鼓声、电贝斯声、吉他声、键盘声、管乐和人声都被录成立体声，那么由这些单个乐器声组合而成的立体声声像，可能就会由于其间的相互影响，而失去其原本的清晰定位。

不要将单路信号经由母线送出

如果可能，你应该将信号从直接输出端口直接送入多轨录音机。那些由直接输出端口送出的信号所经过的处理会更少，因此其声音质量也会更好。如果你不得不将两路信号送入到同一路母线中，那么记得在母线上挂一个压缩器。这是因为两路信号被合并成一路时，电平会有所提升。

通过"扫描"调音台及录音设备的输入端口来确认所有母线分配都是准确无误的

千里之堤，溃于蚁穴。就算你将每条信号通路设置得再好，如果按错了哪个按钮，那么某路原本完美无缺的声音也可能就此毁于一旦。

利用你的耳朵

在设置完母线及信号通路之后，录音工作将更为依赖录音师的耳朵。有经验的录音师会对每一支话筒的声音特性都了如指掌，他很清楚每一路话筒信号听起来应该是什么样子。当他们在调音台上依次布局好了所有的音轨通道之后，他们会先对所有音轨进行基本的调整，如每一路的声像定位及电平比例等。最重要的是，经验会让他们在脑海中对最终的音响效果进行一个大概构思。因此，如果有必要，他们会按照自己的喜好对声音进行均衡及压缩处理。所以，经过这些处理之后，我们所听到的音响效果基本上与最终混音制作完成的成品不会存在很大差距。

10.2　电平

在模拟录音领域中，如果所要记录在磁带上的信号电平过高，那么很有可能导致声音出现失真。而在数字录音领域中，随着"比特精度"的提高，录音的音质也会越来越干净、清晰，动态范围越来越大。不过要注意的是，一旦信号电平达到 0dBFS，那么就会立刻过载，出现失真现象。

电平较低的声音信号是不容易发生过载现象的，但电平过低则可能造成信号的信噪比降低，也就是说信号已经离开数字的 MSB（Most Significant Bits，最高有效位）部分了，开始靠近分辨率较低的 LSB（Least Significant Bits，最低有效位）部分了，这样声音除了音量偏低，还会令音色变得粗糙暗哑。

将话筒输入电平的推子推至 0dB

0dB 并不意味着没有电平，而是指将推子推起到满刻度 3/4 的位置。在确定了推子的位置之后，你可以利用调音台上的增益旋钮来调整话筒输入信号的电平。

当然，也有一些录音师喜欢先将所有的监听推子位置推到 0dB 的位置，然后以此为依据调整录音输入端的电平。这样一来，万一由于误操作改变了推子位置，那么只要将返回推子推到 0dB，所有通路返回信号的电平大小比例就都能恢复正常了。

什么是增益微调

增益微调是前置放大器模块部分中一个可控的增益旋钮。不同的乐器和话筒其输出电平及灵敏度是不同的，因此这个增益旋钮就能让你通过提升或降低输入信号的电平，来获得最佳的录音电平。

什么是动态余量

动态余量就是一段以分贝为计量单位的"空间"，也就是指设备的最佳工作电平到失真／过载电平之间的差值。

什么是信噪比

信噪比（S/N）是一个以分贝为计量单位，用来衡量某个音频设备的最佳工作电平与本底噪声电平之间的比率。

仪表只是一个辅助工具

在录制如打击乐这类具有高瞬态峰值特性的乐器声时，记得先衰减输入增益。VU 表对高瞬态的峰值电平是无法及时作出响应的，有时候显示出来的读数甚至可能会误导你。在任何时候，都必须依靠你的耳朵和经验来做出最终的判断，仪表上所显示的电平只能作为参考。

随着乐曲的进行，演奏者们也会越来越兴奋

很多时候我们都会遇到这种在录制歌曲开头时非常合适的录音电平，在录

到歌曲结尾的时候，却会出现信号过载的现象。因此，在录音之前要记得将输入电平设得稍微低一点。

10.3 录音的电平

保持安静

一条铁链是由许多道铁环链接而成的，调音台也是一种由无数电路组件、信号链路所组成的复杂系统。如果某一个环节的电平较低，那么再提高其他环节的电平只会增加一些无用的噪声，甚至会造成声音的失真。虽然每个环节所引入的噪声量都很小，但到了最后由各环节叠加起来的噪声总量却是非常大的。对于摇滚乐来说，我们可能还能容忍一些微弱的噪声量，但对于爵士乐、古典乐或是独奏乐器的演奏来说，在录音过程中是坚决不允许出现任何噪声的。"不积跬步，无以至千里；不积小流，无以成江海。"这句话也非常适用于录音工作——忽视每个环节的微小噪声，最终会影响录音效果；而保证每个环节都有清晰干净的声音，最终才能获得你想要的声音。

将话筒对准声源

这句话虽然听起来像是一句废话，但我还是要再三叮嘱大家一定要确认话筒头的朝向。一定要将其指向你的目标声源，不是说要将话筒摆放得距离声源多么近，重点是一定要对准目标声源。

在设置增益的环节中，要尽早调得最佳录音电平增益

这样录出来的声音将会更干净，且不会受到咝声及噪声的干扰。对于电平较高的声音信号，不必过多地提升前置放大器的增益。但对于电平较低的声音信号，就需要对电平增益进行较大的提升了。在对低电平信号进行提升的过程中，一定要随时留意那些很可能会被一同提升起来的本底噪声。而且，不管是高电平还是低电平信号，如果增益被提升得过多，都会导致输入信号发生过载。

如果你希望所拾取到的声音既不受噪声及失真的干扰，又能保证音质纯净，那么为了找到最佳的录音电平而多花点时间还是值得的。

有利就有弊

声音信号经过的任何一台处理设备都会对信号质量造成一定的损失。因此，声音信号所经过的处理越少，其声音的纯净度就会越高，音质也会越透彻。拥有优秀音质的声音信号所经过的处理一定是有限的。你可以轻松将一个声音信号原本出色的音质变差，但却无法弥补一个音质已经有缺损的声音信号。

图 10.1 所示为一个电平增益设置较为合理的系统链路——也就是信号电平最大化的同时将噪声最小化。

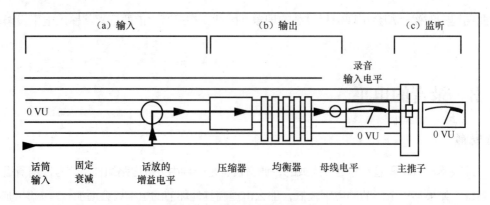

图 10.1　理想状态的通路设置

（a）输入部分。话筒的选择正确，且输入调音台的信号电平大小适中。在这个部分，前置放大器将会提升输入信号的电平，尽量不打开任何衰减或微调功能。

（b）输出部分。信号未受压缩器或均衡器等这类音频处理器的"电平干扰"，以一个合适的增益被"直接"送入录音机的输入端了。

（c）监听部分。当干净的带后信号返回到调音台主控推子时，VU表的指针应打在0VU这个刻度的位置上。

图10.2所示为一条引进了大量干扰噪声的信号通路。

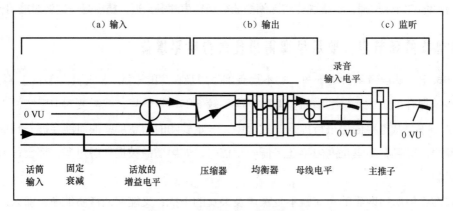

图10.2　非理想状态的通路设置

（a）输入部分。由于话筒所拾取到的声音信号电平对于输入端而言过高，因此需要开启话筒上的衰减开关将信号的电平预先降低一部分。但又由于话筒信号被衰减过多，导致送入前置放大器的输入信号电平不够大，只能再重新提升信号增益。

（b）输出部分。由于送入压缩器的信号电平过高，所以我们只好先降低压缩器的输入电平。但为了补偿这些被衰减掉的电平，压缩器的输出信号电平又会被提升起来，因此在信号到达下一个处理器——均衡器的时候就发生了过载。于是，这就导致信号在被送入录音机的输入端之前，其电平将会被再一次衰减。

（c）监听部分。在监听一个以低电平录制的声音信号时，我们只有把推子推得更高，才能让 VU 表的指针打到 0VU 的刻度上。

10.4　监听

要采用带后监听的方法，而不是直接监听从通道输入的信号

在对信号的电平及声音进行任何调整之前，一定要先将信号的通路设置好。一般情况下，声音的信号走向应该是，信号先从话筒进入调音台，然后再输入到录音机，最后再回到调音台的监听部分。将监听设置在通路最后一环的原因是如果不采用带后监听的方法，你无法确定真正被记录下来的声音信号是什么样子的。录音过程中，有些不稳定的"嗡嗡"噪声或轻微的爆点声，很有可能会由于我们的一时疏忽而被忽略掉。

如果你监听的是从多轨录音机返回的声音信号，那么你可以在任何情况下停止或进行插入录音。但是，如果在录音过程中，你监听的是通道输入的声音信号，那么你无法跟随着带后的声音信号进行插入录音操作。

速度第一

一名技术过硬的录音师可以在短时间之内做出一个很棒的粗混小样，因为他们心里已经十分清楚自己想要的音响效果是什么样的。在录音过程中，你没有时间去做一些很怪异的均衡处理或是其他一些比较异想天开的效果处理。你只要能尽快地将众多音轨粗混成一个效果还不错的小样，再继续下面的录音工作就可以了。

演奏者的声像位置

在监听粗混效果时，要将各声部的声像也按照他们在录音棚中的位置摆好，当然如果乐曲中有架子鼓，也要将架子鼓的声像一同摆好。例如，如果一位吉他手在录音棚的左侧演奏，那么在控制室中，吉他的声像同样也要被放在左边；如果踩镲位于录音棚的右侧，那么同样也要将踩镲的声像放在右边。

如果你选择从鼓手的视角对架子鼓进行声像摆位，也就是说从观众的视角来看，踩镲的位置会在相反的一侧，你要记得将吊镲话筒的声像也摆在相同的位置。但是，绝对不允许出现以鼓手的视角确定了踩镲的声像位置之后，又以观众的视角对吊镲声像进行摆位的情况。

使用哑音功能

为了消除我们所不需要的杂音或噪声，你可以养成将调音台上未被占用的通道全部进行哑音处理的习惯。不过，对于音频工作站中的闲置音轨，这种方法并不适用。如果你想将音轨中的音频块哑音掉，可以先选中目的音频块然后对其进行哑音处理就可以了。此时你仍会看到这个音频块，但唯一的区别就是它的颜色会变成灰色。这就意味着，你还能看到它，但却听不到它了。

当声音出现了"镶边"，就说明有两个相同的声源（其中一个声源经过了少量延时）正在同时播放

如果在监听带后输出信号时，你听到的声音是带有"镶边"效果的，那么很有可能是你的监听信号中，既混合了录音设备的输入信号，又包含了录音设备的输出信号。造成这种情况的原因，可能是你恰巧将从通道送出到录音设备的信号，也一同送到监听母线上去了。

牢记等响曲线（Fletcher–Munson 曲线）

其实，我们都低估了等响曲线这个概念的重要性。等响曲线是将人耳在听到不同频率的纯音时，对所有具有相同音量感的声压用一条曲线表示后所得到的曲线组，如图 10.3 所示。这也就解释了为什么有些歌曲的音响效果在音量为"9"的时候听上去非常棒，在音量为"2"的时候听上去就显得有些低频不足。

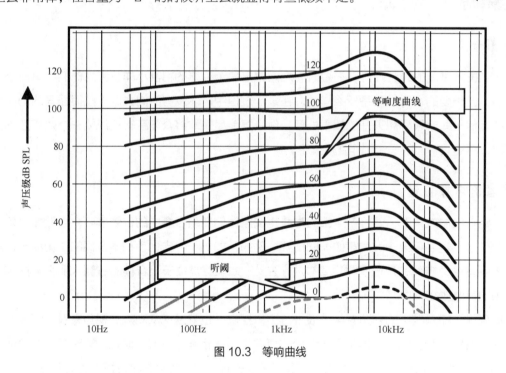

图 10.3　等响曲线

10.5　返送

不要小看返送环节

为了达到最好的演奏效果，提供给演员的耳机及返送信号也必须都是最好

的。因为，如果一位演奏者被返送耳机中自然真实的声音所包围，并处于录音棚中专业的录音环境之中，那么其演奏水平也会被相应提高。因此，花时间给每个人都馈送完美的耳机返送信号是非常值得的。

在录音开始之前，你要亲自进录音棚检查一下每位演奏者所听到的返送信号是否是合适的。你可以先戴上监听耳机，再对着话筒讲话，甚至自己唱几句来试试返送信号的电平是否合适。在确认返送信号已经接通了之后，就可以让整个乐队演奏一段乐曲了。此时需要注意的是，通过返送信号你是否可以清楚地听到所有声部的声音？人声的音量是否够大？信号是不是过大？所有的效果听起来是不是都像你想象中的那样？左右声道的电平是否平衡？在监听耳机里的混音信号听起来是否足够丰满？

要将返送当成头等大事

绝对不能轻敌，认为返送是个可有可无的存在。在录音的过程中，一定要不断地检查每一个耳机中的返送信号是否正常。如果棚内还给每位演奏者配置了能单独控制各路返送信号比例的小调音台，那么就得辛苦录音师多去录音间走几趟了，一定要确定这些小调音台在输出及声像、电平等方面不存在任何问题。

返送信号的设置

在将返送信号送出之前，你要先确定返送信号的输出方式是推子前还是推子后的。推子前意味着你可以任意改变调音台上推子的电平，而不必担心会影响到录音棚中耳机的监听信号；而推子后的返送信号则意味着，你只要改变了调音台上推子的电平比例，就会使耳机的监听信号也随之发生改变。

不要把返送信号开得过大

整体返送信号的音量只要达到电平最大值的 1/2 到 3/4 即可，这样就表示可供你提升的电平空间还有很大。一个合格的返送信号应该既可以让演奏者们听清乐曲中的各个声部，又不会由于音量过大而损伤演奏者们的听力。如果演奏者们在戴上耳机之后，会跟你说"帮忙，再大点声儿"，总比他们对你说"能麻烦您再调小点声儿吗？"要好得多。

舒适度是第一位的

录音时，就像演奏者们会按照他们平时的习惯和方式去演奏一样，返送信号的调试也要按照演奏者的习惯来分配发送。例如，如果鼓手习惯听着在吉他在其左边演奏，那么就要按照鼓手的这种听觉习惯来设置返送信号。而且，如果一个人明明看到某位演奏者在他左边演奏，而在返送信号中听到的这个演奏者却是在他的右边，那么这会令他感到非常别扭。

在各返送信号调音台上标明每个乐器的位置

现今，大型的录音棚都会为每个返送信号配备一个 8 轨的调音台。这 8 轨中，也许会有两轨架子鼓的返回信号、一轨电贝斯、一轨木吉他，以及被发送到调音台上其余通道的其他乐器声部。当演奏者希望他的人声比例再大一些时，他就可以自行将那轨他自己声音的推子再推起来一些。所以说，这个小调音台上每一路信号的名称也应该被明确地标注出来。这样一来，当演奏者希望增加返送信号中木吉他的音量比例，那么他只需找到小调音台上标着木吉他的那一轨推子，再将其推大一些就可以了。

根据乐手的需求来馈送返送信号

演奏者毕竟不是录音师，一位演奏者可能会听出来声音中存在某些问题，但却无法明确指出症结所在。因此身为录音师，你一定要亲自帮助每位演奏者，按照他们不同的需求来设置出有不同针对性的返送信号。例如，一位鼓手所需要听到的应该是电平较高的节拍音轨（打点声）；而一位电贝斯演奏者所需要听到的则是电平较高的底鼓声等。

不光是同期录音，在分期录音时也是如此。当我们在为人声或乐器声的贴录进行准备工作时，也同样要重视返送信号的设置。例如，如果站在话筒前的是歌曲的领唱，那么此时馈送给返送耳机的声音信号中应该有更多旋律声部，如钢琴声等。像打点声这类音轨就不必拥有过多的戏份了，尤其是参考人声音轨那更应该是绝对不可以出现在这个返送信号中。而如果需要贴录的声部是吉他旋律，那么吉他手则可能希望听到的领唱声会更大一些，这样他才能知道如何让自己的吉他声去衬托人声，而不至于喧宾夺主。另外，如果返送信号是送给打击乐演奏者的，那么他可能得听到音量足够大的踩镲声才能更好地掌握节奏韵律。由此可见，其实每个乐队成员所需的返送信号都是不一样的。

多花些时间调整给歌手馈送返送信号中的人声比例

如果在返送信号中人声的比例不够大，那么很有可能会造成随着歌曲录制的进行，歌手离话筒越来越近，越唱声音越大的后果。这是因为，歌手往往会为了弥补自己的声音在返送中听起来不够大的问题，而用超出其自然音量的嗓门去唱歌，这通常就会导致录出来的人声过分尖利。不过同样，如果返送信号中人声的比例过大也是不合理的，因为这样也会使歌手以不自然的方式去演唱，致使最后录出来的人声平淡无奇，没有什么丰富的感情变化。

先别忙着戴耳机

提醒演奏者们在你正式开始录音之前不要戴上耳机。因为，没有哪个人会愿意听到在你设置信号通路时，耳机所偶尔发出的噼啪声或回授啸叫声的。只有在等你亲自检查过所有耳机返送信号之后，而且一切都已准备就绪就等着按下录音键试录的时候，才能让演奏者戴上耳机。

抱歉，你们只能听单声道的返送信号了

如果你只有一路立体声返送监听送出，但却需要送出两个版本的混音信号，那么你就只能将这路立体声分离成两路单声道信号了。不过，在经过了调音台的声像及电平的调整之后，其实单声道的信号也可以拥有较好的音响效果。

不要对返送信号做突然的改动

比如将信号的电平或效果返回的电平突然提高或者降低等。因为，如果你在演奏者们演奏的过程中临时改变了调音台上的某些设置，那么这种变化也必然会经由返送通路被直接送到演奏者的耳朵里，这样突如其来的声音变化很可能致使演奏者在演奏过程中分神。

给人声使用专用的混响效果

不论什么时候，只要歌手希望他的声音能带一些混响效果，你就要给其声音加上他最喜欢的混响效果。

专供人声使用的混响器可以让人声拥有自己独特的混响特色，并且还能增添它在整体混音中的空间感。但是，如果你将木吉他音轨也送入了这个混响器，那么由于人声与木吉他所处的频段相同，这么做可能会使人声变得模糊浑浊。

设一对反相的扬声器

在人声贴录时，如果歌手觉得戴着耳机演唱不舒服，那么可以使用一对极性相反的扬声器的设置方式，如图 10.4 所示。

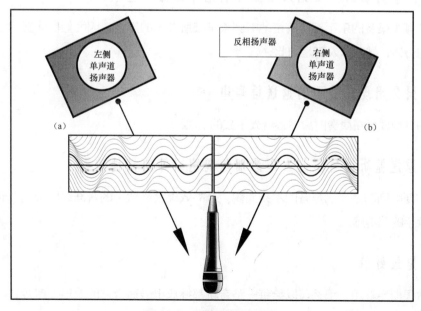

图 10.4　反相扬声器的设置

（1）将两只扬声器摆在歌手前方，高度要与歌手耳朵的高度平齐。

（2）以一支话筒为顶点，与两只扬声器构成一个三角形。然后用一把卷尺精确量出话筒头与每只扬声器之间的距离，要确保话筒头到每只扬声器的距离都是相等的。

（3）然后将其中一只扬声器后部的两个接线端调换一下，这样两只扬声器的极性就互为相反了。

（4）将一个单声道的声音信号发送给两只扬声器。由于它们的极性是相反的，因此在重放时，如果发送给扬声器（a）的是信号的波峰，那么发送给扬声器（b）的肯定就是信号的波谷。这样一来，当两个声音信号同时到达话筒膜片时，便会由于相位相反而被相互抵消掉。

（5）用扬声器放一首乐曲，然后在控制室里听一下话筒拾取到的声音信号。虽然两只扬声器的重放信号是不可能被100%的抵消掉的，但跟用耳机监听时漏出来的那部分杂音相比，剩下的余音也应该差不了多少了。

（6）虽然信号被抵消后所剩下的余音电平很低，但还是会对声音的纯净度造成影响。所以不要在返送信号中夹杂有不属于歌曲本身的声音信号。因为，等到了最后的混音阶段，如果你需要对人声的电平进行提升处理，那么就会连同人声中所夹杂的杂音也一并提升起来。

（7）当然，这种方法只在贴录的时候才有用，绝不可以在为整个乐队录音的过程中使用。

不要强迫演奏者戴上返送监听耳机

大部分演奏者在棚里录音的经验不多，所以他们一般不喜欢戴着笨重的耳机来录音。而且，乐队在排练的时候也不会戴着耳机，因此，突然让一位演奏者戴上耳机演奏，是会令他感到非常不舒服的。只有让演奏者以最习惯、最轻松的状态演奏，演奏的效果才是最好的。

在录歌曲伴奏音轨时，要把架子鼓声的电平降低一些

每个在棚里录音的乐手都能清楚地听到架子鼓所发出的声音，因为他们演奏的地方往往就在架子鼓的旁边，鼓手本人更是如此。

节拍音轨只会出现在鼓手的返送信号中

乐队的其他成员在演奏时只需跟着架子鼓的节奏即可。

尽量不给返送监听信号中的人声添加除混响以外的其他效果

歌手需要听到的是自己声音的本来面貌。合唱效果会给歌手的音准造成干扰，而延时效果则会扰乱歌手的节奏感。

适合的才是最好的

如果效果器足够用，那么可以给每一路音轨都挑选出最适合它的效果处理方式。在粗混阶段，可以多尝试几种不同的混音方向，听听哪几个声部的声像位置可以摆放得比较近，本首歌

曲的节奏型能接受怎样的电平变化？ 如果不给人声添加混响效果会不会听起来效果更好？有很多问题都是值得我们所思考的。可以准备一个笔记本随时将脑海中一闪而过的灵感记录下来。

不要阳奉阴违

如果演奏者希望返送信号有所改变，那么你就绝不可以假装提升某一轨的电平，或假装改换某些设置来欺骗演奏者。这样既会使演奏者很尴尬，也会显得你的技术水准很不专业。

10.6 记录

什么是音轨记录单

顾名思义，就是一张用于记录每首歌曲各个数据的表格。在音轨记录单上首先要记录的是工程的名称、制作人的名字、录音师的名字及各路音轨的名称等。如果更详细一些，其中还会记录如录音机走带速度、均衡曲线形状、参考电平、校准音、录音机的品牌等数据。与后文中录音规划表相似的是，在音轨记录单上有一栏是专门用来记录数字信息的，如采样率和比特精度等。

什么是录音规划表

在当今音频工作站流行的时代，音轨记录单就显得有些过时了，单举一个例子就能证明这一点——在以往多轨录音机中无法变动的音轨顺序，在数字工作站中是可以随意挪动变化的，昨天录音时还在第 3 路的音轨，今天就有可能会被移至第 15 轨，所以说在以往音轨记录单中那些固定的音轨位置就显得毫无意义了。现在，录音规划表更多的是用来记录录音工程的整体信息，而非作为每天的工作计划表来使用。

在为一个大型的录音项目录音时，大多数录音师都会将每次录音工程文件的音轨配置设得十分相近，这就意味着每首歌曲的架子鼓音轨都会在同一个位置。例如，在每首歌曲的工程文件中，底鼓都会占用第 3 路音轨，这样做其实也是为了更加方便录音师记忆及使用。

图 10.5 所示为一个以音频工作站及其设置为重点的录音规划表。其中，大多数与音轨相关的信息，既可以被写在录音规划表上，也可以被记录干混音界面中每路音轨的注释版块，甚至直接将其记录在编辑窗口中也可以。

在着重记录上述音轨信息的同时，也要将录音的相关参数一并记录下来，如采样频率比特率、参考电平、标题及日期等。需要说明一下，由于音频片段的数目和标号信息在音频工作站的编辑窗口中都是可以被看到的，所以这两部分信息不必再被写入录音规划表中。

每一路音轨都应该只对应一种乐器，在为音轨命名时不是越简单越好，而是要将尽量多的信息简明扼要地记录下来。比如，在为电吉他音轨命名时，可能大多数人都会为音轨起名“电吉他”，但我可能会详细到电吉他的颜色、品牌及其调性等。在数字音频工作站中的音轨上，通常还会设有备注功能，你可以在其中记录下乐手的姓名、你对这路音轨的感受（比如，这轨的吉他独奏实在是太棒了）、录音素材的遍数、录音日期、歌曲的速度（BPM）及一些技术信息（如话筒及周边设备的选型等）。总之，要将一切与录音相关的信息都明白地记录下来。

录音规划表

曲名 ________　日期 ________

作曲/演奏者 ________　客户 ________

制作人 ________　录音棚 □ A　□ B

录音师 ________　录音助理 ________

数字音频工作站的各项参数

工作站的操作平台 □ 苹果　□ PC　□ 其他　工作站名称 ________

主机名称 ________　主机操作系统 ________　软件版本 ________

比特率	□ 16　□ 24　其他 ________	采样率	□ 44.1　□ 88.2　□ 192　□ 48　□ 96　□ 其他 ________
时间码格式	□ 30　□ 29.97 NDF　□ 24　□ 25　□ 29.97 DF	□ SMPTE　□ EBU　□ MTC	同步参考（主时钟）

文件格式 □ BWAV　□ AIFF　□ WAV　□ MP3　□ 其他 ________

同步源 ________　硬盘 ________　备注 ________

插件 ________

音轨设置的具体信息

图 10.5　录音规划表

清晰明了

这是文字记录所必需的条件之一，因为文字记录必须能让每个人都能看懂它，并且能让人快速地从上面筛选出自己想要的东西。很多时候，一个较大型的录音需要用到许多不同的录音棚和多位不同的录音师。正因为如此，一份清晰、简单、明了、完整的录音规划表和录音记录既是使录音进程顺畅的必备条件之一，也是每次录音工作的重要组成部分。

加备注

有些录音制作的过程中，可能会产生几百个乃至几千个音频文件，其中包括编辑文件、完整的声音文件、录音片段及废弃的音频片段。你应将所有文件都列在主文件夹的目录之下，并且给所有的文件做安全备份。直到最后混音的时候，才可以删除那些不用的文件。所以说，如果你对这些庞大的音频文件没有一个完备的命名措施，那么你最后可能就会面对大量文件名为"345476869"的音频片段。

最好为每次录音买一个笔记本用于记录

我们可以将每天的文字记录都记在平板电脑或是棚里的台式机上。但是肯定还是会有一些信息（如临时改动的歌词、突然冒出来的想法等）需要被随笔记录在纸上。我建议选一个活页本来记录这些信息。活页本的灵活性更大，我们很容易就能将某一页取下来，调整页面顺序，其唯一的缺点就是如果取下的纸页没有被及时插回去，就容易被弄丢。不过就我个人的习惯而言，我是个非常沉迷于收集纸张资料的人，我到现在除了小学时的成绩单，初中时的信件，连那些很讨人厌的规章制度文件都还被我留着。

如何记录日期

每次记录日期的时候都要记得写上年份。一年年时光飞逝，任何一个做过检索或资料分类工作的人都知道，一些只标有类似"7 月 30 日"这类字样的资料一般是没什么利用价值的。

将要录制的歌曲都添加进计划表

如果某次你的录音工作不只是录几首歌曲那么简单，那么你就需要制作一份规划更清晰、更大型的计划表。在表中，要将所有的录制计划都列在一栏里，再将所有要用到的乐器列在另一栏里。每录完一项便从表中划去一项，这样可使我们非常直观地看到哪些工作是已经完成的，而哪些是还未完成的。将这张表挂在墙上，就可以令所有参与录音工作的人员都清楚地看到整个录音项目已经具体进行到哪个阶段了。

在录制过程中，可以多尝试、发掘一些不同的处理方法

在贴录时，你可以试着载入一些平时最喜欢的参数设置。不经意间，就可能出现一些非常

适合这个录音作品的想法或效果设置方式，如在某歌曲某处加一个混响等。很多这样的想法都会转瞬即逝。如果可能，可以将这个听起来效果超级棒的混响效果录到一路空置的音轨上。你觉得好听的声音也许别人也会觉得好听。因此一定要将那些偶然发现的好用的设置方式，以及从其他人那里收集到的意见记录下来，因为这些点子都可能在将来为你节省下很多原本在混音中要花费掉的时间。记录这些设置的方式有很多，比如很多设备本身就提供保存用户自定义设置的功能。如果没有这个功能，你也可以考虑将设备面板上的各个参数以照片或是文字的形式记录下来。

将录音师的选择意向也记录下来

随着音轨数及录音素材的增多，一定要将听起来还不错的那几路音轨标注出来。

音频素材的具体命名方式

如果某路音轨已经被编辑剪切完成，我们一般称其为"编辑母版"，有些录音师就会在这路音轨名称的末尾添上一个"*"标记。而所谓的"编辑母版"就是指汇集了所有音频素材中最优音频片段的那路音轨。如果此轨音频的节奏也合拍，那么音轨名称的结尾会被加上"**"。再进一步，如果说此轨的音频连音准都没有问题，那么音轨名称的末尾就会再加上一个"*"符号，变成"***"。例如，最终编辑好的主唱音轨，是由从"主唱 1"到"主唱 7"这 7 遍人声素材中所挑选出来的最好的音频片段集合而成。然后，我们进行下一步，当这轨主唱的节拍问题被修整好之后，这路音轨就会被标记上"**"。最后，当主唱音轨的音准也被调教完成了之后，这路音轨的标记就变成了"***"。这样，等到最后混音的时候，我们只需从众多声音音轨中，选出那些结尾标注带有"***"标记的音轨即可。因此，在给音轨起名字的时候，不要用"*"这个符号。因为这样的做法很可能会在后期对你造成干扰，进而影响到你的工作。

去其糟粕，取其精华

那些相互矛盾、多余、无用甚至是错误的信息都会成为我们工作之路上的绊脚石。与其留着这种信息干扰视听，还不如将其彻底删除。

匹配

如果客户将某个声音文件送到你的录音棚来进行制作，那么请根据被送来的文件格式来设置工程文件的具体参数。比如，送来的歌曲其比特率和采样率是 24bit 和 48kHz 甚至更高，那么你也要将工程文件的比特率和采样率按照这个数值来设定，也就是说未来的录音及后期混音生成的文件都会以这个比特率和采样率为基准。同理，如果送来的是一张 CD，那么在从 CD 上导入歌曲时记得将工程文件的比特率和采样率设为 16bit 和 44.1kHz。

第11章

录音

有一句话你肯定已经听过很多次，那就是——录音的方式是没有对错之分的。但这并不意味着你就可以肆意妄为，而是要以将声音清晰地录制下来为前提，你才可以随意发挥你的创造力。

按下录音键之前，我们要先注意以下几点。

今日事今日毕

就我的个人经验而言，"等过后再说吧。"这句话基本上就等于废话。这种懒散的态度会在无形中荒废你大量的时间和精力。一定要做到"今日事，今日毕"，而非"明日复明日"。要知道，明天来贴录的乐手可不想只拿一个半成品来当作耳机返送信号，他需要的是一个录制完成的作品（至少是小样）来帮助其激发灵感。

在按下录音键之前，一定去除所有的哼声及交流声

没有哪个噪声门、均衡器或降噪软件能在不损伤音质的前提下将声音中的哼声或某些噪声去除十净。如果在前期录音开始前，你心存侥幸心理选择忽视这个问题，虽然从表面上看起来是省事了，但是当你完成录音之后每次重放这些音轨时，都会一遍又一遍地听到这些讨厌的噪声。这时候你还会忽视这个问题吗？

别过分

在以往，如果能让模拟磁带录音机稍微过载一些，能给声音带来一种听感极佳的自然磁带饱和效果。但在今天的数字录音领域内，输入电平绝对不能过大，因为一旦过载便会导致严重

的失真。随着现今数字录音技术的诞生和发展，采样率和比特率的精度之高足以高保真地将声音记录下来。当然，前提是保证输入电平不可以过分高或低，过分高的后果刚才已经说过，而过分低的输入电平则会导致音质劣化——在后期当我们对其进行电平提升时，会听到声音变得粗糙、充满颗粒感。

节省时间——学习使用键盘快捷键或快捷键自定义功能

不要过分依赖于鼠标，工作站的许多功能完全可以通过快捷键来实现，而且使用快捷键会更加省时省力。如果实在记不住太多，至少也要学会放大／缩小对应的快捷键，以及在编辑和混音窗口来回切换的快捷键。

加快速度

学会利用捷径来辅助我们的工作。比如在操作工作站时，按下空格键就代表着播放或停止音轨。再比如，每次开启新的工程文件时都使用相似的操作界面布局设计。这些听上去可能都是一些微不足道的细节，但当这类快捷键使用得多了，你就会发现你的工作效率明显地提高了。

放慢速度

工作速度快绝对是一项优点，但有时也我们需要沉下心来慢慢地对声音进行发掘和聆听。这是在做音乐，是在从事一门艺术工作，而不是简单机械地记录数据。艺术家们只有在一个宽松平和的气氛条件下才能放松下来，进而更好地去创作。而作为录音师的你，也需要花时间来检查确认每个声音素材是否存在问题。欲速则不达，有时候在前期录音时慌张省下的那几分钟，等到了后期制作时则可能需要我们耗费成百上千倍的时间去弥补。

学会使用自动保存功能

而且，也要养成随手保存的习惯。以现今录音棚的科技发展程度，如果你还能弄丢文档或素材，那么这只能归咎于不良的操作习惯或某些人为因素。不要给自己找借口，一定要学会勤使用 <Ctrl + S> 组合键。

未雨绸缪

我们的工作状态应该像池塘里的鸭子那样——在水面上一派祥和，在水面下却在不停地划水。也就是说，我们要学会对工作时发生的各类状况进行准确预判，并及时甚至提前准备好各种解决方案以备不时之需。

尽最大努力拾取到最优的音质

并不是一定要让声音听起来有多么华丽，但是你一定要尽量将声音原汁原味地展现出来。只要话筒的选型得当、摆位合适，再加上音质完美的声源及厅堂环境，那么这一切不是天方夜谭。

缩减你的选项

一旦找到了最优的声音，那么就把它录下来，然后进行下一项工作。将对声音进行各种加工处理的工作留到后期制作的环节。如果在前期录音时，就根据不同的想法录制了多轨素材，然后寄希望于以后有空再进行挑选，那么这通常都会浪费我们大量的宝贵时间。

如果红色打表信号灯只是偶尔亮一下，这无所谓，对吧

错！峰值电平表绝对不能打红，也就是说信号的输入电平绝对不能过载。在正式录音时的输入电平最好能设置得比试音时要低一些。因为随着乐曲的行进，乐手们的情绪会越来越激动，因此信号电平会更容易进入那个过大的危险区域。总之，如果一定要在信号电平过高或过低这两种情况中选一个，那么两害相权取其轻，我更偏向于对弱信号去提升电平，而非等信号大到过载才去衰减电平。

保持联络

除非你遇到了如动手术这类紧急情况，否则不要关闭手机。在录音棚中，如果客户的手机响了，那么出于礼貌，请将监听扬声器的音量调低好让客户能够听清电话。但如果是其他无关人员的手机响了，那么你完全可以送给他们一个鄙视的眼神。

不要碰任何人的乐器

你是个录音师？还是准备改行加入乐队呢？

只要不是技术问题，那么其他任何问题都不应成为拖延录音进程的借口

绝不要为了给某个伴奏声部调试混响效果而耗费 1 小时的时间。没必要因为细枝末节的问题而影响整个录音工作的节奏，长时间的等待会让大家更容易觉得疲惫，进而失去创意和干劲儿。

从容应对问题

不要声张，默默地消化解决这些问题就好。我们的宗旨就是尽量不要让任何事干扰、打断录音的进程。

每隔两个小时休息一下

在录音的过程中安排几段休息时间，让你的耳朵、屁股都能有个缓冲的机会。长时间不间断的工作甚至会干扰你的智商，让你失去理智。

放松

时刻保持轻松的工作氛围。如果乐手在录音时处于十分紧张、焦虑的状态，那么他所演奏出来的效果肯定不会十分理想。因此，要营造一个更为开心、舒适、放松的录音环境，这样乐手才有可能更好地发挥其演奏水平，进而使我们的录音工作更加顺利。

11.1　校音

每个人都应该以同一个校音音准为参考

当时间安排比较紧迫时，乐手可以通过简化一首乐曲的演绎表达方式来降低演奏难度，进而节省录音时间。但这类妥协让步的方法对于校音来说是不可行的。所有乐器的音准都必须是统一的，这一点绝对不能马虎。可能每个乐手都会有自己的校音器，不过这也没关系，在正式校音之前先让乐手们以同一个基准音对所有的校音器进行一下校准即可。试想，如果每个演奏者使用的是不同的校音器，然后再同时齐奏，那么整体的音响效果听起来会是什么样子？可以想象，那肯定不会是非常悦耳动听的。

先录制一个已校准好的单音

传统的校音器是允许使用者用纯音来变化校准音的音高的，这个纯音可以是一个音叉，甚至是由吉他或某种键盘乐器所发出的单音。当你将校音器设置好了之后，可以考虑将这个作为参考的单音录下来。这样一来，后续再有需要进行校准的校音器，就都可以听着这个单音来进行校准了。这种方法对于那些需要在不同录音棚录制音轨的项目是非常奏效的。那些在其他录音棚中录音的乐手只需要以这个单音为参考进行调音就不会出错了。

不和谐的声音会让听众情绪不安

记得让演奏者们每录完一段素材就校对一次音准。以吉他为例，在演奏过程中每一次对琴弦的弹拨、拉伸，以及录音棚内的温湿度变化，都会造成吉他音准的变化。因此，让乐手有意识地多调弦绝对是非常必要的。绝大部分乐手都能够清楚地意识到自己手中的乐器是何时开始跑音的，进而迅速做出修整。但这只是绝大部分，还有一少部分乐手确实没办法自己对其做出准确的判断，那么就只能靠你来监督他了。音准这个问题之所以极其重要，是因为如果在你的录音作品中存在跑调的问题，那么就很容易使听众产生烦躁不安的情绪，令最终的作品听起来非常业余。

仅以某路音轨的旋律作为依据进行校音可能会比较困难

如果你不得不根据某一路已经录制好的音轨进行校音，而且又没有校准音，那么你就可以先将这轨录好的键盘或吉他声送入到校音器,利用校音器来生成一个校准音。因为,通常在歌曲结束段落会出现的那种时值较长的键盘尾音,说不定能长到足以让校音器来识别它的音高。最后,你就可以利用这个由校音器产生的校准音,来对乐器的进行校音了。

出于礼貌,不要自作主张帮乐手给乐器调音

如果你未经他人允许就给吉他调音,那绝对是在帮倒忙。尽量不碰任何乐器,让演奏者自己来校音。换句话讲,假如当你在为一把吉他调弦的时候,琴弦突然断了,那么这肯定是你的错。但如果是吉他手自己弄断了这根弦,那么这个责任就只能由他自己来承担了。没有哪个乐手会乐意看到别人乱动自己的宝贝乐器,这是人之常情。

11.2 录音前最后的自检流程

那么,在开始录音之前,我们在脑海中再最后回顾一遍准备的任务清单。

(1)录音棚的控制室处于一个干净整洁的状态,连灯光布置都符合本次录音的要求。

(2)调音台各条通路、处理模块、监听模块及返送模块的参数设置在经过检查后,都准确无误。

(3)录音设备(数字音频工作站或模拟录音设备等)的各项设置已经被调试好,一定要选择安全可靠、且相互匹配的操作系统和软件版本。这些计算机及录音设备在平时的使用过程中,就应该由专业人员来为其定期进行维护保养,使其维持在一个良好的运行状态。

(4)如果需要使用外置硬盘,记得开启硬盘开关并将其与计算机系统正确地连接起来。

(5)所有输入进录音设备及从录音设备输出的信号都是准确无误的,并且所有的音轨都开启了预录模式。

(6)你已经打开/创建了一个适合于本次录音的工程文件(模板),其中已经新建并命名好了所有音频轨道,且设置好了所有的输入/输出通路。

(7)你已经将所有文档和模板都分门别类地保存在了一个易于查找的目标文件夹。

(8)将本次录音的模板副本拷贝了下来。

(9)乐器的摆位、调校工作已完。如果需要隔离摆放,那么还应将所需要的屏风、布毡等架设好。

(10)如果不需要使用小军鼓,记得将其移走并收好。将其留在录音间内会很容易受到其他乐器的影响而出现共振。

(11)型号及频响特性合适的话筒被摆放在了合适的拾音位置。

(12)所有模拟磁带录音机都已经装好了磁带,并随时准备开始工作。

(13)所有门闸都已关严。

(14)所有吉他音箱都处于待机状态。如果有不用的吉他音箱,一定要记得关闭电源。

（15）在你的工位附近放好要用的歌词、乐谱，以及削好的铅笔。记得给制作人，甚至是录音助理也打印一份歌片。

（16）提前将在本次录音中可能需要的文档或参考素材从网上下载好。

（17）所有为演奏者准备的节奏音轨或参考音轨都已被设为低电平且随时可以播放的状态。本次录音项目所有歌曲的确切节奏速度都已了解。

（18）有针对性地来调试返送信号。也许鼓手希望能在他的返送耳机中听到更多的节拍音轨声。也许电贝斯手想要听到更多的是底鼓的声音。也许吉他手对踩镲声的需求量会更大一些。由此可见，每个乐手对返送信号的需求都是不一样的。

（19）如果你要在一路原有的音轨上重新录制素材，那么你需要检查一下在调音台及耳机返送信号中，这路信号的设置是否合适。最好也能同时检查一下每个返送耳机中这路信号的音量比例及信号通路是否通畅。

（20）你清楚地了解所有信号链路的连接走向，以及各环节的增益变化。

（21）乐手也处于一个较好的演奏及录音状态。

在保证以上各环节都万无一失后，再按下录音的按钮。

11.3　录音进行时——红灯亮

录下所有的声音

既然你是一名录音工程师，那么你的首要工作就是录音。当乐手反复尝试某种音色，或者是试图搞出一些新花样，甚至是在等你完成某些操作的空闲时间，你都要将这些他们在不经意间弹奏出来的声音录下来。如果乐手在演奏过程中有一些一瞬即逝的即兴闪光点，那么每个人可能都会期盼着你将这样的宝贵素材录下来。如果这时候你能自信地说："别担心，我已经把它录下来了。"，那么是不是会让你感到非常得意呢？

从某种程度上来讲，那些相对缺乏录音经验的演奏者会在以为你没有给他们录音的情况下，更容易放松下来，进而发挥出更高的演奏水平。所以，在跟这类演奏者合作的时候，你也要学会多帮他们调整状态，多抓住一些随意的瞬间。

随时检查所有的信号通路

在录音的过程中，要不断地检测是否所有的设备都处于理想的工作状态。

记得给数字音频工作站里所有的音轨命名

音轨的命名实在是太重要了。给每一路音轨命名花不了多长时间，但却会在未来尤其是查找文件的过程中节省大量的时间。

轻微的走调问题会被较高的声压级所掩饰

在查找音准或调值这方面的问题时，记得降低监听音量。

不到万不得已，不要干扰或打断乐手

乐手们在演奏的过程中是不希望自己被打断的，所以还是耐心等待乐曲的结束。

在某个小节的强拍位置改变输入信号的电平

如果你不得不对一路正处于录音状态的音轨进行输入电平的修改，那么可以考虑以某一小节的强拍位置为切入点，对电平进行调整（例如，歌曲的副歌开始进入和声段落的位置）。这样一来，如果在后期混音阶段，你感到这个位置的电平变化过大，那么你就能立刻精确地定位到电平发生改变的具体位置了。从而避免了由于前期录音时的随意操作，而造成在后期制作中再花时间寻找修改位置的麻烦。

学会引导演奏者

在录制歌曲时，如果一名演奏者在演奏的过程中出现音量突然从极弱到极强这样的夸张电平跳变，你可以采取以下做法。

（1）对其进行比较夸张的压缩处理。其实我并不推荐这种处理方法，除非你觉得经过这种处理的声音音色很好听。一路经过了过分压缩处理的声音是无法被"解压缩"回原始的状态的。

（2）手动控制这轨声音的电平。这就意味着你需要时刻留意演奏者的演奏方式变化，当他要进入"过载"状态时，我们就将推子拉下来一点，手动对乐曲大音量的部分进行调整。这种操作非常考验一名录音师随机应变的能力。要知道，如果你对乐曲做了过分的调整，那么就可能对乐曲造成破坏性的伤害，而这种硬伤在后期混音的过程中，往往相当不易修复。

（3）当录制完乐曲中音量较高的段落之后，再重录其余音量较低的段落。

（4）使用两支话筒，一支用来拾取音量较大的段落，而另一支则用来拾取音量较小的段落。当然，要将它们分别录在不同的音轨上，混音时再对两者进行合并。

（5）最后一种解决方案，将乐曲以较低的输入电平录制下来，然后在后期混音阶段再将那些较为轻柔的乐段电平提升起来。

防止节拍音轨串音

每当一首乐曲录音工作进行到结尾部分时，记得将节拍音轨的音量适当地降低一些，这样可防止耳机中的打点声串音到架子鼓的拾音话筒中去，这种串音会在架子鼓及镲片停止敲击时显得尤为刺耳。

如果演奏者希望在他返送耳机中听到电平足够高的打点信号，你就需要在将节拍信号送到

返送耳机之前，先将其高频成分衰减一些，这种方法可以在一定程度上杜绝串音现象的出现。

截屏恒久远，照片永流传

如果我们发现某一首歌曲的工程文件在播放时听起来还不错，那么就可以利用计算机的截屏功能将具体设置记录下来。比如，在贴录及编辑的过程中，我们会不停地试验各种混音的方法，可能会在不经意间制作出音响效果完美的主歌和副歌段落。这时你所保存下来的屏幕画面就包含了各种可以应用于正式混音阶段时的参数设置方式等信息。如果有必要，你还可以同时给调音台及棚内的话筒拍张照片。这样，在未来的录音工作中若是需要复刻今天的音响效果，那么这些照片就都会派上用场。

记录录音的次数

如果你已经为某一首歌曲录制了很多素材，那么就要将这些素材的序号（比如第几遍录音素材）都记录下来。不光是要记录下来"第 37 遍"这几个字，更是要直接在录音素材的开头就以语音的方式将这几个字念出来。这样的信息才够完整，才能确保对这个声音素材的位置进行了锁定。鉴于现今数字的录音方式，你可能就不再必须将每次的录音次数以语音的方式记录下来了，因为你可以清楚地在每个音频块上看到每次录音的编号。

另外，在工作站中你还可以将预先选中的几路音轨在混音窗口的备注中标记出来。

纵向对齐所有鼓声素材的起点位置

如果鼓手是以节拍音轨为基础进行演奏的，但每一遍的起点位置却不太一样。那么等到了剪辑的时候，你可以先将每一路鼓声素材以同一个时间点为起点对齐。这样，你就可以在播放过程中无缝切换音轨了。在挑选素材时，比如你觉得第二遍中通通鼓听起来不错，且第四遍中的过门部分听起来也不错，那么在所有音轨对齐的前提下，你可以很轻松地将这两个挑选出来的段落剪切下来挪到最终的成品音轨上去。

尽量去除掉那些无关的杂音

在前期录音的过程中，当你准备为大家重放刚刚录完的那遍素材时，如果可以，最好用最快速度先将素材开始和结尾部分中的杂音剪切掉。如，这些杂音可能会是吉他的蹭弦声，或是吉他音箱的噪声等。另外，在重放之前最好还要将节奏音轨做哑音处理。最后，当所有与音乐本身不相关的干扰因素都被去除干净了，这时重放出来的音响效果才会无限接近最终的成品。

只看不听

当其他人在控制室内讨论工作时，出于礼貌你可以试着安静地完成一些剪辑工作。比如，假设你记得吉他音轨的某个段落错过了节奏中的强拍，那么这时你就可以将吉他音轨的这个段落选中，然后完全利用架子鼓音轨上的可视化波形为参考，将这个错位的音频段落挪到节拍正确的位置上去。在此选用架子鼓音轨的波形作为参考是因为架子鼓是一种瞬态响应极高，持续时间极短的声音，将其作为节拍参考会更加准确，且便于观察。需要注意的是，这种只看不听的编辑方式并不准确，等到可以重放的时候，还是要记得以声音为准来进行最终的检查确认。

不用听也能完成的替换工作

有时我们可能会遇到乐曲中有整个段落需要被替换的情况。例如，在录音过程中，你认为电贝斯音轨中第一段副歌听起来不如第三段副歌。那么等到了短暂的录音间歇，就是你悄声展现手速和操作的时候了——先在电贝斯音轨旁新建一路音轨；然后从第三段副歌开始的强拍位置下刀，将这段声音素材剪裁并复制下来；再将其拷贝到新建音轨上对应歌曲第一段副歌的大致位置；用你的眼睛去对照原先电贝斯音轨的波形，找到那部分与被剪切下来的段落极其相似的波形位置，也就是第一段副歌的所在段落；记得将这部分被复制过来的段落以架子鼓的波形为基准，找准并对齐节拍；最后，将这个段落覆盖在原有电贝斯音轨的音频素材之上即可。想要只依靠双眼来快速地完成这一系列操作，还是存在较大难度的，只有那些实战经验丰富的录音师才能做到这一点。

录音时，歌曲与歌曲之间的切换应该比较迅速

如果某几首歌曲的音轨设置方式都比较相似，那么为前一首歌曲所设置的效果器应该也能被套用在下一首将要录制的歌曲上，这也就意味着录制下一首歌的准备工作就完成一大部分。当然，对于某些参数，一些细微的调整还是必要的，如对于延时器中节拍速度的设置等。当这些参数的设定完成之后，就表示你可以随时按下录音键了。

留出空间

有些录音师喜欢使用"线性"的方式来录制歌曲，比如他们会将要录制的 5 首歌曲在同一个工程文件内按照时间线的顺序依次记录下来。如果你使用的是多轨录音机，要在两首歌曲之间留出足够的时间间隔，以便为将来歌曲的前奏及介绍部分留出足够的录制空间。这样也可使得我们在贴录的时候，能放心大胆地让声音自然地衰减结束，而不必担心这段声音会将下一首歌曲的前奏部分抹掉。而且，我们给一首歌曲前奏部分所预留的时间越长，在将来我们进行同步的自由也就越大。

当我们将声音录制到硬盘上的时候，为了方便起见，你要将这许多次的录音都按照一定的时间段整理好。例如，你可以将时间分为 10 分钟、20 分钟、30 分钟等这样比较方便记忆的时间段落，并在这些段落打上标记。然后在 10 分钟整的时候，开始进行第一遍录音，假设这首歌曲的背景和声是在 11 分 04 秒开始的，那么在第 3 遍录音中，背景和声出现的时间就应该是 31分 04 秒；以此类推，在第 9 遍中背景和声出现的时间则就应该是 91 分 04 秒。利用这种记录的

方法，你可以很快地锁定任何一个你所需要的歌曲段落。

跟上

如果乐手们会在录音的间歇弹奏乐器，那么你也要随时做好录音的准备。也许可以考虑启用第二台录音设备（比如便携式的立体声录音机）来记录乐队成员之间这些零散的对话、创意及玩笑等。与那些"老棚虫"相比，新成立的乐队通常在进棚录音时会更兴奋激动，因此也总会在现场突然迸发出一些非常有趣的点子。

11.4 编辑

随着数字录音技术的发展，对音频素材进行编辑的手段也变得越来越简便。这使得我们可以迅速地从多遍录音素材中挑选出音响效果最棒的部分，最终将这些优中选优的素材集成一轨完整的声音。一般在所有素材都录制完成之后，我们会新建一路主音轨用于集中所有最终选定的音频片段。比如，这里面会有第二遍素材中的前奏，第四遍的第一遍副歌等，直到整个音轨都被拼接完成。一旦所有的最优选段落都确定了下来，那么也许我们需要对其进行如下的修复工作。

放手对音频素材进行各类剪辑处理

当我们在数字音频工作站中剪辑音频素材时，所修改的并不是存储在硬盘中的音频文件，而是那些展现在工作站中的"表象"。此时工作站的工作就是在调用音频文档中的数据而已，真正的原始音频素材还被保存在文件夹里。

音乐素养

这与模拟录音时代一样，如果你能将乐理方面的一些技术性细节应用在剪辑过程中，那么这将极大地提高你的工作效率。例如，当你想从一遍吉他素材中找到某个特定的、时长为4小节的段落，那么这就意味着你要能听辨旋律、音准及节奏，并且能识别出不同素材之间的细节变化。当你拥有了上述这些能力之后，那么剩下的你只需将素材复制粘贴到正确的位置即可。

安全副本

复制粘贴出一个数字备份，在这个备份上进一步编辑、修改。这样一来，你之前剪辑好的原始音轨就成了安全副本。

避免打火声

当两个音频片段的连接点两边音量包络线都恰好跨过横轴（振幅为0）时，会尽最大可能地消除这个连接点所带来的打火声。在剪辑时，你可以将素材的音频波形放大到最大化，这样能够让你更方便地快速找到这个 0 点位置。

什么是交叉淡入淡出

数字化的编辑过程中包含有大量剪切和粘贴音频块这类操作，最终被拼接在一起的音频片段会被集合成一个完整的段落。而交叉淡入淡出这个功能的存在，就是为了让这些音频片段的接口衔接得更加平滑。另外，交叉淡入淡出的具体参数也都是可以让用户自行调整设置的，比如我们可以选择各种各样的曲线形状，甚至可以自己画一个特定的曲线形状来应对某些特殊情况。

乐曲的流动性及韵律性是无法单靠后期剪辑来获得的

当全体乐队成员一起演奏乐曲时，那种通过相互配合、眼神交流等默契所带来的乐感，是没有其他任何一种制作方式能够还原出来的。这种通过默契合作给乐曲所增添的韵味是无法被复制和模仿的。仅仅通过后期制作手段来调整某些音轨的节拍也并不能很好地增强乐曲的韵律性和流动性。当你在录音时感到乐手演奏的节奏有些脱节，也许可以考虑重新录制一遍。但是，这或许就是乐手本身的风格所在。对于一首乐曲而言，绝对不可以容忍走调这类问题，但节奏方面的问题就不一定了。

不要随意改动打点音轨

打点音轨作为一首歌曲节奏和速度的参考基准，基本上是绝对不能被随意改动的。

11.5 插入录音

当最终版的音轨被剪辑完成之后，我们可能会发现还有某些部分需要进行细化修改。对于某些小问题，可能只需简单地剪辑一下即可。但对于某些靠后期手段无法修复的问题，可能就需要重新进行补录。

检查，检查，再检查，确保万无一失

所谓插入录音，指的就是在播放的过程中专门针对某个片段进行切入 / 切出的录音方式。但是，在有的录音过程中也可以不需要使用插入录音这种功能。他们会先将同一首乐曲录几遍，以此来获得多个版本的备选素材，然后再通过后期剪辑将这些素材拼接或粘贴成最后的成品。当然，对于那些需要使用插入录音功能的工程，一定要记得在按下录音键之前，要先检查一下其他音轨是否有处于预录状态。即使是你已经很确定所有的环节都已经准备完毕（随时都可以按下录音键），你也应该再次将整条信号通路都完整地检查一遍。随着音轨数量的叠加，一个显示屏内往往无法将所有的音轨以合适的宽窄展示出来。比如，现在在屏幕上我们能看到的是从第 20 路到第 24 路音轨，这就意味着第 1 路已经被刷屏。那么，试想如果此时第 1 路正好处于预录状态，在你按下录音键时，第 1 路上原有的素材就会被覆盖掉。

跟着唱，跟着弹

让乐手在听到返送耳机中开始播放歌曲时就跟着一起演奏 / 演唱。这样做可以让乐手提早做好准备进入音乐的律动，使切入录音的接口听起来更为平滑顺畅。在播放到需要进行补录的位置之前，你可以先点几次预听键以此来检查对比一下输入信号的大小是否与之前素材的电平大小相吻合。

以小节为参考

为了方便以后的使用，你应该将每次副歌及伴唱开始时的小节数记录到录音记录表上或是混音窗口的备注栏中。先数清每个段落的小节数，一首 4/4 拍曲子的计数方式应该是 1234，2234，3234，4234，如此往复循环。比如，在某一首歌曲中，当我们数到 4、2、3、4 这个小节时，这恰好是背景和声的起始点，而通通鼓的起始点则恰好在这个小节重拍的前两拍。也就是说，通过数小节数这种方法，可以帮助你更准确地找到插入录音的位置。而且，也可以让你更形象地描述出那个需要插入录音的具体点："我将在通通鼓点响过两下之后插入伴唱。"

要注意演奏家们的指法

你可以通过"听"或通过观察演奏者们弹奏时的指法，来判断需要进行插入录音的地方的和弦是什么。当然，这种方法可能不太适合于钢琴这种乐器，但对于坐在你旁边的吉他手而言是非常适用的。相信我，当客户们听到你说"让我们从第二个 G 和弦的位置开始"时，他们会非常惊讶。

智能操作方式

当我们需要在一首歌曲中相同的位置进行多次插入录音时，就可以将每次重放时的起始点都设在同一个地方——比如，在插入点前约 10s 的位置。这样便既可以为演奏者留出足够的时间来准备，又不至于让演奏者在录音开始之前等待过长的时间。

不要在恰好是乐段开始的那点进行插入录音，最好在乐曲进行到这段需要补录的声音之前的某个地方就按下录音键

过去这样做是因为老式的 2in 多轨录音机需要花大约几毫秒的时间才能切换到录音模式上。而在现今这个数字时代还这样操作是因为在录音开始的那一点上，工作站会花几毫秒的时间自动进行一个持续时间很短的交叉淡入淡出操作。

如果你不确定录音效果的好坏，就要对其进行反复检查

除非你百分之百地确定所做的操作是没有问题的，否则你至少得再重新听一遍录音的入点

和出点。一般而言，演奏者会非常配合你的工作。因为相比之下，在前期多花 5 分钟检查几遍，总要比在后期耽误一个小时来修复那些由于失误所抹掉的声音片段要划算得多。

你的音频工作站具备自动插入录音的功能

这个功能的设置十分简单便捷，当你开启这个功能之后，在插入录音时你就不必再手动寻找出 / 入点了，而是可以让机器全权代劳。你所需要做的就是集中注意力来辨别被录制下来的声音好坏。当你只有一个人，而且还要为自己录音时，这个功能能帮你解决很多困难。

音轨配置单及录音规划表是在录音过程中完成的，而非在录音开始之前写完

因为在录音过程中有很多事情是我们难以预料的，所以如果你想令配置单（如果你是在使用音轨配置单）与录音当前的状态时刻保持一致，那么你只有在录音的过程中实时记录才能实现这一点。同样，你需要反复检查是否所有的信息都被记下来了，比如最终确定下来的歌曲节拍、录音日期、演奏者（一定要注意名字的拼写是否正确）、歌曲名、格式、歌曲构成和其他相关信息等。

是否需要你来给演奏者提出一定的指导性意见

如果回答是肯定的，那么在对演奏者提出改进意见时，一定要尽可能详细地跟其讲明你希望他去做什么及怎么做。只是让演奏者机械地重复录制某一段素材，却不给他指明任何改进方向，这么做绝对是在耽误时间。这些来自控制室的指导性意见对于所有前来录音的歌手和乐手而言都是非常重要的。当然，这个工作一般是由制作人来负责的，而非录音师。不过，随着你录音经验的不断地丰富，制作经验也会随之增长。

不要干预制作人的决定

一般而言，对歌曲进行修改，如某个乐段的长度、歌曲介绍、特别是歌词的改换等这类变动，并非是你的分内工作（除非你作为录音师的同时，也是这首歌曲的制作人）。

是时候担起责任来了

如果在录制过程中，没有人可以承担起制作人的重任，那么这个担子只能由作为录音师的你挑起来。对于这类录音工作而言，需要一个可以做出决断的领导者，有时这个人恰好就是你。因为，相较其他人来说，你是整个录音棚中录音经验最丰富的、最有发言权的人，自然而然大家就都会寄希望于你来做出决定。

11.6　录音开始后

从技术角度讲，当我们录完第一遍素材，准备录第二遍素材的时候，你完全可以在 1s 之内

便开始下一次的录音，但建议你不要这么做。你应该趁这个间隙让自己喘口气，跟歌手交流一下想法。

不断地沟通

要先提前跟录音间里的演奏者们打过招呼之后，你才能开始对刚才在录音中出现的问题进行修改，并且要尽量以最简便快捷的方式去完成上述操作。也就是说，这样的操作要尽量在演奏者察觉不到的情况下进行。

3 种方法

如果你正在为同一段乐曲录制多遍素材，那么你可以采取以下做法。

（1）将数字音频工作站中不同音轨的信号送到调音台上不同的监听音轨。你要将所有新建音轨都以相同的方式进行设置。例如，如果你要用 14、15 和 16 轨来录制人声，在录音之前你就要留意一下这 3 条通道上的返送信号、输出信号、返回信号的电平大小，以及均衡等其他处理的参数是否设置得一样。也就是说，当你想从第 12 轨切换到第 13 轨时，一定要将第 13 轨设置得与第 12 轨一模一样才不会在切换过程中，令歌手听到任何音色的变化。

（2）只利用某一路音轨的输出来进行监听。将每路音轨的输出信号都送到同一路主输出音轨上。例如，你在第 13 轨上记录下第一遍人声，当你想在第 14 轨上再重新录一遍的时候，与其直接监听第 14 轨的信号，不如将第 14 轨的输出也送到第 13 轨，通过第 13 轨的输出端来进行监听。这就意味着，对于所有用途相同的新音轨来讲，其信号都要经由第 13 路音轨来输出到监听扬声器。因此，使用这种方法也不会令歌手的听感产生任何变化。

（3）只用一路音轨来录音。在数字音频工作站中，每一路音轨都可以录制多"层"音频素材的，这种功能被称为音频播放列表。你可以设一路主音轨，将每次录下来的声音素材都分层保存起来。例如，你在第 13 轨上录下了第一遍人声，那么与其新建第 14 路音轨录制第二遍，还不如就将其录制在原 13 轨的下一层上。另外，你最好开启层的"锁定"功能，这样可保证各层音频素材不会被前后随意挪动。

我还有几路空闲的音轨，还能录些什么呢

如果单纯因为你有多余、闲置的音轨，那并不意味着你一定要用它们录些什么。若是一首歌曲已经听起来很丰满了，这就足矣。在某种程度上，歌曲的声部越多，每个声部在歌曲总体的音响效果中所占的比例也会变得越来越小。

不要将添加在声音中的效果一并录下来

比较传统的做法是，如果吉他的效果声是由吉他音箱直接发出来的，那你就将其一并录下来；但如果吉他声中的效果由控制室里的设备所创造出来的，比如延时等，那么你就不必将其

录下来。因为，一个由吉他和吉他音箱之间的失真低音踏板所产生出来的声音效果，必然算作吉他声音的一部分。你不能仅为了追求干净的吉他声，而等到后期处理的时候才添加失真效果，因为这种失真的音色也是演奏者演奏过程中所需要的，只有当声音的音色符合了演奏者们的要求时，演奏者们才能发挥出更好的水平。

需要提醒的是，如果你对前期录音时某路音轨的声音效果很满意，并打算在混音时也使用同样的音色，根据上段中的叙述你可能就会先将声音的干信号（未添加效果的声音信号）录下来，再记录下所有效果器的参数设置。不过这么做可能并不会让你在混音时能如愿得到你想要的声音效果，有时候，即便是世界上再详细的记录也不能保证 100% 的原音重现。

将添加在声音中的效果一并录下来

有时候你会发现一个很棒的效果声可以让乐手们的演奏更富于创造性、更加充满韵律感，甚至达到一种前所未有的最佳演奏状态。所以说，如果这种效果声是作为声音不可或缺的一部分而存在，且这种效果已经影响了演奏者的演奏方式，甚至将这些效果也默认为吉他声的一部分，我们就可以将这种效果声一起录下来了。当然，如果你的硬盘还有富余的存储空间，也可以将这种效果声单独录到某一路音轨上。

在没有添加效果的时候，插入录音的方式听起来比较平滑无痕。不过，如果你要将效果声（如混响效果）也一起录到声音素材中的时候，插入录音就会显得有些麻烦了，因为插入录音会将混响声的音尾切断，进而影响听感的连贯性。而且，混响效果还会将干声中的一些小毛病或小爆点噪声掩饰掉，使你难以在前期对声音做出准确的判断。所以你有必要好好斟酌一下到底要不要将混响声这类音响效果也一并录下来。

要量力而行

无论你给声音添加的效果是什么，只要你在前期就将效果随干声一起录下来，那么在后期处理中你是无法将效果声从声音中分离出去的。

11.7　一些需要注意的细节

在录音时不要轻易下结论

有时候光靠在录音过程中所听到的音响效果是很难判断这轨声音到底是好还是不好，只有在回放的时候你才能真正静下心来去听录下来的东西到底是什么。通常，第一遍录音的效果应该是最棒的，即便在当时听起来可能并不够理想。

你应该将所有的音频素材都保存起来

只要所录素材中存在一些演奏者很难再现出来的段落，那我们就应该将这些素材保存下来。

已经有太多优秀的即兴段落被误删掉了，最后只能用一个平淡无奇的段落作为替代品，类似这样无奈的状况我们经历过太多次了。当演奏者说"我能弹得更好"的时候，让他弹好了，只不过要将之前的那一遍也保留下来。

为了避免误删情况的发生，在录音过程的空当你可以告诉其他人你想再听一遍这首曲子，然后在重放的过程中悄悄地将这部分歌曲的素材转移到另一路空轨上，或是同一轨的另一层上，再继续进行下面的录音。当然，如果演奏者能将这个段落演奏得更加出色那是最好的，但如果多次演奏后效果仍不够理想，这时就可以选用原先保存下来的原始素材了。

计数

在录制歌曲的过程中，抽空将计数器上的数字记录到歌谱上，这样做可以帮你迅速定位到每一遍素材中主歌、副歌及桥段的具体位置。比如，当制作人想听第三遍素材的第二段副歌部分时，我们只要一看歌谱就能轻松地找到这个具体的点位。而且，这样做的另一个好处就是，在乐谱上做记录的时候你肯定会跟着一起读谱、看歌词，这就是在变相地帮你熟悉歌曲。

要听听演奏者们的意见

让演奏者们也来听听录音的效果如何，然后与他们一起商讨所有的细节，并认真思考他们所提出的意见。乐手们知道他们所演奏出来的声音应该听起来是什么样子的，以及他们应该利用手中的乐器表达出什么样的情感色彩，也知道他们的演奏水平能达到什么样的音响效果。如果你能采纳他们的意见，甚至将声音处理得超出他们的预期效果时，他们便可能会在后续的演奏中表现得更为出色。此时，你绝对是这次录音的功臣。从另一种角度考虑，如果你有能力让棚内所有人都对你高看一眼，那么哪怕在未来的工作中你不小心出现了失误，别人也能对你持有更大的宽容度。并且在你提出一些修改建议时，乐手们和制作人们也更有可能会予以采纳。

由浅入深

当一名演奏者无法顺畅地演奏出歌曲中的某个段落时，你也许可以建议他先以比较简单的技法进行演奏，再逐步地向那个需要较高难度演奏技巧的方向努力。因为，只要你已经将那个比较简单的版本录下来了，那么就算那个比较困难的版本失败了，你也仍然能用这个比较简单的版本作为备份。

当然，为了追求完美，还有一种比较老套的方法，那就是不停地对某一段乐曲进行插入录音，直到我们得到满意的结果为止。可以说，只要能闯过这个最艰难的瓶颈部分，乐手们就会在接下去的录音中拥有一个更为轻松的心态。

你没有资格催促歌手

只有制作人才有资格去督促歌手加快录音进度。你只需安心完成你的本职工作就可以了。

不停地催促歌手只会对录音的质量产生负面影响。曾经我合作过的一位制作人总喜欢不停地对着乐手用手指点自己的腕表，一边点还一边说："时间可就是金钱呐"。他可能觉得这样能督促乐手，加快录音进度，但其实倒起了反作用。

不要删掉报号声

在不需要报号音轨的时候（比如回放），做哑音处理就可以了。也许，你可以考虑将报号音轨并入一路备用音轨保存起来。但总之，不要将其删除。因为，如果失去了准确的节拍提示，就意味着每段音乐的起始位置会失去准确的参考基准。

给一把吉他进行加倍时，旋律中相同的和弦应以不同指法来弹奏

让演奏者用不同的指法来弹奏曲谱中同一位置的和弦。虽然实际上和弦及旋律的发展都是一样的，但为了使两遍相同的旋律听起来有一些区别，你还是需要靠变换弹奏的指法，甚至重新调整琴弦的音准。

选用不同的吉他来录制歌曲不同的段落

你可以试着用一把吉他来录制歌曲的主歌，再用另一把吉他来录制歌曲的副歌和桥段。这些音色上的变化，可以增强歌曲的层次感。

做加倍音轨的旋律及节拍必须是一模一样的

加倍可以用来提高某一路音轨的电平。但需要注意的是，当你要对作为一个整体的两路音轨进行声像调节及其他处理的时候，那么是这两路音轨绝对不允许有参差不齐的情况出现。也就是说，这两轨每个音符的出现时刻及时值长度都应该是一模一样的，否则加倍后的音轨听起来必然会混乱一片。

为吉他录一轨直接经由线路输入、且未经任何效果处理的干声

有时，在录制吉他的时候我们并不清楚其他那些还未参与录制流程的声部听起来会是什么样子。如果我们能在进入最后混音阶段之前，等一下再去确定最终那个合适的吉他音箱音色，那么即便是在此之前没听到过所有音轨最终的音响效果，也能让我们的制作过程拥有更高的容错率。等到了混音阶段，若是你希望吉他声能拥有更加丰满的听感，那么就可以将这轨吉他的直接干声送到一个吉他音箱模拟器上，根据你的需要来试验各种处理效果，直到你找到最适合的那个音色为止。

打破常规

难道在某一首歌中只能用一种吉他吗？你可以用一把听感丰满的木吉他来为电吉他做加倍处理，并将木吉他的电平调到稍稍比电吉他的电平降低一些即可，当然也可以冒险让木吉他的

声音盖过一点电吉他的声音。这样的处理方式是可以使失真的电吉他声听起来更加悦耳，音响效果更加厚实而丰满。要一起对二者进行处理，才能使木吉他真正发挥出其补充及丰富电吉他的音色的作用。如果你仅对木吉他的声音单独进行处理，就有可能使其在乐曲中过分突出、喧宾夺主，进而失去原有的融合感。另外，为了获得更好的声像宽度，你还可以将木吉他的声像摆在某一侧。无论是哪种处理方式，只要是适合乐曲的，就是最好的。

可同时为多位演奏者贴录

乐队成员们在一起演奏的时候总会有一些特定习惯。这就是为什么通过同期录音所完成的作品效果听起来总会比分期录音的效果好很多。我曾经给某乐队录过一个专辑，在为两名吉他手贴录吉他声的时候，他们两个人并肩站在棚内的中间位置，这样他们在演奏的时候就可以互相利用目光来进行交流了。通常，以这种方式所演奏出来的乐曲会相当自然流畅。如果换成让他们单独演奏，那么无论如何也达不到他们互相默契配合时所演奏出来的效果。

在歌曲的不同段落使用不同的吉他录音

比如在主歌段落用吉他 1，在副歌段落用吉他 2。只要两把吉他的音量大小统一，那么就可以给乐曲带来更多的韵律及动感。不过，如果没有能力使用真实的乐器，那么也可以在歌曲的不同段落使用不同款型的话筒来为吉他拾音，以达到获得丰富音响效果的目的。

厚实有力的低频声是我的最爱

为了增加电贝斯在声场中的虚拟形象大小，你可以再用钢琴来弹奏一段音调比电贝斯还要低八度的旋律。然后再将这个立体声音轨与乐曲的其他声部混合起来之后，就可以得到类似于立体声电贝斯的音响效果了。

在每次制作完成后，都要重放一下，以检查制作的效果

不管录音的时间流程安排得多紧凑，你都要在将经过最后制作工序的乐曲再完整地放一遍。因为这可以让你在一定程度上避免由于录音过程中的小疏忽而造成大损失。而且，如果你觉得乐曲的哪个部分还需要修改，那么就立刻着手去改。这样做总比先将歌曲送交出去，再被客户退回来好。没有哪个录音师愿意整天挂念着一首未完成的歌曲，同样也没有哪个人愿意得到一个半成品。

11.8 录制人声

一定要按照歌手的个人状况来制作人声的录音时间表

不同的歌手在一天之内状态最好的时间段是不同的。也许有的歌手在每天上午 9 点的时候

是最适合录音的，但另一位歌手却可能到了傍晚嗓子都还没有达到最佳的演唱状态。一位疲惫的歌手所演唱出来的声音听起来也会是疲惫的。

但愿制作人已经跟歌手提前将歌曲中的各个环节确认好。比如，要提前确定好最适合歌手音域的调性、歌曲的节奏，以及歌词是否能流畅地跟随旋律一起流动等。

要鼓励歌手背词演唱

如果歌手在录制歌曲的时候需要看着歌词来演唱，那么最终呈现出来的演唱效果总会缺少一些细节。所以，只有当歌手将精力完全集中于歌曲感情的表达时，他对歌曲的诠释才是最完整的。这样也能免得我们在每次录音之后，还要绞尽脑汁去琢磨如何才能将人声做得更吸引人。

如何录人声音轨

到现在为止，你应该已经根据歌手的嗓音架设好了那款最适合他的话筒及话放。歌手现在也已经站在了那个录音棚中声学条件最优的位置（若需要隔音处理，记得用屏风进行隔挡）。那么，剩下的工作就是要决定如何利用音频工作站上的音轨来录制人声了。通常，有如下几种方法。

（1）只录 1 轨，且不剪辑。对于那些预算很低的录音工程来说，这倒也算常见的现象了。

（2）先录 1 轨，再利用插入录音来对其进行适当补录。这在以往记录设备为 16 轨录音机的模拟录音时代是较为常见的做法。

（3）录制 3 轨完整的素材，然后从其中挑选出最优的段落拼接成一个最终完成版。这在以往记录设备为 24 轨录音机的模拟录音时代是较为常见的做法。

（4）录制 24 轨素材，然后通宵达旦地剪辑，最终七拼八凑地制作出来一轨所谓的完美版本。不过这样制作出来的人声音轨大概率情况下并不会成为完美版。收益递减规律告诉我们，录 10 遍人声素材，并不意味着第 10 遍素材会比第 1 遍素材优秀 10 倍。在现实情况中，每一遍素材都会存在一定的问题，比如节奏、情感、颤音处理、电平等。在剪辑的过程中，这些问题可能会被逐渐叠加在一起，从而使最终的人声音轨逐渐偏离"完美"这两个字。

有可能是歌曲本身存在问题

通常情况下，我们在录制人声时只需要留下 3 遍完整的素材，就足够我们将其剪辑成一路完美的人声音轨了（当然，其中存在的某些问题可能还是需要进行补录）。但是，如果在录制多遍之后依然无法得到我们想要的音频素材，那么就暂缓一下录音进度吧。也许是歌手还没准备好，或是状态不够好。不过，其实也有可能歌曲本身不是一个好作品。即便是世界上最优秀的歌手，在碰上这种差劲的歌曲时，也难以做到化糟粕为精华。

把灯光调暗，放轻松

尽最大努力满足歌手所提出的需求，让歌手的演唱环境变得更为舒适。这样可以令歌手的心情更为放松，更有自信。歌手在演唱时的心情越惬意放松，录音效果也就会越好。一路音响效果超级棒的人声音轨，会让歌手和作为录音师的你非常有面子。

将所有人都赶出控制室

在录制人声的时候，只有必要的工作人员才可以留在控制室内。因为，哪怕是特别自信的歌手，在面对一个四周满是盯着他的人的环境下也是难以集中精神的。

请歌手站着演唱

人们在坐着的时候，横膈膜会处于被压迫的状态，这时的演唱效果并不会十分理想。所以，如果想得到更好的演唱效果，你应该让歌手站着唱。

尊重歌手的个人习惯

如果一位歌手习惯于唱歌的同时还要弹奏吉他，那么就一定要在他唱歌的时候给他一把吉他，就算他只是拿着吉他摆摆样子也要这么做。当然，若歌手需要边弹边唱，那么就将吉他声也录下来好了。

同样，如果一位歌手习惯在他唱歌的时候拿着话筒，就让他拿着吧。当然，这对于录音师来讲是个令人相当头疼的问题，作为录音师的你必然对声音质量的完美程度有着极高的要求。但对于一首歌曲来说，情感的表达要远比技术方面的问题重要得多。

设置电平

在设置人声音轨的入口电平时，我们应该根据歌曲和歌手的情况来进行调整。比如，我们可以先听听这首歌曲的动态大不大，让他先试录一下歌曲中音量最强的那个段落。不过要注意，歌手通常不会在试音时就使出 100% 的力气。所以在试音时调好的入口电平，还应该再被衰减几个分贝，才能够保证在正式录音时不会出现过载的问题。

录制一轨参考声

如果需要，你还应帮助歌手解决音准方面的问题。你可以先录一轨用钢琴或吉他弹奏的人声部分的旋律——但不要在其中出现和弦，只将旋律以单音的形式简单明了地弹奏出来即可。当然，这轨声音最后是不会出现在混音中的。当你在返送信号中混入了这一轨声音，并将一些可能对歌手造成干扰的声部去掉之后，歌手就应该不会再出现走调的问题了。

用耳机

当你使用监听耳机检查返送信号的时候，你所听到的声音信号与歌手所听到的声音是一模一样的。这样一来，你就可以在录制人声的过程中，实时地调整返送信号中各个声部的比例，以使歌手听起这些声音来感到更加舒服。而且，在你戴着监听耳机调整声音信号的时候，应该适当地降低监听扬声器的电平，以防止其重放出来的声音对你的操作造成干扰。再次强调，合适的返送信号对人声的录制帮助极大。

不要用耳机，用扬声器

有时，使用极性相反的扬声器（之前其构造已经在第 8 章叙述过）也可以对歌手音准方面大有帮助。因为在除去了碍事的耳机之后，歌手的音准是应该会有所改善的。不过，这种方法有利有弊，利是能对歌手的音准大有帮助，而弊则是会对节拍的掌握造成一定的影响。

在循环播放某个片段时要保证片段的出 / 入点能随着音乐的律动被衔接在一起

每当你想循环播放乐曲的某个段落时，一定要花时间来找到这个段落的出点和入点，以确保在循环播放时不会中途出现令人不快的跳变。

给歌手们打气

状态对于歌手而言是很重要的，一定要让歌手们进入演唱的状态。给一个演唱欲望强烈的歌手录音肯定会更容易一些。因此，你要学会多说一些正能量的话，要多从正面去夸奖歌手，在歌手们表现优秀的时候要记得称赞他们。只告诉他们你想要获得的音响效果是什么样子就可以了，没必要告诉他们你不想听到的声音是什么样子。总而言之，要尽量用肯定的说法来多鼓励歌手，多跟歌手沟通，告诉她你需要她去做什么。

让歌手唱完

如果没必要打断歌手，那么就让歌手尽情地将一首歌完整地唱下来。打断之后和再重新开始的时刻，是制作人员与歌手最容易分心的时刻。所以，我们应该先让歌手跟着感觉唱完一首歌，然后再邀请歌手到控制室来听一听录音的效果，跟你一同解决其中存在的问题。

"他们为什么笑话我？"

通常，歌手在录音间录音时，虽然听不到控制室内各个人员的说话声，但却能看到那里面人们的一举一动。因此，哪怕是控制室中有一点儿耽搁，你也不要对歌手置之不理，应该清楚地告诉歌手你们现在正在做什么，同时尽量使录音中所有环节都能够顺利地进行下去。可以说，任何时间上的耽搁都可能使歌手的演唱状态大打折扣。

同样在控制室里，如果每个人都因为某件事而爆发出一阵大笑的时候，就算是经验老到的专业演员也会怀疑自己是否成为每个人的嘲笑对象。这时，我们就一定要向他解释清楚，他并不是那个令我们发笑的原因。当然，尽量避免这种情况的出现。

降低返送信号的电平

当歌手在为某些音符的音准而发愁的时候，你可以试着将返送信号的电平调小一些。但是，如果歌手坚持要求高电平的返送信号时，那你应该对乐曲的低频成分进行少量的衰减处理。因为，过大的低频声也会对歌手的音准造成负面影响。

摘掉耳机的一侧

有的歌手总是会因为听不见他自己的声音而导致其音准出现问题。那么作为录音师，你可以让歌手将其返送耳机的一侧摘掉。这样，歌手就可以在听到自己歌声的同时，还能听到返送信号的声音。

别炸了歌手的耳朵

有些歌手喜欢听音量特别大的返送信号。如果起始播放位置选择在歌曲音量特别大的高潮段落，那么当你按下播放键的时候很容易由于耳机中突然出现的巨大音量而吓到歌手。因此，在这时你应该适当地拉低返送信号的电平，并且提醒歌手："准备，要开始了。"，然后再按下播放键。记得在歌曲开始播放之后，将返送信号恢复到原来歌手喜欢的电平位置。

要有耐心

无论一位歌手有多么优秀，在经过了长时间一遍又一遍地演唱同一首歌之后，也会对这首歌曲失去最初的新鲜感。如果你对他失去了耐心，那么他对你的耐心同样也会渐渐消失殆尽，这是相互的。不是每个人都是德艺双馨的艺术大师。

让歌手来控制室演唱

我很喜欢在控制室里录制人声。当歌手全程处于控制室中录音时，他会清楚地看到每一个录音的环节、步骤，这使得歌手能够更好地融入录音制作中去。并且，这种面对面的方式也会让录音师与歌手之间的交流更方便。当然，要实现这种录音方式我们需要注意以下几个问题。

（1）控制室的厅堂环境要符合录音所需的声学需求。

（2）控制室中不能存在任何环境噪声，如风扇声，设备噪声，哪怕是椅子所发出的嘎吱声。

（3）话筒与监听音箱会共处一室，因此一定要小心不要出现反馈或啸叫。

（4）在录音过程中不允许任何人随意进出控制室。

（5）歌手本人必须同意这种录音方式。如果在换了录音环境之后，歌手表现出不适应或不舒服的感觉，那么一定不要勉强他。

告诉歌手在他听着音乐的时候就要跟着唱出声来

这可以保证歌手能在乐曲行进到需要插入录音的那个位置时，前后的演唱状态是一样的，总之绝不要让他在马上要录音的时候才突然开始张嘴唱歌。

他的声音听起来不怎么样

歌手也像这个世界上的其他人一样，会有情绪比较低落的时候。在某些日子里，他们的歌声会是极其动人的，但在有些日子里，他们的歌声却有可能是不堪入耳的。那么作为录音师，你所要做的就是要判断一下，如果将这个原本应该用来录制人声的时间用来录制其他声部，会不会更有利于整个录音工作。

我感到歌手们的声音有些不自然

如果一名歌手在唱歌时过于卖力，那么在录音的过程中，你就会非常明显地感到人声过于紧张、僵硬。这时，你就要确认一下耳机返送信号中的人声比例是否过小。要确保返送人声信号的音量使歌手本人能够听清自己的声音。你要知道，当歌手过分用力时，声音的音准也会受到负面影响。与平时所说的大声吼叫及突然的高声唱歌方式不同的是，当你听到歌手"声嘶力竭"的时候，通常也就意味着今天录制人声的这部分工作应该告一段落了。

有些时候，歌手会难以找到唱歌的感觉

虽然这种情况并不常见，但有时歌手们的确无法将自己内心的情感顺畅地表达出来。也许让他们在唱歌的时候试着在脑海中想象某个人，可能会对这样的情况有所缓解。具体说来，就是叫歌手完全忘掉自己身处在录音棚之中，转而将精力集中到这个虚拟的人物身上。这个人可以是他的前女友或某位电影明星，甚至可以是某位录音师，让歌手想象着他是在为这个人唱歌。也许，你也可以让歌手背对着观察窗演唱，这样他就不怕会被控制室里的人盯着看了。

带回家听听

在歌手离开录音棚时给他一份人声的拷贝文件。这是我跟唱片公司借鉴而来的经验。在工作时间他们会先尽可能高要求地录制一轨人声素材，然后在下班时将这轨人声拷贝给歌手一份，让他在回家之后多听听这轨素材，琢磨琢磨这其中还有哪些可以改进的地方。等到了第二天工作的时候，大家再根据前一天晚上的心得体会进行改进，争取录制出更完美的人声音轨。

向后退一步

当人声中的贴唱部分已经录好了之后，你就可以让歌手在向后退一英尺或两英尺之后，将乐曲中相同的人声段落再唱一遍（即加倍）。然后，在需要的部分加上这路经过加倍处理的音轨，以使人声得到更多的深度感和定位感。一定要记得检查这两路信号之间是否存在相位问题。

让人声变得厚实起来

如果你想令人声听起来更加沉稳厚重，可以试着用以下方法来处理人声。先将话筒灵敏度最高的那一边转向另一面，然后让歌手站在话筒拾音主轴正后方再将原歌曲重唱一遍，最后衰减这轨新录制完成素材的电平，直到能对主要的那轨人声起到一点衬托作用时为止。

将愉快的心情翻倍

在给人声进行加倍处理的时候，可以问一下歌手是否需要将他正在演唱的歌声与之前已经录好的那路人声分别送到返送耳机的左右声道中去。这种分通道输送返送信号的方式，可以让歌手更容易地将正在演唱的人声和已经录好的人声分辨出来。

要留心那些习惯用脚打拍子的人

在录音的时候，如果你能听到声音中还夹杂着某位歌手或演奏者用脚打拍子的声音，其实不必太过担心。因为，他们所打的拍子一般都是会与鼓点相重合的，所以等到了混音的时候，这些杂音应该就能被其他乐器所发出来的声音掩蔽掉了。

不要自责

对于那些作词作曲本身就存在问题的歌曲而言，可能无论你怎么制作，这些声音都不会达到一个令人满意的效果。在大多数情况下，一首好歌的录制过程也会更流畅更容易一些。当你使尽浑身解数，试遍了所有设备、处理方式都无济于事时，那么基本上就可以判定歌曲作曲本身的问题了。总之，一定不要将错误归结到自己身上，录音师再优秀也不可能解决作曲层面出现的问题。

每天录一段人声

我们应该鼓励歌手每天都来录一段人声。如果你将录音大部分的时间都花在录制吉他声及架子鼓声上，却只肯在录音结束前的最后几天才匆忙地开始录制人声，那真的是太浪费时间资源了。而且，若是你每天只录制一部分人声，虽然质量可能参差不齐，但却可以使你的工作量减轻不少。

在录音过程中，尽早地得到一版音质优美的人声，也可以令其他声部更好地与其配合到一起

乐手们只有在以人声为参照物时，才能够知道应该如何与这首乐曲中的人声声部进行配合。而且，人声录制完成的时间越早，质量越好，就越能将乐手们的潜质激发出来。

在编辑的时候不要只监听你正在进行修改的那路音轨

因为，很多在你单独监听某一轨时能听到的声音细节，在与其他声部一齐重放出来的时候都会被掩盖掉。所以，建议你不要在那些在混音时会丢失的细节部分浪费太多的时间。而且，在监听时将你正在修改的那路音轨与其他声部一起重放，也能使你更容易地找出人声中那些走调的地方。

呼吸声

在单独选听模式下监听人声音轨，你肯定会听到大量的呼吸、换气声。这类呼吸噪声的存在其实很正常，只要不是很过分通常不会引起听众注意，因此没必要刻意去除人声中的呼吸声。处理这类噪声的最佳方式，就是从头到尾将歌曲（人声及所有其他声部）重放一遍，然后听听是否存在音量过大或听感不自然的呼吸声。然后，直接对个别的片段进行电平衰减处理，应该就可以解决问题了。

对歌曲中段的人声进行剪辑

因为，演唱者通常会在唱到歌曲的中段时，才真正进入演唱的最佳状态，而此时也正是最容易录出得意之作的时候。所以，你可以在录音结束之后，从素材中选出最棒的一段，对其稍作一些润饰，最后将其贴到歌曲的其他段落的副歌部分。

停

当你在制作同一首歌曲时，多次重复使用了同一段人声段落时，会令歌曲听起来非常奇怪。所以在你把所有辛苦录得的副歌部分都粘贴覆盖之前，应该与歌手好好商量一下解决这类问题的对策。

别丢三落四

对于人声，可以用某些数字插件将每个吐字的音量等都平衡一下，这样就不会在最后的混音中丢失音节的细节。

情感的递进

有的录音师并不喜欢这种在歌曲段落之间来回复制粘贴的做法。因为，在他们看来歌曲的人声部分也应该是随着歌曲的推进而有不同层次的改变，就如同台阶一样，是一种递进的变化。所以说，他们不会将第一段的副歌复制粘贴到第三段的副歌位置上来。也许第一段副歌听起来非常完美，但它所表达的情感却并不适用于第三段副歌。要知道，一首歌曲各个段落由弱渐强的递进关系，也意味着其表达内在情感、思想的递进关系，因此每一个段落的人声也肯定要随着这些变化而拥有相应的不同。

什么是精确移动（nudge）?

在音频工作站的编辑界面上使用精确移动功能，意味着你会将一轨或多轨音频素材向前或向后移动几百毫秒的距离。使用这个功能会使我们面临一个巨大的风险，就是如果有某个存在串音的素材没有与其他音轨素材一起精确移动，那么这就会造成音轨之间的相位及音头出现问题。例如，假设你只精确移动了小军鼓音轨，却没有同步移动底鼓音轨，那么这时再重放所有音轨你就会发现打击乐这部分声部听起来浑浊不堪。因此，要么所有音轨一起移动，要么就一轨都不要动。

节奏胜于一切

尽量让歌手在前期录音的时候找准每个音符的节拍，不要寄希望于在后期制作过程中依靠录音师手动校准人声音轨的节奏。在某些录音制作中，你会听到人声音轨的每一个音节都被准确地与鼓点（或是其他声部）对齐在一起。虽然，这类歌曲在听感上肯定不存在任何技术层面的问题，但却会显得不太自然，且毫无情感表达可言。

作为一位歌手，他的工作就是要将歌曲以他的风格进行诠释。而一位经验丰富的制作人则会尽量在录音的过程中，配合并引导歌手将正确的节奏韵律表达出来。这并不意味着每一个音符都必须严丝合缝地与歌曲的每一拍匹配在一起。也就是说，能令歌手演唱起来舒服，并使歌曲听起来自然流畅的节奏感才是最合适的。大家可以听听弗兰克·西纳特拉（Frank Sinatra）的歌曲。他的某些歌曲中，你能感觉到人声始终是滞后于歌曲的节奏型的。但是可以想象，如果经过了人为的"修复对齐"，那么歌曲的感人程度将大打折扣。

记得在纽约时，我还是个初出茅庐的录音师，当时有幸见到了已故电吉他大师莱斯·保罗（Les Paul）——电吉他的创造者。我向他请教了一些有关录音时最需要的注意的问题。他告诉了我以下两点。

（1）一定要将乐手那些状态最投入、弹得最起劲儿时候的音乐段落记录下来，这种时刻往往是音乐律动性和感染力最强的时候。

（2）眼神交流对于乐手们而言是极为重要的。如果他们看不到彼此，那么他们就无法保持节奏及力度的同步。

录制歌曲时的核心要义就是要将歌曲中的律动性及感染力记录下来。想要用文字来定义什么是歌曲的律动性和感染力真的比较有难度。这其实就是在听歌时那种你一听到就想跟着摇摆、打响指的感觉。

什么是自动修正音高插件

字面的意义就是答案。这种插件能对人声／乐器音轨的音准进行校正，其中还提供可以用来调节校正量及校正速度的各种参数。你既可以对整个音轨，也可以只对某个片段（比如某个单音）进行音准校正。现在，这种音高修正软件的使用已经非常常见了，甚至有时候会被用于给人声带来某种电音的效果。如今我们所听到的绝大多数歌曲多少都会经过这类软件的处理。作为录音师，你要判断你的人声音轨是否需要经过音高修正软件的处理。如果你希望自己的作品能够在主流圈子内获得一席之地，那么回答一定是肯定的。不过，对此也是存在一些反对的声音的，有些人就不赞同对人声进行音高修正的处理。虽然他们给出的反对理由也十分有理有据，但毕竟这种声音还是不为主流审美所接受的。因此，如果想要自己的作品为绝大多数听众所接受，那么还是遵从游戏规则来对人声进行必要的音准修正吧。

什么是归一化处理

归一化指的是一种针对音频电平大小进行补偿的系统内部处理过程。这种处理会对音频文件中的峰值电平进行提升（或衰减）直至其达到系统的预定义最大值，并且在不削波的前提下同时提升音频中那些电平较低的部分。

不要对低电平的信号进行归一化处理

对一段人声较为低沉的段落进行归一化处理，必然会将其中的本底噪声一同提升起来。

不要对人声音轨整体进行归一化处理

除非你就想要这种夸张过分的音响效果，否则只对有必要进行归一化处理的句子或段落进行处理即可。仅针对较弱的片段进行处理，可以让所有电平偏低的部分都达到一个合适响度范围的同时，却不对人声整体的动态范围造成过分的影响。

不要将归一化处理视为一种给人声增添效果的手段

首先，这是一种破坏性处理的方式，其次，它本身的存在目的是对音频文件进行电平修复。绝大部分录音师不会使用这种功能对声音进行处理。他们会在前期录音的过程中就将每一路音轨的电平以合适的动态范围记录下来，而非等到后期去由计算机系统通过机械的算法计算出来。

但是，上述也只是理想情况。万一某个声音素材中存在某处峰值电平出现过载（这个峰值电平也可能只是过高，进而无法与其余部分的电平相匹配），就可能需要利用归一化这个功能来处理一下了。另外，如果你想要的高保真的音响效果，那么如果使用适度，归一化处理也是一种很好的辅助处理手段。

11.9 录音的收尾工作

先输出一个粗混的版本

当你对歌曲中那些比较重要的声部进行过处理之后，就可以先生成一个粗混版本，以作为将来制作过程中的参考。因为，即便是同一首乐曲的制作，它在不同时刻的音响效果所带给你的感觉都是不一样的。需要提醒的是，为了与其他版本进行区分，你应该为每个版本的混音作品都标上乐曲的名称及混音的日期。

也许，你可以让录音助理将每个粗混版本的处理方式都记录下来。如果大家不约而同地认为某个粗混版本听起来还不错的时候，那么录音助理之前对这个版本的操作记录就可以作为最终混音时的参考依据了。

粗混的负面影响

这种负面影响的情况通常出现在当乐手们一遍又一遍地听过了某个粗混版本之后，他们已经适应了这个版本的声音，因此默认这个版本的音响效果就应该是终混时所听到的效果。这其实不利于后期的混音制作。

后续的反复检查是必不可少的

在经过了一整天漫长的录音工作之后，长时间的使用双耳势必会产生听觉疲劳，这会让我们不自觉地就对均衡及压缩处理的电平做出过分的提升。因此，在你经过了一夜的休整之后，第二天到了录音棚的头一项工作就是要将昨天临下班前所混的乐曲再重新听一遍，以便及时地将那些被过分处理的地方修改正确。在有了这样的经历之后，当下次再碰到连续长时间的工作情况，你就可以凭借经验将电平调整的幅度稍微减小一些了。

恢复调音台的原始设置

在你离开录音棚之前，要记得把调音台的设置恢复成初始状态，归还从其他房间借来的设备，并将录音棚打扫干净。当然，还要将所有线缆的连接方式还原成原来的样子。

将所有的话筒配件都存放在同一个地方

将所有多余的话筒夹、防风罩都放在同一个地方，以防在临时需要添加或更换设备的时候方便取用。同样，话筒的防震架也应该与话筒存放在同一处以免丢失。

某些录音棚会在录音结束后，就将话筒连同话筒架、线缆直接堆放在一边，以备随时使用。但时间一久，这会对话筒造成损伤，如话筒的振膜会受到湿度、落灰、烟尘及温度等周围环境变化的影响。

如果你的录音棚习惯预留几支预先架设好的话筒

记得在不使用这些话筒的时候，将话筒用袋子或罩子盖起来。其实利用食品塑料袋就能很好地完成这项工作。

安全起见

如果可以，在录制结束之后将你最终的混音文件拷贝下来进行一下备份，连同音轨配置单及录音规划表一起保存起来。

有备无患

再次强调要备份所有的数据。即使在很多时候这样的备份我们用不到，但万一哪次运气不好，在录音的过程中发生了数据丢失的情况，那么此时备份数据可就成为我们唯一的救命稻草了。不论你是以何种格式及方式来备份数据，只要你有能力，那么就一定要给数据进行备份。

心中有数

在每次录音结束后都要清点一遍话筒的数目。因为，一旦有什么器材丢失了，那么必然是作为录音师的你来承担最终的后果。

即便是客户已经拿到了歌曲的成品，我们也要将曲目保留很长一段时间

除了管理部门有权力、有资格清理、保管硬盘，其他任何人都不准将磁带或硬盘带出录音棚。

坚持到最后

在录音结束后，要记得将所有房间都打扫干净，将所有设备零件都放到原位，并将所有数据资料归档、备份好。也就是说，此时这个录音棚已经为下一次录音的开始做好了准备。

不过，如果你的录音仅仅是告一段落，那么也就意味着所有设备的设置不需进行任何改动。这时我们就可以将一长条胶带横跨粘在调音台上，以提醒其他人不要随意改动调音台上的任何设置，甚至也可以在所有门上都贴上"闲人免进"的标示牌。

录音棚的工作日志

你应该为每天所做的工作做一个日志，即使这间录音棚为你私人所有也要这么做。在日志上你可以将每天的工作内容、开始时间，以及结束时间等细节记录下来。可以说，如果你为每天所制定的工作计划都能被按部就班地执行，那么在时间的分配上就不会再出现任何问题了。

清洁跳线

用铜类材料清洗剂将所有的跳线线缆都清洁一遍之后，基本上就可以将由线缆污垢所造成的爆点噪声消除掉了。这种细微处的工作，也可以让录音棚里的工作人员一直保持在忙碌的状态。另外，还可以让他们顺便将架子鼓的镲片及其他一些零件也清洗一下。

想知道干净的吉他声听起来是什么样子吗

你可以使用触点清洁剂和尼龙刷子来清理 1/4in 的吉他插接头。这类清洁剂和刷子在任何一家体育用品商店都可以买到。

要保证调音台上的各路通道的整洁

将调音台上的所有铅笔标记、胶带及录音棚中的其他杂物都清理干净。

要确保设备的清洁

经过了长时间的反复使用，调音台上的旋钮由于灰尘的不断堆积，可能偶尔会发出爆点一类的噪声。如果你是在录音的过程中转动这样一个旋钮，那么这个脏兮兮的旋钮所发出爆点噪声，就会被一并录进声音素材中去了。所以一定要注意日常的清洁保养工作，你只需要经常用普通的清洁喷雾喷一喷、擦一擦，就可以保持调音台上各个旋钮及仪表的整洁了。

我的录音棚拥有质量优良的接口

将你的线缆插头和接口用普通的电子设备清洁喷雾清理干净。接口的质量越好，我们所录得的声音质量就会越好。如果你不相信，可以在进行清洁之前和之后各录一段声音，将两者的声音音质进行一下对比。

厌倦了你那老旧的调音台了

你可以花一天时间将调音台上所有的旋钮都拆下来，然后把它们都装进洗衣袋中用冷水洗一洗，再用吹风机吹干它们，这些旋钮就又变得光洁如新了。当然，也要选个时间专门来清洁一下调音台的其他部分。

第12章

混音

  混音是全书中最难写的一部分，因为我只能靠单调的文字向读者解释什么是混音及如何混音，这与通过实际观摩混音的过程来学习是有很大区别的。这就犹如仅靠语言来向他人描述如何画画，如何演奏布鲁斯音乐，甚至是如何动手术一样，没有实际的观察和演示而想要对方明白是相当困难的。

  本章所述的内容是一个混音所需最基本技巧的罗列。当然，以下我所提到的每个操作方式在实际情况中都要具体情况具体分析；而且本章内容也仅仅属于入门级的内容，只起到一个抛砖引玉的作用，希望能给读者在日后的操作中提供一些启发。

如何定义一个优秀的混音

  一首歌曲的诞生，势必要经过作曲、配器的一度创作过程及通过演奏者将其诠释表达出来的二度创作过程，这些对于录音师或混音师而言都是必然存在的不可抗力。如果歌曲本身的一度、二度创作过程都是非常完美的，那么这往往意味着你的混音工作也已经成功了一半。当然，这只是我们最期望遇到的理想情况。在大多数现实情况中，很多歌曲会由于其作曲、配器、演奏甚至是录制过程存在问题，而给后期混音制作的过程带来很大的困难和挑战。总而言之，在混音作品中你应该实现以下 3 个终极目标。

  （1）清晰度。听众们应该并能够听到乐曲的不同声部，以及每个声部所演奏出来的旋律和音符。这意味着你要在众多的声部之间做出取舍，衰弱甚至删掉那些不必要的声部，同时将那些重要声部的清晰度提升起来。

（2）平衡。乐器之间的电平比例及它们在乐曲中所占的位置、层次是非常重要的。你只有在长年累月的实践过程中逐渐增加自己的经验，才有可能熟练地完成对各个声部的平衡工作。优秀的录音师会检查不同乐器及段落之间是否存在相互干扰的问题，并且善于利用某些乐器音色之间的互补性，使各声部的配合听起来相得益彰。

（3）律动。这意味着我们需要找到那个能推动着歌曲前进的关键因素是什么，并对这一点进行着重突出。

优秀的混音技巧与拼图很像，每块拼图都有其自己的位置，所有的拼图拼在一起才能形成一幅完美的画卷。只不过从混音的角度来讲，这幅声音的画卷应该听起来丰满而且完整，不仅要有宽度及高度，还应该有不同层次的深度感。

一首乐曲的混音效果优秀与否，是由许多环节及因素共同决定的，并不是通过哪一种处理方式就能一次性达到的。最棒的混音作品往往是优秀的作曲、优秀的编曲、优秀的演奏及优秀录音的完美集合体。

12.1 预混

充足的休息

有经验的录音师会注意利用一切有利于混音工作的因素，其中就包括休息这个重要的因素。如果你在身体状况不佳，如过度劳累，甚至是醉酒的时候进行混音，那么这对于客户而言是非常不负责任的做法。你肯定不希望在最后上交成品的时候，还要跟客户解释为什么混音效果听起来这么差劲。

将调音台的设置恢复常态

假设在某次录音过程中，当你开启某个通道的声音，却发现这个通道的线路入增益在上一次录音时被人拧到最大，这实在会让人感到非常恼火。所以在每次录音结束后，一定要记得将调音台的各个旋钮都恢复成原始的状态，才可以离开。

给你的工作站做一次大扫除

这并不意味着你要拿着水管子将录音棚冲洗一遍，而是指让你将计算机中不需要的软件卸载掉，将作废的文件、资料删除掉（当然如需要备份，一定要先备份再删除）。另外，录音棚中容易被忽略的细节——如监听扬声器、键盘及鼠标上经常会有一些日积月累的污渍，这些也需要被清理一下。

新的一代

如果你的系统出现异常，甚至死机无法正常使用，那么你可以先删除掉所有的预置文件，然后音频工作站的程序会自行产生出新的预置文件。需要提醒的是，在这样做之前，一定要先检查，确认你的每一步操作都是正确的。不过，万一这种做法导致了你的文档资料被误删，请千万别将我的出版商告上法庭。

扬声器的接线

要使用你所熟悉的扬声器，最好是适合你现有情况的、最专业的近场监听扬声器，当然还应配合一台录音棚用的、标准的功率放大器，以及最高端的线缆。不过，最重要的还是要学会如何将扬声器和功放正确地连接起来。

高档一些的近场监听扬声器其背部面板上会为用户提供均衡调制的功能。不过，除非你十分了解在最初建造录音棚时是如何为控制室调音的，否则你很难将扬声器的低频响应正确的设置出来。

两张 CD 的对比

在调试监听扬声器的时候，要拿一张你最喜欢的，由最顶级录音师制作而成的 CD，准备一首你自己最近刚混音好的乐曲，对比两者由这个控制室中的监听扬声器所重放出来的音响效果。听听乐曲的高、中、低频是不是还都在。来回切换两种不同的乐曲，有助于你尽快适应这个房间声场的感觉及扬声器的声学响应。

房间的声场是否被校准过，以及房间的大小、形状、房间对声音吸收的程度都会影响到最后的音响效果。所以，只有在你了解了控制室的声学环境之后，才能对混音效果的好坏做出正确的判断。

乐曲"准备好混音"了吗

与其在混音的过程中花时间清除各种无用的效果和音轨，还不如就从什么效果、处理都没有添加的阶段，零起步进行混音，这样做其实更不容易被那些多余的效果所干扰。因此，在开始混音之前，我们需要确定以下内容。

（1）所有选定的音轨，其信号通路走向一定是正确的，并且每轨的标注也是详细确切的。在标注中写上一切相关信息，如输入端口、输出端口，以及工作站内部的系统通路等。

（2）所有用于录音和混音设备的设置都已经复位，并且已经与信号通路连接好。还要检查一遍所有设备的时钟频率、参数及插件是否也都已经准备就绪。

（3）所有音频文件都已经被正确地载入音频工作站。

（4）所有人声的音准和节奏都没问题。

（5）所有乐器声部的音质、节奏和音准都没问题。

（6）架子鼓音轨，以及其他的采样音源等，都符合你的要求。

检查你在录音时所做的记录

翻看一遍所有的记录，以便回忆一下，在录音及贴录的时候，有没有什么对混音有帮助的点子。

听听粗混的效果

有时，只用录音结束前的 10 分钟便混出来的小样，听起来甚至要比之后花了 10 个小时才混音出来的效果更好，但是粗混也许会存在低频不足或过重、声音较干等问题。听听哪种混音方式带给你的感觉更好，之后的操作便都可按照这个既定方向努力了。在现今这个使用音频工作站的时代，由于每次录音的所有素材及操作都是以不同形式的子文件夹存储在一个主文件夹下的，那么在你事先粗混乐曲的时候记得将这个粗混的工程文件保存下来。

将这个工程文件以乐曲的名字及粗混的日期来命名。这样一来，在你后期进行混音的过程中需要以粗混的小样作为参考时，可以随时将其调用出来。

混音的时候跟着感觉走就好，不要刻意做些什么

在开始为一首乐曲进行混音之前，你需要先让自己进入混音的状态。先想象一下自己如何才能将头脑中所构思好的混音画卷通过乐曲的音响效果体现出来，然后再以一个全新、轻松的态度来进行后续的混音操作。

有些操作并不是只能这么做，或不许那么做，总之不要太过"教条"。很多操作都并不是按照常理出牌，但在特定的乐曲中用起来却给人感觉非常合适。只要听起来效果好即可。混音的过程是永远充满乐趣的，你要时刻保持着对混音的新鲜感，这对于混音工作的进行是非常有利的。很多年以来，我都是以"为了能让那些知名录音师听到我的作品，我一定要将这首歌曲混得非常棒！"的心态来对待工作的。不过，直到现在我才想通——其实谁会在乎呢？即便最后的效果听起来不那么恢宏磅礴，但只要你能将乐曲制作得悦耳动听也就足够了。

不要从之前听起来音响效果最好的歌曲开始混音

如果需要进行混音的歌曲较多，那么这些歌曲中肯定会有一首或两首属于音响效果较理想的乐曲，但是不要从这样的乐曲开始进行混音。而是应该等到你已经混完一些其他的歌曲，进入了最佳的混音状态，这时候再着手制作这几首听起来效果很不错的歌曲。

这其实与比赛有些类似，你应该先以几首歌曲的混音作为热身赛，最后再投入到正式的比赛中去。

一定再三确认过所有环节之后再按下录音键

如果你不得不在混音开始之前进行贴录，那么一定要在录音之前，先将录音机上的预录功能打开，以确定声音信号通路的连接是正确的。因为，有些时候某条音轨的信号可能会由于疏忽被误接到其他音轨，或是被送入其他通道上去。所以，如果因为一时大意，而导致你在贴录人声的时候，不小心抹掉了某条混音时要用的音轨，那可就太失职了。

12.2　混音的设置

改换母线通路的设置

如果可以，尽量将所有的音轨都集中起来，所占用的磁带数越少越好。因为如果采用的是模拟录音机，那么要倒带找到某一特定位置的时候，也是需要花费一定的时间的。所以说链接在一起的磁带录音机越多，设备之间同步所花的时间就越长，两台录音机倒带所费的时间总会比 3 台录音机少。

每次混音都使用相同的音轨排序方式

养成每次混音时，相同的乐器都使用的相同的音轨这一习惯。比如你可以这样设置，架子鼓为头 12 轨，紧接着是电贝斯的音轨，然后是吉他、键盘和人声等。这就如同钢琴家在弹琴一样，哪怕闭着眼他都能准确地找到每一个琴键的位置。

将主唱信号发送到位于调音台中央的音轨上

由于主唱的声像通常位于两只扬声器正中间，所以将人声信号发送到调音台中央的音轨上，也就使得录音师在对此轨进行处理时，头部总是与人声的声像位于同一条直线上。所以说，如果你将人声发送给了一条比较靠边上的音轨，那么在调整人声的时候，你肯定会被迫侧过身子去调整，如此一来，作为录音师，你头部也就偏离了最佳听音位置。

蓝色的胶带用于混音，而紫色的胶带则专供专业录音人员使用

在调音台第一列推子的上方贴一条宽窄大约为 1 英寸的美纹纸。若是条件允许，最好将乐队中不同声部类别的音轨，分别以不同颜色的美纹纸标识出来。例如粉色、蓝色和绿色等颜色可分别用来代表架子鼓、吉他和人声。

如果有可能，还可以将调音台上的这些颜色与音频工作站中各音轨的颜色对应起来。

在混音结束之后，也要将这些胶条与混音记录一同保存起来。这样，如果未来哪天你需要再次调出这个混音文件，那么这些之前被标注好的胶带也是必不可少的资料之一。现今，绝大多数的音频工作站都具备同样的功能，允许用户自行定义每一轨的颜色。

对照音轨配置单（录音规划表）检查一遍音轨的设置

每将一条音轨的通路发送到调音台上的同时，也在音轨配置单（录音规划表）的边上做个记号。这样，在乐曲的每一条音轨都被检查过一遍之后，记录表格中的这些音轨也都应该被做过一遍记号了，这就说明所有的音轨都已经被发送到调音台上了。你不希望发生在混音工作进行到一半的时候，忽然发现某一路音轨的信号没有被混进来这样的情况？

加上你所需要的全部效果

到了混音的这个阶段，所有的外接效果器都应该已经被接好而且运转正常。你可在窄一些、可涂写的白色胶带上写好每个效果器的名称，以及信号送出和送回的通路后，将其对应地贴到调音台的各个音轨上。而且，所有这些需要添加效果的声部，其效果音轨最好都能被分配到紧挨此乐器音轨的通道上。例如，如果架子鼓的音轨为通道 1 到通道 9，那么就将架子鼓效果器的信号返回发送到通道 10 到通道 15 上。另外，在添加效果的时候，可以先试着从自己最喜欢、最擅长的效果开始用起。

利用效果器模板功能来调用出你最喜欢的效果器设置方式

单击"文件→导入→工程数据"，通过这个方法可以将之前工程文件中的所有效果器排列及参数设置导入到现有的工程文件中来。

合并生成新的音轨

首先，要检查一下每一路需要被合并生成的音轨中，各个音频块的接点是否过度平滑，是否有爆点、卡顿的问题存在；然后将这些经过检查、整理过的音频块整体复制、粘贴到音频工作站中音轨的空白处；最后再重新将这些所有的碎片合并生成一个整个的音频块。如果有多路音轨中的多个音频碎片需要被合并生成为齐头齐尾的音轨文件，那么你也可以同时选中多轨，然后再进行合并生成。通常这类被合并生成的齐头齐尾的音轨文件是要被送到其他地方进行混音的，因此可能还需要进行重命名，再根据对方需求被导出可以被硬盘拷贝走的文件格式。

对所有不需要的音频片段都进行哑音处理

与其将所有不需要的音频片段都删除掉，还不如就将它们留在其原本的位置上，只进行哑音处理（经过哑音处理过的音频片段会全部变成灰色）。这样，万一你在后续的工作中还有可能用到它们，就可以很方便地找到你所需要的音频块。试想，如果你将它们全部删掉之后，再想从音频文件列表中找到你想要的文件，那可真谓是大海捞针。

给乐器进行编组

在混音工作初始阶段，给不同类型的乐器声部或背景和声进行编轨，可以方便你在未来对它们的电平进行统一地提升和衰减。例如，如果其中有两路是用于录制同一把吉他的音轨（比如一路为近距离拾音，另一路为远距离拾音），你可以在两路音轨的电平进行一下平衡之后，对二者进行编组，在后期制作时将其作为一个整体进行调整。当做完这些编组工作之后，你就会发现你在改变不同声部之间的电平、声像或进行哑音等处理时，会变得相当快捷方便了。

在混音前设置好所有的音轨

将每条音轨都检查一遍，消除其中的噪声，如咳嗽声及乐器所发出的噪声等。如果你有一台可以完全自动化的调音台，那么你只需将音轨中出错的部分做哑音处理，不过要注意的是，在进行这样的操作时一定要非常小心，不要抹掉任何对于混音有用的信息。哪怕是在数字音频工作站中，如果你不小心删掉了整个音频素材，你也需要到工作站的音频文档存储文件夹中去调回这个文件，这种恢复工作是相当费时费力的。但是，若你的调音台没有自动化混音的功能，那么就在工作站中将这路需要进行自动化处理的音轨复制出来一路，在这路副本中对各个素材进行剪接等操作，等完成之后再正式删除之前那路音轨上不需要的部分即可。

纠正错误

如果一路音轨某个部分的声音有问题，那么我们可以选择进行如下处理。

（1）衰减音轨中音质最差部分的电平，然后提升乐曲中其他音轨这部分的电平，以将其掩蔽掉。如果这样做还不行，那么就将这一轨做哑音处理，当然，前提是客户不反对这样做。

（2）找一段歌曲中类似的部分，然后直接通过"复制""粘贴"的方法将这部分出问题的段落替换掉。

（3）让演奏者重新录一遍这部分出问题的段落，但这也就意味着你需要重新摆话筒，设置话放的增益，但愿重新录的段落音响效果能与之前录的部分相吻合。

（4）干脆将其忽略掉。如果音轨中出现问题的部分是在整首歌曲开头的部分，那么你也许可以先不将这路音轨的开头段落混入到乐曲中去，等到了歌曲的间奏或副歌部分，再将这路音轨混入乐曲，使得乐曲的高潮段落更加完整、丰满。不过，切记要在经得制作人和（或）作曲家的同意之后，才能施行上述去除歌曲中某个段落的操作。当然，以上所有的方法都只是补救措施，最好的方法还是在最开始便能将声音录得完美无缺。

混音时可开启循环模式

在混音的过程中，可以将整首歌曲一遍又一遍地播放。通常，这与演奏者在录音时的状态一样，混音师在这种不停循环播放乐曲的氛围中，更容易进入"创作"佳境。

设置效果器或音频处理器时，先找到各类参数的基本设置范围，再试验厂家预制的各种模板

选择你最喜欢的效果、处理设备，找到你最喜欢的参数设置方式，然后将其保存下来。如果还有时间让你进行开发、试验，那么就尽情地变化各种效果器、音频处理器的排列组合和参数设置。万一出了问题，你还可以将这个已经保存过的设置方式调用回来。

将所有不必要的通路关掉

混音时，要记得确认将所有不需要的辅助送出、返回通道进行哑音处理。去除一切可能对混音造成干扰的因素。

12.3　混音的基础

在录音结束后，过一段时间再开始混音的工作

如果可能，不要将贴录和混音工作安排在同一天进行。一部优秀作品往往都是在录音工作结束之后，等你的耳朵休息了一整天，才开始进行混音的。而且这一整天之内最好还能听一些与这部作品毫无关联的东西。

谁说了算，就听谁的

你确定你了解这首乐曲最终所要达到的混音效果是什么样的吗？绝大多数的情况下，歌曲本身的风格就已经决定了它最终应当被混成什么样的音响效果，不过有时候，你也要根据作曲家（演奏者）或制作人或唱片公司的一些要求，对乐曲进行混音制作。所以，每个参与制作的人员都一定要非常清楚他们最终想要的声音是什么样的。如果他们想要的是不添加混响效果的人声，那就别再浪费时间琢磨应该给人声加什么样的混响效果了。

在混音开始前，先听一听乐曲中各声部的感觉

在你对乐曲进行处理之前，先将各路音轨的电平比例及声像摆在一个大致的位置上。这可以让你更快地知道在混音时，需要对哪个声部进行加强或减弱处理。

要将声音最有特色、最棒的部分突出出来

这是一首歌曲中所谓的点睛之笔，其对于整首歌曲的特色所在都有着极大的影响，也是整首歌曲风格的核心要素。所以，在你最初听过某一首歌曲的粗混后，就要先确定这首歌中 1～2 个最基本的元素，然后再在后续的混音过程中有意地将其强调出来，这样不仅可以提高歌曲的

律动性，还能增加歌曲情绪的变化起伏。

循序渐进，一步一个脚印

一首乐曲的发展要像上台阶那样，是逐级递增的。随着乐曲的行进，一点点地将各个乐器声部添加进来，这样听起来的效果总会比在乐曲一开头就将所有乐器的声音一股脑地都塞给听众要好得多。在混音的时候，你也可通过变换各声部的电平、声像、效果及其他处理方式来增加乐曲的律动性。

单独选听（solo）时，整体感消失了

如同在录音过程中一样，不要过分频繁地使用单独选听功能。虽然单独选听功能对于把握某一件乐器的感觉，或是用来寻找细节上的问题等是非常实用的。但你还是一定要习惯在对某一轨做均衡等处理时将其他音轨也一齐重放出来，进而从整体上把握音响效果。因为，如果你没有听到所有音轨一同播放时的音响效果，便无法对某一轨声音做出正确的均衡处理。

不要在处理某一件乐器上花太多的时间

在你录音的过程中，以架子鼓为例，可先将架子鼓声大致的轮廓调出来，等其他乐器声部录制完成之后，再对其细调。但是，绝不要花好几个小时对架子鼓声精雕细琢，过分地去追求某一件乐器声的完美是完全没有必要的。因为，当架子鼓连同其他乐器声部在一起重放出来的时候，你所听到的架子鼓声就绝不是再单独重放架子鼓时所听到的那种音响效果了。

让你的耳朵休息一会儿

不要连续几个小时无休止地进行混音，要让你的耳朵每工作一段时间，就能停下来休息、复原一会儿。人耳是一种器官，而不是肌肉，大量的使用并不会使其变得更加强壮。但是，如果你不得不夜以继日地工作，无法做到定时休息，那么真得有一副钢筋铁骨才能承受得了如此高强度的工作负荷。

忘记时间的存在

混音时绝不可着急，你当然要争取在第一遍混音时就能对乐曲做出正确的、具有创造性的处理。不过，天有不测风云，你还是应该预先将整个混音工作所需要的时间设想得长一些。

应将推子的位置保持在最佳的工作电平以下

这样可以令声音信号整体拥有更多的动态余量，使得你在向乐曲中增添更多声部的时候不至于过早地让主混音母线发生过载现象。将推子推到刻度表的顶端会使声音失真，所以先将推

子的位置定在 0 刻度或以下（也就是它们的最佳工作电平附近），然后再通过增益旋钮来调整乐器的电平大小。

为了使混音效果听起来更加清晰、透彻，可以在主推子位于电平表 0 刻度的前提下，将增益旋钮的电平尽量设低一些。这样电平大小合适的信号便可以被安全地送到任何置于推子前的效果器中去。这样的操作是非常重要的，因为对于一些价格低廉的调音台来说，增益提升的同时，声音的失真度也是在同步增加的。完美的电平大小就意味着完美的音响效果。而且，由于主推子是被固定在 0 刻度的位置上的，那么即使你不小心将其推到别的位置，你也很快地便能再将其恢复到原先 0 刻度的位置。

监听扬声器的尺寸不要过大

混音时不要使用录音棚中尺寸最大的监听扬声器，除非你非常熟悉它们的声学特性，使用最大号的扬声器的确可以在录音棚中将混音效果展现得非常完美，但是你应该多为普通的听众着想，因为大部分听众使用的都是普通的小型扬声器、耳罩式耳机及耳塞。因此，如果你所混出来的作品也能在小型扬声器呈现出比较完美的效果，那么你才能确定这部作品在普通的汽车音响、电视及廉价的耳机中播放出来的效果也是同样完美的。

将你自己从混音中脱离出来

很多时候你的脑海中都会闪现这类恼人的问题："其他录音师听到这部作品后会怎么评价？"或者"如果我给音乐加一些比较过激的元素，那么广播台还会将其对外播出吗？"你一定要将自己从这些杞人忧天的问题中解放出来，就按照你自己实际的想法去混音，不要过分在乎别人的想法。

如果乐曲的某个段落听起来不够融合，不要勉强通过后期处理来增加其融合度

直接对这个声部的音轨做哑音处理就可以了。一首乐曲中的各个元素都必须是相互协调的。举例而言，如果歌曲中的 3 把吉他出了问题，而正巧这 3 把吉他所演奏的旋律又都大致相同，那么要解决这个问题的方法有两种，一是你可以考虑干脆将它们删除，二是你也可以只留下其中某一轨来代替原先的 3 轨。这么做的原因是随着乐曲的发展，不管是哪件乐器对乐曲所产生的影响都会越来越大，即便是最开始的小瑕疵，最终都会演变成一个会影响整首乐曲效果的大漏洞。

在你删除这路有问题的音轨时，你可能会听到"这可是我们花了一整夜录下来的啊！"这样的反对意见。如果这路音轨无法与歌曲相融合，那么即便是你在其中花费了再多功夫，你也不能以此为理由就将其留在乐曲中，搅乱整首乐曲的听感。

不要擅自删除乐曲的某个段落或声部

混音师的工作就是混音，制作人的职责则是告诉混音师歌曲最后的音响效果应该是什么样

的。除非你自己就是一名制作人，否则不要擅自做主将乐曲的某个部分删除。你肯定不希望在完成混音制作的一个星期之后，突然接到客户的电话，责问你乐曲中他最喜欢的那个键盘声部去哪里了。

将自己迸发出来的灵感火花记录下来

比如，有时你会在调试周边设备时偶尔发现一个十分实用的设置方法，或是在调试过程中突然想到了一个可以运用在下一首歌曲混音过程中的小想法。抑或是你可能会在无意中发现将特定的某几路信号通过旁链送到某些效果器中之后，可以让整体的声音效果听起来更加统一。这类灵光一闪式的惊喜发现都是你需要随时记录下来以备不时之需的。

红灯停，绿灯行

一定要避免信号出现过载的问题，也就是信号表不能出现打红的现象。如果是模拟信号，那么轻微的过载不会造成声音质量的过分损失，但数字信号就不同了。任何一点轻微的过载都会造成音质的严重劣化。

靠耳朵来做出判断，而非眼睛

眼睛不是你的判断工具，耳朵才是。例如，我曾经听到一些制作人说过：

"你看，编辑窗口中人声音轨的尾巴被剪短了。虽然我听不到这部分人声，但咱们还是补救一下吧。"

"我们都觉得第二版的混音听起来是最好的，但是我这儿记录上写的应该要第 3 版。OK，那么咱们就选第 3 版好了。"

"怎么电贝斯的电平表信号这么高，但我却还是听不到它啊？"

"OK，我猜这样就差不多了。"

通常情况下，如果你听不到某个声部，那么干脆就不要在这个声部上浪费时间了。

关闭自动化功能，找个助理来帮你一起操作

在早期的混音过程中，一般都是好几个人同时在一张巨大的模拟调音台上进行协同操作。如一个人负责控制旋律吉他的电平，另一个人则负责控制人声的电平，其他人则是负责在某个时间点对部分背景人声进行哑音操作。既然选择用人工的方式来调整电平而非机器，就要接受人工操作所带来的不稳定性。基于这种情况，我们可以多记录几个混音的版本。在这些不同的混音版本中，有的可能确实听起来很糟糕。但是，如果所有人都在对的时间做出了正确的操作，那么想必这个混音版本听起来一定会非常棒。

如果可以，大家不妨尝试一下这种混音方式。这么做的目的是为了可以多记录下来一些不同的混音版本，看看每一版中是否存在值得留存的闪光点。也许将这些闪光点拼接起来，说不

定就可以获得一个博采众长的完美作品了。

用蜡笔给推子的电平位置做个记号

如果你所使用的是前文中所说的多人合作的混音方式，那么每个参与混音的人都应该知道自己手中各个推子、旋钮在每个关键的时间节点，所需调整的量具体是多少。比如"将吉他的电平从歌曲桥段一直到副歌这部分的电平提升 NdB"这样的明确指令是非常必要的。你也可以利用铅笔或者蜡笔在调音台上直接将具体的推拉量简单地标记出来。而且需要提醒的是，位置计数器只是一个参考，具体操作的变化点还是要靠感觉和耳朵来做出最终的判断。因此不要说"在 1 分 24 秒的时候提升电平"，"在副歌开始的时候来提升电平"这个说法会更容易让人提前做好准备、进入状态。

一边混音一边调整

相信你在正式混音环节开始之前已经完成了对各路音轨的整理工作。但是，随着混音工作的逐渐推进，你会发现各路音轨中还存在很多绝大多数人都会忽略的细节问题——也许只是某一下节奏错位的小军鼓声，电贝斯的重音拨弦少了一下，或者是吉他音轨的融合度稍差，等等。细节决定成败，当这些零碎的缺点足够多时就会使歌曲的韵味及可听性大打折扣。因此，在混音的过程中，如果你发现并注意到这类问题的存在，那么花些时间将这些缺点逐一解决掉还是有必要的。

并不是说花 20 个小时混出来的作品，其质量就一定比花 10 个小时混出来的作品质量好两倍

也就是说，当一部作品已经很完美了，那么再花时间去琢磨、润色就没有任何意义了。你所要做的只是将其保存好，然后下班回家就可以了。

12.4　均衡处理

人声的预设

通常，将均衡器和压缩器上自带的预设值作为我们给各路音轨添加处理时的初始模板是个不错的操作起点。比如，对于底鼓这类声音频段大多区别不大的乐器就可以使用这种方法。但是，对于人声这种变化非常丰富的声部而言，我们就不能这么随意了。在给人声添加均衡处理时，我们应该试着从"0"开始逐步增加对各频段的处理。人声的均衡处理应该与歌曲其余声部的均衡处理是相互配套、相辅相成的。

有时，无论如何人声都无法很好地与其他声部融合在一起

我们对人声及其他声部进行均衡处理的终极目标是令伴奏声部能够在频域方面给人声让出

一个合适的空间，使人声更好地嵌入伴奏，二者进而成为一个整体。假设歌曲本身的作曲、配器、和声都不存在任何问题，那么人声就能够很容易地找到这个空间。但是，如果无论如何人声都无法自然地与伴奏融合在一起，那么一般这就意味着歌曲中有某个声部的发声频段与人声重叠了。对于一首歌曲而言，人声绝对是重中之重，任何伴奏声部都不应该出现掩蔽人声的问题。因此，如若出现上述频段重叠的问题，你就要对出问题的伴奏声部进行删除或是衰减电平比例的处理了。这个决策最终的决定权掌握在制作人手中。

有就一定要用

如果前期录音的声音效果已经很好了，那么便不需要再对其进行一些比较极端的均衡处理。因为，过分的均衡处理会增加声音的失真度和浑浊感，而且会使某个频段的声音过分突出。对于一部优秀的混音作品来说，其声音中所有的相关频率都是能为听众所感受到的；而在一个较差的混音作品中，你所听到的只是那些被过分均衡过的频率峰值对应的声音。要明白，均衡器、压缩器和噪声门都只不过是用来修饰、改进声音的工具。

在那么多声部组成的乐曲中，各轨的声像要如何定位

声像定位对于均衡处理也有一定影响。例如，如果某个伴奏声部的声像被放在极左，那么你对于这轨声音的均衡处理，不会与声像位于中央的主奏乐器的均衡处理相同。在进行均衡处理时，如果需要突出主奏乐器的声音，你可将伴奏乐器某些频段的声音适当衰减一些。

正确的均衡处理都应该是精准、细致的微调，而非对大范围频段的粗糙处理

在混音的时候，不要刻意地对每个频段都进行提升处理。要有选择性地添加或衰减，甚至是忽略某些频段的处理。对某些声部的声音进行衰减处理或干脆切掉某个频段，可以为其他声部在这个频段位置腾出更大的均衡处理空间。如果某一件乐器的低频部分就把整首乐曲的低频频段都占满了，那么你就可能不得不将某个低频段的声音衰减一些，为其他乐器留出立足之地。当然，在混音之前，你就要清楚地知道每路音轨所涉及的频率范围是什么，以及音轨与音轨之间的频率混叠区域都在哪些频段。

"好听"才是第一要务

均衡器是用来提升声音中的乐音频率，或衰减声音中非乐音的频率的。不过，这是一项通常只有经过系统性音乐训练的人才会掌握的技能。

使用均衡器来控制噪声

你可先对通常噪声较大的电贝斯音箱或混响器的返回信号做高频衰减的均衡处理，然后再将高频被衰减后的声音信号送给一台谐波失真器。这样做既可以提升声音中的低频谐波成分，

又可以在保证噪声较小的前提下，重新生成一部分高频的谐波。

乐器的纵深感

通过均衡器、压缩器、混响器及声像定位器的设置，便可将一件乐器在重放声场中的位置确定下来。至于是靠前还是靠后，是在某件乐器之上还是在其旁边，要根据具体的乐器及操作方法而定。你可以通过对某个伴奏声部及其效果声的一些特定频段进行衰减处理，来使其融入进整个声场的背景中去。

各声部的位置

试着在脑海中勾勒这样一幅图画——在薄薄晨雾中的一片树林。可以想象得出，越靠近前方的树木肯定越为清晰，而越往远处的树木则会由于薄雾的遮盖而使其变得朦胧模糊。不过，这些远处的树木虽然也是画中的一部分，但却不够清晰明了，它们所起到的是烘托及陪衬的作用。

在一幅画中，浅色背景会将深色的色块衬托得更加突出、醒目。同样，经过较为极端效果处理的音轨会将其他未经过大量处理的音轨推向声场的后背景。我们都知道在现实中，当你距离声源越远，声音听起来就会越模糊、越虚。因此，在混音时如果想要声音听起来更近一些，那么你可以试着让声音变得更清晰、结实。

牺牲伴唱的清晰度，以换取主唱的清晰度

如果我们在 3kHz 左右的位置对领唱进行了提升处理，也许将伴唱声在相同频段范围内进行适当的衰减处理，可以使领唱声更好地与伴唱声嵌合在一起。再为伴唱声添加一些混响效果，能够让伴唱声部的声场定位"向后靠"，进而让领唱声突显出来。

以牙还牙，以眼还眼

当我们在对某一路音轨的某个频段进行衰减处理之后，会对另一路音轨相同的频段进行相应的提升处理，这是许多录音师惯常的做法。通常经过这种方式处理后，音响效果会变得相当理想，但是这种"以牙还牙"式的做法并不适用于所有场合，这也不能成为一个不假思索的自动化处理方式。我们在对各个频率进行衰减或补偿时，一定要以最终的音响效果为指导，而不要盲目地根据惯性去进行操作。

衰减掉某个频点将会更加突出其他频率的声音

先找到并用一个较窄的均衡曲线将某个低频频点的声音衰减掉，然后再提升其倍频点处的泛音部分，可以在保证声音干净、结实的同时，将声音变得更加动听悦耳。这种均衡处理的方法对于电贝斯就非常有效——例如，如果你将声音中 880Hz 的频率提升起来，那么同时你还应

对 1760Hz 及 440Hz 这两处频率也提升起来一点。可以看出，以上的谐波成分都是来自于同一个单音的倍频，这就意味着我们在改变频率的同时却不会降低声音的丰满程度。不过要想完成上述处理方式，更为精确地锁定这些频点，这需要录音师拥有一定的音乐素养。

为你的混音做减法

许多录音师都喜欢利用做减法的均衡处理方式来处理自己的混音作品。做减法的意思就是利用均衡器对无用的频段（如共振频率，以及与更重要声部相重叠的频率）进行衰减处理。不过需要注意的是，如果在多路音轨上的总体衰减量过多，则可能会令歌曲的整体音响效果听起来过薄。因此，在选择被处理的频段时一定要尽量精确，将 Q 值设高一些来缩窄均衡处理的频段宽度。

这也意味着我们其实不应该利用均衡处理去弥补那些频段中空白的部分。对于一个编曲、配器完美的歌曲来说，所有频段都应该有相应的声部来负责填充。

均衡处理真的能改善音质吗

在你进行均衡处理的时候，每隔一阵就要对比一下处理前和处理后的音质，这样你才能确定所做的处理是否起到了改善音质的作用。

多利用调整电平的方式来改善声音的音质，而不要对声音进行均衡处理

如果在混的过程中，有两路音色较为相似的音轨，那么可在衰减掉其中一轨高频部分的同时，将另一轨声音的低频部分衰减掉，这样当两轨声音混和起来之后，声音中的高低频成分就会互补。而不要使用对某轨高频段的声音进行提升处理，再提升起整轨电平的方法来突出这个声部的声音。

对电贝斯和底鼓的声音进行一定的衰减处理

将这类低频声部中那些低频段的声音衰减掉一部分（并非全部），可去掉一些无用的低频噪声。你通常会在录制某些厚重的吉他声或低音键盘声时听到这种噪声，这些噪声容易给乐曲添加一种低沉的隆隆噪声。不过它们所在的频段却并不会与底鼓或电贝斯的乐音频率范围相重合，因此你在衰减这些频率的时候，不用担心这么做会给音质造成损失。

在进行这样的衰减处理时，要时刻注意着声音冲击力的变化，因为过分的低频衰减可能会对声音的冲击感造成一定的损失。因此，若万一出现了这样的情况，只要重新将此处已经衰减掉的电平再提升起来一些即可。

如果听起来效果还不错，那么就照此处理即可

有时，你可能会不得不将某个频段的声音提升起来，这种操作可能会与书本上所述的理论

都是相悖的。不过，如果某些频点在整体的混音效果中显得过分突出，那么母带处理工程师可能就会将其衰减下来。

为了将来的整体音响效果，而对某个频段进行衰减处理

如果某个声部的高频或低频频段（非重要频段）与其他声部的频率重叠了，那么你就可以考虑对这些非重要频段进行一定的衰减处理，以给其他声部的声音让位。例如，如果某路音轨中只有吉他的高音区旋律，那么你就可以将这路音轨的低频声衰减掉一部分，以减弱其对那些低频频段为主要声音成分声部的干扰，如旋律吉他及电贝斯音轨等。而且，出于同样的原因，也许将底鼓音轨的高频频段衰减掉，也能避免它对踩镲这类乐曲中的高频声部造成影响。

12.5　压缩处理

压缩处理没有对错之分

有时，某些音轨可能需要较大的压缩处理，而有的音轨却可能不需要任何压缩处理。一些录音师可能会尽量避免对声音进行压缩处理，而另一些录音师却可能习惯给所有的音轨都加上压缩器。但是，一首乐曲是否需要进行压缩处理，要依据整首歌曲的具体需求而定，并不是随便按照某位录音师的个人喜好就能决定。

人声的压缩

在此特意对人声的压缩处理进行说明，是因为在大部分情况下人声都是一首歌曲中最重要的部分。因此在后期的混音中，你一定要让人声从其他伴奏声部中脱颖而出。即使在前期的录音过程中，我们已经给人声加过一定的压缩处理了，在后期混音中，有时仍然需要进一步对人声进行压缩处理。不过，为了避免对某一人声进行过分的重复性压缩，你可以在混音时使用一台性能与录音时截然不同的压缩器。当然，也有些录音师绝不会对同一个人声进行"二次压缩"处理。

另外，在前期录音时所进行的压缩处理，其细致、精确程度肯定不及混音时的压缩处理。因为，在录音的过程中，没有人能想象出歌曲最终的整体效果是什么样子的。

一旦所有乐器的录制工作都完成了，那么录音师便马上可以判断出需要给人声添加什么样的压缩处理。例如，如果除了人声的所有乐器都经过了比较严重的压缩处理，若不对人声也进行类似的处理，那么在整首乐曲中人声声线可能就会显得模糊不清。

性能最优良的压缩器、限制器、咝声消除器、均衡器及调音台的通道模块应用于对主要的乐器声部（通常是主唱人声）的处理

假设如果录音棚只有一台性能绝佳的均衡器，那么就要将其用在"刀刃"上——主唱人声

的那一轨，这样可使人声中的"空气感"更加突出。有些生产调音台的厂家会随时推出一些新型的、更新的模块，这些模块内部用于处理音频的电路性能会更加优良，那么在录制和处理人声时，要尽量使用这些通道模块。通常情况下，周边设备中的硬件均衡器和压缩器的性能会优于那些被集成在调音台通道条中的均衡及压缩模块。

选用多段压缩器

如果人声音轨整体听起来非常理想，仅仅在某个音域听起来过分尖利，那么只压缩存在于这个音域内的人声即可。

要保证一首歌曲各部分的电平统一

不管这意味着是要使用压缩器也好，还是要直接对各路音轨的电平包络线进行调整，甚至是将某路有问题的音轨与另一轨并轨也好，目的就是使整首歌曲的电平不出现忽大忽小的起伏。因为，只有当电平大小前后统一了之后，你才能做到在处理某路音轨之前，就能对整路音轨的音响效果胸有成竹。

在用于处理人声的混响器输入端接一个咝声消除器

声压级较高的咝声和齿音会使声音产生一个尖峰，这很容易造成效果器的输入端发生过载。

瞬间的冲击感

优质的底鼓声可以使你的胸腔跟着它的节奏一齐振动。这种结实有力的敲击声会直接通过扬声器的振动传出来。但是一个被过分压缩过的底鼓声却由于其无法以相同的方式来驱动扬声器，而会失去了它所原有的冲击力，使声音变得绵软无力。所以，在设置压缩器的时候，可试着将门限值和压缩比都设置得高一些直到看到电平表的峰值达到 −3dB 左右为止。最后，再以此为基础对底鼓的音色进行细致调整。

咝声消除器的使用

在小军鼓音轨上添加的咝声消除器，被用来尽可能弱化夹杂在小军鼓声音中的踩镲串音。而对于木吉他而言，咝声消除器则可用来衰减一些较为刺耳的声音或擦弦时所产生的噪声。

母线模块的使用

像架子鼓声、电吉他声及人声这类通常由好几路音轨组成的声部，都可以通过整体的压缩处理来获得更好的音质。比如说对架子鼓进行压缩处理时，你可以先利用母线将多轨架子鼓混成两轨后送到一台立体声压缩器，然后将压缩器的返回信号再送回调音台的另外两个通道，最后再将这两路信号送回总输出母线。你可以先尝试这两种设置方式——较高的门限，适中的输出电平。

这样设置通常可以令声音听起来更为紧实有力，而提升架子鼓声的电平则可使你感受到足够强的敲击力度。不过一定要注意，一旦电平被提升得过高，架子鼓的声音便会失真，也不再悦耳。

旁链的使用

如果单使用压缩处理，还是无法足够使人声突显出来，那么你就在对人声产生干扰的那路音轨中加一台压缩器，然后将人声信号送入这台压缩器的旁链输入端。造成这种干扰的乐器可能是钢琴或主奏吉他，甚至可能是整体的混音。将人声送入旁链，就意味着人声会自行对压缩处理进行控制——当人声开始发声时，被处理音轨的电平便会自动被降低；而当人声停止发声后，被处理音轨的电平便又会恢复到原来的大小。在某些歌曲中，主奏吉他会在领唱出现的同时不停地在背景声部弹奏，这种情况就是使用上述旁链压缩的好时机。

12.6 噪声门和旁链输入

开启噪声门

你可以为房间混响声的音轨加噪声门，将其设置为只会在鼓手开始敲小军鼓时才开启的状态。这样一来，房间混响声音轨上的噪声门便会由每一下小军鼓的敲击声所触发，鼓声停止后又会自动关闭。这就既可使底鼓声不受到房间混响声的影响，又能使小军鼓的形体感听起来更大一些。

关闭噪声门

在单听小军鼓和通通鼓两路音轨的时候，可能会觉得其音质都很不错。不过一旦当你将吊顶话筒的电平提升起来，这时的声音就会完全变质了，你所听到的全是一些鼓皮的拍击声。如果想要解决这个问题，你就需要给两路吊顶话筒的音轨加一台噪声门，并开启噪声门的闪避功能，将其设置成小军鼓演奏时噪声门就会关闭的状态。这样，你才有机会获得一个未被吊顶话筒声所干扰的小军鼓声。但值得注意的是，这同时也意味着当噪声门关闭时，吊镲的声音也就会被自动屏蔽掉了，这可能会与你想要的结果有些出入。

等信号经过噪声门的处理之后，再将其送入混响器

如果你将声音信号经过混响器处理之后，再送入噪声门，就会使噪声门过早地将混响声的"尾巴"切断，形成一种很不自然的音响效果。

音轨的整齐感

你可以以某一路音轨为主，由这条主音轨去激发一组添加在各路音轨上的噪声门，如此一

来，所有音轨的开启或停止就都会变得整齐划一。当演奏者们要同时起奏或结束某一个乐段时，可以利用这种方法来去除音尾结束时的杂乱感。这对于电贝斯声、背景人声、管乐及键盘乐（包括其他声音），都是一种非常行之有效的方法。

由于未经处理的电贝斯总会提前于底鼓发出声音，因此你就可以考虑使用上述方式，用底鼓音轨来激发加载于贝斯音轨上的噪声门。操作时，你要先将噪声门插入电贝斯音轨，并将建立时间设得短一些，恢复时间设得稍长一些。然后将底鼓的输出信号送入噪声门的旁链输入，这样一来，只有当底鼓开始敲击时噪声门才会开启。而对于各个声音细节的最后细调，你只需做到使底鼓声与电贝斯声合二为一即可。

利用振荡器来增添底鼓低频部分的厚度

先以扫频的方式，找出一个合适的低频频点，特别是要找到那个对歌曲起到关键作用的频点。然后将振荡器的输出信号送入噪声门，再用已经录好的底鼓音轨来激发噪声门。这样，在底鼓发声的同时，也就开启了噪声门，从而就会将振荡器所发出的低频声一同添加到乐曲中去。

但在很多时候，振荡器还具备另外一个非常实用的功能——让其发出这些高电平的持续声波，可以将那些总在一旁指手画脚的唱片监制人赶到控制室外边去。

粉红噪声还是白噪声

粉红噪声或白噪声发生器可帮你改善小军鼓的音质。在将噪声信号送入噪声门之后，用小军鼓的声音来激发噪声门。这样一来，噪声门的打开或关闭就会与小军鼓的敲击完全同步了，利用这种方法可使小军鼓的音质变得更加丰满厚实。

将闪避功能用于背景的铺垫

人声通常是整个混音过程中最重要的部分，而人声最重要的就是清晰度。你可以将混响声送入一个开启了闪避功能的噪声门。那么，每当歌手演唱时噪声门就会关闭，混响声也就随之消失，这样就可以给人声留下很大的表现空间；当歌手停止演唱时，噪声门便又会自动打开，使混响声得以通过。这也就意味着，只有在一个乐句结束后，混响声才会被释放出来，这种方法会使听众们产生在整首乐曲中，混响声都未曾停止过的错觉。另外，这种方法也可以用来突出作为旋律声部的吉他声部。

选用性能优良的嗞声消除器

为了使人声更具有穿透力，做均衡处理的时候往往会将声音中频率较高部分的电平提升起来，但这样操作的同时也会过分增加人声中的齿音成分。因此，一个性能优良的嗞声消除器，应该在保留乐音部分的高频声的同时，还能将夹杂在人声中的齿音噪声去除掉。声音中所有频率较高的尖声都是可以利用嗞声消除器来消除的，比如说它除了能去掉人声中的齿音，也可以用来消除琴弦的擦弦噪声，甚至是踩镲的串音等。

断续的音响效果

用踩镲或打点音轨来激发噪声门，便可获得不连贯的、较有冲击力的声音效果。这个方法很适合用在合成器上。

（1）先利用延时器将一路现成的以四分音符为一拍的节拍音轨，加快到以八分音符为一拍的节拍音轨。

（2）噪声门的建立时间和恢复时间要设得很短。

（3）将噪声门插入合成器的音轨。

（4）然后将延时器的输出信号接到噪声门旁链的输入端。

（5）最后慢慢调试各个参数，直到获得满意的音响效果为止。

节奏感

为了使乐曲拥有更强的节奏感和冲击力，可先将自动声像定位器的声像设在极左和极右，并将其计时器按照乐曲的节拍来设定。但是监听的时候，只监听自动声像定位器立体声输出的其中一路，试着听听其从满电平到电平为 0 时的音响效果。这种节拍效果非常适用于那种单轨的键盘声。你也可以考虑用底鼓的音轨来激发计时器，这样一来，乐曲中所有的节拍效果便都能随着乐曲的节拍而律动了。

在对声音添加混响及延时效果之前，完成对其所有的音频处理

如果你想要对一个已经添加过效果的音轨像对未添加效果的声音那样进行处理，几乎就等同于从一团乱麻中理出头绪来一样，具有很大的难度。

12.7　效果

12.7.1　混响

什么是混响

如图 12.1 所示，混响就是由一系列不断重复而且密集的多重反射声逐渐混合成一个平滑的、最后逐渐衰减至无声的余音。混响对于今天的录音棚来说，一般也就代表着一个数字效果单元或插件。不同的公司生产出的产品是不同的，但大部分的效果器都会遵循着相同的蓝图模板来设计和制造。每台效果器的所有预设值都可以由使用者来自定义改动，以适应各种不同的应用情况。其中包含以下几种典型的参量。

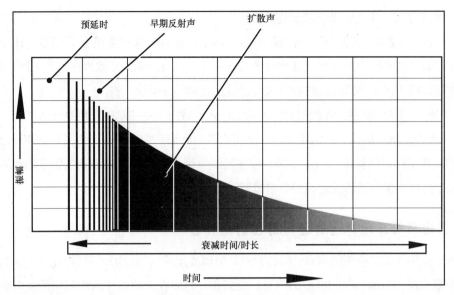

图 12.1　混响

（1）大厅混响。是一种拥有多种用途的混响或回声效果。通过对各个参数的设置，用户们既可以通过它来创造出大小随意的空间感，又可以利用它补偿某些录音环境所造成的声音缺陷。

（2）房间混响。其功能通常是用来增加声音的空间感，而非声音的混响声。这种房间混响用于架子鼓及其他打击乐器的时候，可以得到非常好的音响效果，它可以使原本死气沉沉的声音听起来更加活跃。

（3）板混响。经过板混响处理过的人声和声学乐器的音质，其音质都将变得更加丰富、厚实。在数字混响器出现之前，录音棚中所使用的板混响就是一个其中一端装有扬声器，而另一端装有话筒的金属薄片。金属薄片随着声波的起伏产生自然的振动，其末端的话筒便会将声音信号拾取下来并送回到调音台。当然，混响器上还会设有一个可调的阻尼开关，用来设置不同长度的混响时间。可以说，每个配置较高的录音棚中都会配有一到两台板混响器。

（4）房间尺寸。也就是说，混响器可模拟发出混响声的房间的面积大小。例如，房间尺寸被设成大厅的混响时间长度，就要比被设置成小房间时的混响时间长一些。

（5）衰减时间。混响效果从开始到结束，所用的时间长度。

（6）预延时。是指声音信号与其混响声之间的延时。在真实的环境中，声音到达反射面再反射回来的这个过程是需要一定的时间的，这个时间的长短也就是自然的预延时或者说是回声的长短了。由于，人耳早就习惯了这种预延时的效果，因此给声音加上时间长短比较自然的预延时，便可以获得纵深感更好的混响效果。

（7）早期反射声。就是指在声波的散射出现之前的单个反射声。

（8）扩散声。指经过多次反射最终融合在一起的声波。最后这部分的声音密度越大，给人们的听感就会越厚实、沉重。

（9）高 / 低频的衰减。有的混响效果器内部有自带衰减设置，这便使得用户可以按照自己的喜好对声音的高频或低频部分进行衰减处理。

　　（10）交叉过度频率及电平。有的混响效果器会有这种交叉过度的参数设置，让使用者可以根据使用方式的不同来改变高 / 低频分界点的位置，以及高频 / 低频声在声音中所占的比例。例如，你可以将声音中高频部分的混响时间设得比低频部分更长一些。

　　（11）输入和输出电平。我相信你肯定知道输入和输出电平控制的功用是什么。

　　（12）混合比或干湿比。这决定着你在效果声的返回信号中会带有多少原始的声音信号。这对前期的录音工作是很有帮助的。比如，你在录制一个直接被输入进混响效果器的线入吉他信号时，这个比例参量的调节就会显得非常重要。

回声、混响声和环境声三者之间的区别是什么

　　回声是指那些来回重复的声音；而混响声是指那些反射时间较短、声音密度较大的重复声；而环境声则是指那些混响时间极短的声音。比如说，当你在大峡谷中大声喊叫后所听到的声音就是回声，在大饭店里的舞厅大喊时你听到的就是混响声，而在饭店的洗手间里大喊时你所听到的就是环境声。

混响效果是否必需存在

　　经验法则告诉我们，混响应该是一个不会为大家所明确听到，但却只有当被去除掉之后才会被人们感知到的声音元素。

不要给每路音轨都添加混响效果，因为这样做会容易使所有的音轨都混成一片，分不清彼此

　　可以通过增加干声的比例来使声音听起来更加厚实有力，以此达到增加不同音轨之间对比度的目的。在一个湿声较多（也就是混响较多）的混音作品中，其中的干声部分是很容易被突显出来的。同理，在一个干声居多的混音作品中，其中的混响声部分又会显得比较突出了。不过，只有在没有过多使用混响效果的乐曲中，每个声部才能拥有充分展示自己的空间。

不要将所有的音轨都送给同一个混响效果器处理

　　不管是哪种效果器，你送给某一台效果器处理的音轨都是越少越好。由于混响器是用来调整每件乐器声像位置的前后及纵深感的，因此，如果将所有音轨都送给同一个混响效果器处理，那么各样乐器的声像位置就没有前后或纵深可言了。

　　但是，如果有两条音轨，假如一条音轨是人声，而另一条音轨是吉他声，而且恰好这两者在乐曲中又不会在同时演奏的时候，你就可以考虑将这两轨送到同一个效果器上去处理，因为两者的混响效果永远都不会出现重叠。

将每条音轨都送入同一个混响效果器处理

例如，你可以将录有架子鼓的每路音轨都以合适的电平分别送到同一台效果器中去处理。如此一来，每路音轨在整体混音效果中的定位及纵深感便都是一模一样的了。这样处理所得到的音响效果，总会比那种在给小军鼓加上一个混响器的同时，还要分别给底鼓和通通鼓再加上另外两台混响器所得到的音响效果要好得多。

将不同公司的效果器混合起来使用，可使混音的效果变得更加多种多样

所有生产效果器的公司，都会为自己所生产的效果器创造出来一套独特的程序及算法。而且所有公司生产出来的设备也都只会使用自己所开发出来的算法。例如，如果你添加在人声音轨上的这两台效果器是由同一家生产厂商所开发出来的，那么这就意味着两台效果器所发出来的声音，都是经由相同的算法计算得来的，因此两者的声音从根本上说来不会有很大差别。所以，如果需要将人声送给一台以上的效果器中进行处理，你便可以考虑采用不同公司所生产出来的效果器了。

廉价的效果器所发出的声音不一定是真实的立体声声音，它所产生出来的立体声右声道仅仅就是将左声道做了一下反相处理而已。想要发现这点并不难，你只需将监听模式切换成单声道，便可听到这时的声音都被抵消掉了。要想改进效果器的这种缺点，我们可以使用两台相似的效果器，然后将需要处理的声音信号分别馈送给两台效果器，再将两台效果器的左输出信号送入监听信号中去即可。这样，我们就能得到一个真实的立体声效果了。

不要让低频声混成一片

对于电贝斯这种低频乐器来讲，不要轻易使用混响器对其进行处理。因为，当我们将这类低频成分很多的声音送入一个混响时间较长的混响器中去处理时，便会在无形中给乐曲增加许多低频的成分，进而造成乐曲中低频部分的声音浑浊不清。

还需要再给人声添加点独特的味道？

将人声原样复制一轨，然后对其进行压缩处理直到听感略微出现失真为止。最后，将这路音轨 "垫" 在原始人声音轨之下，可以为人声增添一些额外的冲击力。

混响可用来掩蔽掉声音的某些细微不足，比如声音中一些突然的急停或电平较高的脉冲等

你也可以利用一些效果声音质与音轨音质相类似的混响器来掩蔽掉声音中一些比较轻微的杂音。也可以试着在混响效果器的返回信号上添加一些与原始音轨相同的均衡处理，这样所得到的混响声与原始声的音质便会合二为一，进而两者在混音中的声像位置也能得到统一。当然，在进行以上一切操作之前，你一定要先做到对自己将来想要获得的音响效果胸有成竹才可以。

用板混响对人声进行处理

如果你的录音棚中恰好拥有一台货真价实的板混响器，那么在混音过程中，你可以将其用于人声及一些主奏乐器的混响处理。因为，一般声音在经过板混响器或弹簧混响器处理过之后，其声像定位依然会非常清晰，所以你可以按照个人的喜好将各个乐器声部放到不同的声像位置上去。不过，需要注意的是，经过此类混响器处理的声音可能会有些过分的突出。如果出现这种情况，可以考虑在板混响的输入端添加一个预延时。

预延时是什么

当预延时功能被开启之后，它会向混响效果器内送出一定量的延时信号。大家都知道当我们在大峡谷中呐喊时，过一小段时间就会听到从对面弹回来的反射声。预延时的存在也是同样的道理，混响效果中的预延时可以令人声音轨的深度和维度感听起来更加自然、清晰。

预延时应该设多长

无论是什么类型的混响声，其预延时都可以被设到40ms以上，乃至几百毫秒都可以，不过具体的时间长度还要以听感的舒适度为标准。预延时的长度经常是以一首歌曲节拍长度的整数倍为依据的。预延时的时间越长，其混响效果就会显得越发独立，也就是说混响声与被处理的原始声音的区别就会越大；但是，根据哈斯效应，当预延时小于40ms的时候，这个预延时声就会被当作是原始声音中的一部分了。

对混响返回信号进行旁链压缩处理，可以为其听感增添一定的厚度，同时也令混响声更易于把控

为了使人声音轨的清晰度更佳，我们可以将人声音轨送入旁链输入端，使混响信号的电平跟随着人声电平的变化而变化。当歌手开始演唱时，混响信号会被压缩衰弱从而令人声被更好地突出出来；而当歌手停止演唱时，混响及延时效果就又会适时地显露出来。

单独使用一台混响器对人声进行处理

当人声拥有了其自己的专用混响器之后，相应的，在混音中它就会拥有自己独一无二的音色及定位。这时你便可以按照自己的想法随意对混响器进行设置了，而不必担心会影响到其他乐器或效果器。

也可同时使用两台混响效果器对人声进行处理

有时在将两种不同的混响效果结合起来之后——如一个混响时间较短的混响器和一个混响时间较长的混响器——你便可能获得一个音响效果更好的混响声。其中，由于混响时间较长的

混响声中低频较少，预延时较长，因此它会对之前混响时间较短但音色较明亮的混响声起到反衬的作用。

从效果器返回的立体声信号并不必须继续以立体声的形式呈现在最终的混音中

可以只使用效果返回信号的左声道或右声道来对某件乐器进行声像定位，记得将乐器音轨本身的声像与这路返回信号的声像摆到一起。当然，如果音响效果需要，你也可以将乐器音轨的声像摆到左侧，再将效果返回信号整体摆到右侧。你甚至可以单独对返回信号的某侧声道做高频衰减的处理。

自然就是美

你当然也可利用录音棚的真实厅堂环境来录制混响／环境声，也就是将未经过任何混响处理的原始吉他声通过吉他音箱重放出来，信号的电平就由吉他音箱的输入增益来控制。拾音时，如果你将话筒直接放在音箱的前方，那么你所拾取到的声音中便会具有浓厚的电声味道。如果你将话筒摆放的距音箱稍远一些，那么所拾取到的声音中也会夹杂着一些房间的混响声。最后将这路重新录制下来的声音与原始的吉他信号混合在一起。

如果你还希望获得更多的环境声，你也可以将两支话筒分别置于录音棚对角线的两个角落，每支话筒大约距墙角还有 1ft 左右的距离，另外还要记得将话筒的振膜也朝向录音棚的角落摆放。

延时声是在左侧吗

如果希望一个活跃房间里的混响声能具有比较真实的纵深感，那么可以取来两支话筒，将其中的一支置于房间的一角，将另一支置于附近的走廊上。由于话筒的位置不同，因此声源所发出的声波在到达这两支话筒的时候必然是分先后顺序的，这样在波形图上体现出来的两条声波波形便会出现一些轻微的延时。将乐器本身的声像位置以声波位置比较靠前的那一轨作为基准进行设置。长短不同的延时声，使我们真实地感受到各种房间的宽度及深度。当然，在做上述操作的时候，一定还要检查一下两支话筒的信号有没有出现相位方面的问题。

将某一台效果器的输出信号送到另一台效果器进行处理

通过这样的操作你能得到千变万化的音效种类。例如，你可将经由混响器处理过的声音信号，送入合唱效果器，或将合唱效果声送入一台延时器中去，或再将带延时效果的声音送入一台混响器，类似以上这样的效果器排列组合的方式还有很多。

记得要时不时地使用单声道的监听方式来监听你的混响器返回信号

这样做的原因是，即使是在现今拥有如此先进视频技术的时代，许多电视机也仍然只有一个扬声器。所以如果某个节目的立体声信号是反相的，那么在使用单声道重放这对信号的时候，它们就会被完全相互抵消掉了。

全力以赴

在录制吉他声的时候，可将效果踏板、延时踏板、失真踏板、和声踏板及其他所有的用于现场吉他录制的设备都连接好。然后多听听过载、失真，甚至是与某些效果混合起来的声音效果，因为以不同的方式组合起来各种效果器可以产生出非常有特色的声音（当然，你的试验是要以歌曲的需要为前提进行的）。

先将送出信号中某个频段的声音衰减掉，再将返回信号中的这个频段的声音再重新提升起来

理论上，这两者的效果是会被相互抵消的，但实际上，你却可能由此得到某些非常有趣的音响效果。

与其对返回信号进行均衡处理，还不如在效果器的输入端便对声音进行均衡处理

预先将某路音轨中不想要的频段衰减掉，然后再将这个做过均衡处理的信号送入混响效果器，通常这样就不必再对效果返回信号进行处理了。也就是说，如果输入信号已经做过均衡处理了，那么便没必要非得给返回信号添加均衡处理。

衰减声音中的低频部分

一首歌曲的节奏越快，这首歌曲所需要混响声中的低频部分也就越少。

节奏较快的歌曲更适合使用一些混响时间较短的混响效果

还是将那些混响时间较长的混响效果留给节奏缓慢的歌曲吧。因为，当一首乐曲的节奏快过某个节奏速度之后，你之前所做过的那些效果声就都不会那么明显了。

尽量让混响声恰好持续到下一拍开始之前结束

特别是对于打击乐器而言，过长的混响声会与下一拍的敲击声混到一起，可能会导致声音变得模糊不清。

混响时间过长会令歌曲听起来十分混乱

有些时候，你可以利用时长相等的延时效果来代替混响效果。经过这种处理的声音，会让人感觉其混响时间被延长了，但音质却不会因此而变得浑浊不清。另外，对于那些混响时间较长的混响效果，你一般都应将其电平适当地设在一个较低的水平。当延时时间较长时，我们有必要多花些时间来找准延时的时长。

找到那个对歌曲音响效果影响最大的频点，然后依据此点来设置交叉淡入 / 淡出的频率

你只有进入效果器单元的参量控制界面才能对这个频率进行调整，而且最好能将这个频率设在符合歌曲调性的频点上。另外，由于这个交叉淡入 / 淡出点的电平总会低于其他频率的电平，这也就意味着是为其他乐器的这个频段腾出了均衡处理的空间。

与其直接对某路音轨的原始声音进行均衡处理，还不如只对其效果声进行均衡处理

有时候，将效果声的高频部分提升一点点，就足以连带将整路音轨的形象都从背景声中突显出来。当然这样处理的前提是你了解所有送入这台效果器音轨的声音也都会被上述均衡的处理所影响。

直接对数字混响器的输出声音信号进行均衡处理

与其对调音台上的各参量进行调整，还不如直接对混响效果器上的参数进行修改。没有必要再给调音台的信号通路中多增加一台处理器（这样做会多引入一级噪声）。

不要让声音变得浑浊不清

在将某路经过了均衡处理的音轨送到和声效果器或谐波发生器时要十分小心。例如，你先给电贝斯音轨加了一台均衡器，比如说在其声音 100Hz 的低频频段进行了 3dB 的电平提升。那么接下来当你将这轨声音送入谐波发生器的时候，就会连带将声音中之前被提升过的低频部分也一同进行处理了。通常在这种过度处理的情况下，返回信号中各种频率的泛音叠加在一起，使声音变得模糊不清。

解决上段中的问题很简单，你可将这轨信号分成两轨，然后将其中一轨信号的低频部分衰减掉，再将这轨信号送入谐波发生器中去。当然，等你得到了期望中的声音之后，一定要记得将这轨声音从主混音母线中剔除出去。这时，在效果器返回的声音信号中，便既有丰富的低频成分，又不至于因为低频部分的整体提升而造成声音的模糊不清了。

如何将人声处理得更加清晰

你可以将人声送入一个板混响器及一个房间混响器，或送入一个大厅混响器及一个环境声混响器，不过建议不要尝试将两个同样类型的混响器（如两个房间混响器）叠加起来的效果，除非你将两者的参数设置得差别极大。

花点时间将人声中所有的音准问题处理好

一双灵敏的耳朵是可以迅速地将人声那些走调的部分捕捉到的，在理想的情况中，所有的音准问题其实都应该在前期录音的过程中就被解决掉了，只不过在实际的工作中并不总是如此

顺利。如果你要检查人声部分是否存在音准问题，不要单独只监听人声这一路，要将所有其他声部也一起重放出来，这样才能更容易地对比出乐器与人声之间的差别。另外，在检查音准方面的问题时，应将监听的音量关小一些，监听音量越大你就越不容易察觉出人声中的错误。

12.7.2　延时效果与合唱效果

延时声就是延后发声

　　所谓延时就是指一个声音与其重复声之间的时间间隔；而回声则是指原始声音的一系列重复声，随着声音的重复，其电平会变得越来越弱。录音棚中使用的延时效果器，是允许使用者自行对时长、延时量、调制及其他各个参量进行设置的。而且，你要知道的是延时效果器不仅能产生延时效果，还能产生合唱、镶边或加倍等效果。如图 12.2 所示，普通延时效果器的各个参量都含有以下内容。

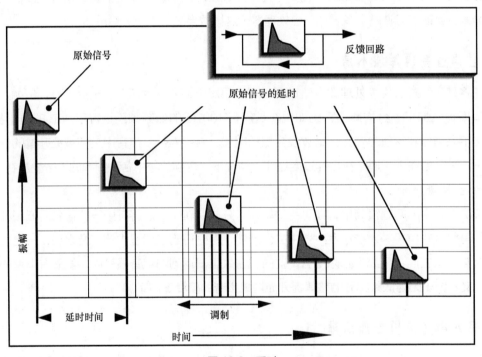

图 12.2　延时

　　（1）反馈（重复）量。也就是回馈到原信号中的反馈信号量。一个反馈量为零的信号只会将原信号重复一遍，而随着反馈量的增加，延时效果中会多次出现原声的重复声，并随着原声重复次数的增加而变得越来越轻。然而，一旦这个参量设得过高，便意味着每个重复声的电平都会较其自己之前的那个重复声大一些，从而出现回授现象。

　　（2）延时时间。原始声音信号与其重复声之间的时间间隔长度。

　　（3）深度或调制。这个功能使得使用者可以自行设定延时效果器的变化方式。例如，你可让延时时间在 100 ～ 120ms 来回变换，这样处理过的声音听起来就不会再那么机械、僵硬了。

（4）速度或 VSO（变速振荡器）。调制速度是用于决定调制在两个时间值之间变化的快慢的。它最慢可多达几秒，最快则可快至仅几毫秒的长度。

什么是合唱效果和镶边效果

合唱效果或镶边效果都属于延时器所产生的效果种类之一，都是通过对延时器中深度、调制及速度等参量的不同设置方式来实现的。其中，合唱效果的原理是让原始信号与其调性经过重新设置的复制信号相叠加。而镶边效果的原理则是将一个原始信号与其本身的延时信号相结合。镶边效果的延时时间长度极短（0 ～ 20ms），间隔如此之短的延时信号，使人耳无法将原始信号和延时信号相区分开来，就使得两个声音信号听起来像是一个声音信号一样。你可以通过变化延时时间的长度来决定声音频谱图中相位抵消的位置是上移还是下移。如果你从没有亲耳听过合唱或是镶边这两种效果，是无法对它们的音响效果有切实的体会的。

早期镶边效果的制作方法

给声音添加镶边效果的传统方法是，录音师会先将一路音轨送到某一台闲置的磁带录音机中，然后用大拇指抵着第二个磁带滚轴或磁带的边沿（以减慢这个磁带转动的速度），利用两台录音机录音磁头与放音磁头之间的距离，使两个重放的信号之间产生一定的时差。这样，当第一台录音机的声音与第二台录音机的返回信号混合在一起后，便会产生出相应的镶边效果了。

另一种产生自然镶边效果的传统方法是，我们先像往常一样将一支话筒指向声源，以拾取声源发出的直达声；然后让其他人用线缆再吊起一支话筒，慢慢地转动这支话筒；最后，在重放直达声的同时，加进那支不停旋转着的话筒所拾取到的声音信号，就能使混合后的声音产生出自然的镶边效果了。

我希望副歌及和声都分别拥有其自己的专用音效

有些时候，你也许会希望每次在重复和唱效果或镶边效果的时候，都能听到其中一模一样的"嗖嗖"声。如果调制的循环周期被设置得偏慢，会意味着原始声信号所激励出来的每一遍"嗖嗖"声都会是随机产生的。如果你希望在每次重复这类效果处理的时候，都能得到相同的音效，那么你就可以利用两路音轨多录制几遍这个效果素材，直到你满意为止。当然，你还可以考虑修改一下调制参量的设置，或是变换一下延时的时间长短，也能对声音的相似度起到一定的帮助。

在录制过多遍"嗖嗖"声之后，其中肯定会有某一遍或两遍素材会令你感到十分满意，这段声音便可以作为素材被保留起来了，以备在将来每次需要相同的音效时进行调用了。虽然在录制这个效果声的过程中要占用掉两路音轨，但是在录制完成后它却能省出一台效果器，以备其他声部的不时之需。

延时对音色的改善

你可将一对由延时器返回的立体声信号分别送入调音台上的两路音轨，然后给这一对信号稍微做一点延时处理，延时时间的长短也就只有几百毫秒。但要注意，不同的调制（深度）及延时时间的设置，可能会使声音听起来出现镶边抑或是泛音的效果。在设置合唱效果时，可以将延时时长设成素数。如果有必要，还可对延时的效果声进行声像的摆位。

合唱效果的多种用途

音响效果丰满的声源，其声音中会拥有较多的谐波成分，经过合唱效果器对这类音源进行处理之后，所得到的音色将更加悦耳动听。对于木吉他或人声来说，你也可以对其进行合唱效果的处理，以获得更加醇厚的音质。但是，在是否可以给钢琴加合唱效果这个问题上，仁者见仁，智者见智，并非所有录音师都同意这种做法。

让声音更加宽厚

一首节奏比较缓慢的乐曲加上了合唱效果的电贝斯声，它会变得更加宽厚、低沉。但是，要注意不要过分使用这种处理方法，因为如果声音中的低频成分过重，就会使得乐曲宝贵的动态余量遭受一定的损失，并且还会令低频段的声音变得模糊、浑浊。

更加厚实的音质

如果有条件，你可以利用那些人声的备选素材再重新拼凑出来一路新的人声音轨，并尽量让这路音轨的音准及节奏型与原先那路最终的人声音轨相一致。然后，利用延时器给这路新的音轨添加一些带调制变化的延时效果，延时时间为 20ms 或 30ms。再将这路音轨作为铺垫衬托在原音轨声音下面，可以增加人声的丰满度。不过一定要记得，新制作出来的这路音轨其音量必须维持在一个较低的范围内，否则它可能会被过分地突显出来。

换个处理方法试试看

你可以把电贝斯的声音信号送入一台变调处理器，将电贝斯的音调提高一个八度或降低一个八度。然后将这路进行过变调处理的音轨作为原音轨的铺垫即可。

利用和唱效果，可以遮掩掉某些轻微的走调现象

如果人声稍微有一些走调，那么在给其加上和唱效果之后，可以将旋律中那些走调不太严重的部分遮掩掉。但是，如果人声所存在的音准问题过于严重，那么对其进行和唱效果的处理之后，反而只会使这个缺点更加突出。

有些时候，你也可以对人声进行加倍甚至叠 3 倍的处理（并不是说简单地复制粘贴，而应

是重新录制两遍甚至 3 遍），也能起到遮掩这类音准方面问题的作用。一般来说，多路叠加后的人声音会比单独一轨的人声音准好很多。

音准的调校

由于现今可供利用的音调自动校准器有很多。一般而言，不会有哪路人声音轨在进入最后的混音阶段时，还会出现音准方面的问题。但是，如果你想要得到一轨音质尽可能完美的人声，那么我建议还是尽量避免使用这类能对音调自动进行校准的设备。因为对声音进行过多的自动校准处理，可能会破坏人声中那些抒情的细节部分。不过对于很多歌曲而言，也有很多人会故意将人声处理得僵直、冷硬。在现今音乐界内的认知中，大家已经将自动修音准的处理视为一种对声音的效果处理了。

沉稳的音质

增加架子鼓房间声中低频部分的谐波成分，可使架子鼓的音质变得更加沉稳厚实，有些类似于 20 世纪 80 年代的摇滚乐风格。

试着开发一些不同的延时效果

当你将一轨架子鼓的软音源信号送进一台数字混响器的输入端时，混响器每次受到激发后所发出的混响声都会是一样的。这种一成不变的混响效果可能会令听感变得较为死板。为了改变这种情况，你可以在信号的送出端与混响器的输入端之间接入一台延时器，其中参数设置是：延时时间较短、反馈量为 0，调制量较小，以及 VSO 为中等速度等。然后，还要配合上变调效果器，为声音添加上一些轻微的音调变化，这样每次被送入数字混响器之前的敲击声，其时值和音调都会是不同的，那么最后所产生出来混响声便也会是千变万化的了。

给环境声加延时处理，可提高房间在听感上的大小

为了增加房间的听感大小，你可以给房间声的那对立体声音轨分别添加两台参数设置相同的延时器。因为，如果两个延时器设置得不同，那么处理后的声音效果就会显得有些奇怪了。同样，要注意是否存在相位问题。

为了获得一个音质优美厚实的吉他声

你可将这轨吉他送到一对延时器中去，注意要将这两台延时器的延时时间长短设成不一样的数值，且都要低于 100ms。先将吉他的声像置于略偏于中间的声像位置，再分别给每台延时器加一点调制效果，然后将它们的声像分别打到极左和极右。经过这样处理后的吉他声依然会处于整个声像的中央位置。若是换作以往，当吉他的声像被打到了极左和极右之后，便往往会失去了准确的声像定位。

如何利用一个延时时间极短的延时效果

如果希望不通过均衡器便达到提升某路音轨高频部分的目的。你就要将这路音轨送入一台性能优良的延时器中去，并将延时时间设成一个小于40ms的数值。再把这路音轨的低频部分衰减一些，进行一定的压缩处理，最后将其衬托在那路原始音轨的底下。

利用效果器来实现一分为二的操作

可用合唱效果器将某路音轨分离成两路。比如，你可将一轨单声道的键盘声变成一对立体声信号。

什么是敲击回声

敲击回声就是一种利用模拟延时器来产生延时效果的一种老式方法，经常为我们爷爷辈的那一代录音师所使用。这些在早期录音时代的先驱者们，就是靠利用模拟录音机上的录音磁头与放音磁头之间的距离，来创造一个反馈循环音效的。

而像"最高有效位"这样的术语，也都是由当时的录音棚接待处（前台）的一些口语化的称呼发展而来的。

用于修饰鼓声的延时效果

为了获得一个持续时间较长的小军鼓声，你可以以八分音符或十六分音符的长短为依据来设置延时时间，然后将小军鼓的声音信号送入到这个延时器中进行处理。最后，再增加一些反馈量，将这轨声音衬在小军鼓的原始声音底下。

为了使一对立体声效果具有更良好的扩散感，你可以分别将两台延时器接入立体声通道，其中一台延时器的延时时间设为歌曲节拍长度的1/4，而另一台延时器的延时时间则设为节拍长度的2/3。不过，如果你觉得在这样设置之后，音响效果仍然不够完美，那么你就需要多在延时时间、声像和反馈量这三者之间的协调上多下一些功夫了。

一台各个参量都被精确设置过的延时器，既能使你的声音获得完美的空间感，又能被用于合唱、循环、混响、预延时、立体声的模拟及敲击回声等各种音效处理。

延时声的差别

如果要增加人声与其延时声之间的差别，那么在对原人声及延时声进行均衡处理的时候，要将两者均衡器的参数设置成不同的数值。同理，如果你不希望人声与其延时声之间的差别过大，那么就将两者均衡器的各个参数设置成相似的数值就可以了。

我爱光环效果

若要给人声添加光环效果，可先设一个带有高频衰减，且延时时间为四分音符时值长度的延时效果。然后慢慢提升起延时声的电平，直到你听到这个效果开始对人声起到了修饰作用为止，不过这时的效果声电平是稍有些过大的，因此你还需让其电平回落一部分，将其衰减到人耳能隐约地对其有所感知的程度。接着，你要降低混音声的整体电平，以便能对延时声有一个更为清晰、直接的把握。如果你依然对声音的音质有所不满，那么也可以试着根据需要再添加一些混响声。不过要注意，这个混响声最好只能被人耳感觉出来，却不能为人耳所听到。当然，以上只不过是我自己的偏好而已。

拉开你与乐队之间的距离

与其提高延时效果器上的反馈量，还不如将从延时效果器输出的信号送入一路加有高频衰减均衡处理的通道。如此一来，随着延时声的不断重复，声音的保真度会变得越来越弱。这样的操作可使延时声听起来更加自然、真实。且不至于由于声音中的延时效果过于明显，而被听众吐槽："这个人声明显是被效果器处理过的。"

要根据实践经验来增加延时时间的长度

延时时间较长的延时声其音响效果通常都比较理想，但是它的缺点就是如果在混音的过程中使用过量，就会使音尾过于散乱、破碎。当然，说不定这种零散、破碎的感觉也正是我们所追求的声音效果之一。

用延时器来改善小军鼓的音质

如果我们需要对小军鼓的某一下敲击声进行替换，你可以对在此之前的那一下敲击声加延时效果，延时时间的长度要严格设置为这两下敲击声的时间间隔。然后将这个利用延时器反馈产生的小军鼓敲击声录到另一路音轨上，再将这段录好的敲击声覆盖住原音轨上出错的部分就可以了。你只需要一台延时器及一路空闲的音轨就可以实现这个操作。

在你录制这段小军鼓声的时候，一定要记得调整此轨电平的大小，并且还要反复地检查录制的内容是否正确。保险起见，你可以为原始音轨做个备份。

同一轨小军鼓至少要由两种不同的采样所构成

如果你不得不对小军鼓的所有敲击声重新做出调整，那么不要只使用一下小军鼓的采样声来制作整路音轨。你应该选两个较为相似的敲击声，以此作为采样范本。除此之外，你还需要设置一个声像自动定位器，以每一下敲击声来对其进行触发启动。当第一个小军鼓采样的开始发声之后，声像定位器会被触发开启另一侧通道，这时就意味着第二个采样开始发声了，等这个击鼓声过去之后，便又会轮到第一个采样发声，如此循环往复、交替发声。这种方法用于制作一连串的击鼓声效果是非常好的，因为相对而言，由单独某个采样构成的小军鼓声很容易被听众感觉出来。

铃鼓的添加

如果想要在每两下小军鼓的敲击声之间插入一个铃鼓的拍打声，那么也可以利用与上述"配合声像定位器使用采样器"相同的方式进行处理。也就是说，当铃鼓的采样器发声时，另一台采样器就不会被触发。要记得提前将采样器设置成每隔一下小军鼓的敲击声才会发出一次铃鼓声的模式。

越少则电平越大

所有的均衡、混响、回声及合唱效果，都是以提升电平为前提而起作用的，增添过多的处理只会使整个混音声电平降得越来越低，所以说，效果处理添加得越少，其占用的电平空间也就越小，自然的混音电平及音质也才会更大更好。

效果器不够多

这有什么关系？要想制作一个音质优良的混音作品，我们没必要将周围所有的周边处理器都用个遍。一至两台混响器、一台延时器，或者再加一台合唱效果器就足以制作出一部音响效果精美的乐曲。

效果器过多

现今，数字效果器及各类混音设备种类之繁多足以令人眼花缭乱，使得我们很容易在不经意间便在声音中加入了过多的效果处理。效果器的功能是使乐曲发展得更为流畅，而不是被随便用来添加一些不必要的效果。作为录音师，你的职责就是要帮歌曲取其精华、去其糟粕，而非画蛇添足。

人声音轨各段落的听感应保持统一

对于人声的表现而言，音色及电平缺一不可。跟随着歌曲的段落起伏，歌手会以不同的风格、发声方法来演唱，在这个过程中人声各种音色方面的变化都不应该被轻视、忽略。比如，当歌手在演唱某个较为低沉轻柔的段落时，对人声所需要进行的处理就会不同于那些演唱方式较为高亢的段落。这也就意味着，对于同一首歌曲每个段落（甚至细化到每个词句）的人声，你所要采取的处理方式也是不同的。作为混音师一定要做好细化处理各种细节的心理准备。

人声的音色会随着音区的高低而发生改变

当歌手随着旋律的高低起伏变化自己的发声位置时，他的嗓音所呈现出来的音色也会有所不同。比如，一首歌曲的桥段部分音区较高，副歌部分的音区较低，那么我们对桥段部分的人声所进行的压缩、均衡等处理方式会不同于副歌部分。也就是说，不同的发声方式，如高音区的假声唱法与低音区的真声唱法之间需要对应不同的处理方式。

12.8 电平

在进行声像摆位时，要先清楚各路音轨之间的关系

在混音伊始，你应先开启所有的音轨（保证它们非哑音状态），并对各路的电平及声像进行一些简单的调整，也就是进行最初步的粗混工作，才能令我们首次对歌曲的全貌有一个大致的了解。通常，底鼓、小军鼓、电贝斯及主唱的声像都会被放在正中间，而其他乐器，就需要你凭借经验或听感来进行设置了。

有的录音师习惯先从架子鼓和电贝斯音轨的均衡、压缩处理开始着手进行混音，因为这些声部都是一首歌曲最基础的组成部分；而有的录音师却喜欢先从人声开始做起，因为他们认为人声是一首歌曲最核心的部分。其实，每首歌都有其自己独特的一面，要具体情况具体分析，所以在混音前要先将所有的音轨都同时重放几遍之后，再决定从哪里作为切入点对歌曲进行混音才是最稳妥的做法。从另外一个角度来讲，歌曲本身的风格和特点才是决定混音方式的根本。总而言之，在一般情况下，像吉他、架子鼓等其他乐器声部都应当被视为一个整体背景，人声声部才是那个需要被突显出来的耀眼之星。

先将所有的推子都拉到底后，再重新调整各路音轨之间的电平比例

有时候很难确定该从何处开始着手对一首歌曲进行混音。如果你在如此之多的音轨中实在找不到感觉，那么便索性将所有音轨的推子都拉到底，再重新对所有音轨的电平进行调整。在这个重新调整的过程中，将所有的乐器声部都逐个送到整体的混音信号中去，对电平重新进行设置。

尽早在混音中加入人声音轨

对于人声来说，其他声部的作用都只是陪衬，那么在混音时，尽早引入作为主唱的人声音轨，可使你能更快地知道如何调整其他声部的声音，才会将人声衬托得更加优美动人。

降低电平而非提高电平

在改变某路音轨的电平之前，先试试降低其他某些音轨的电平，这同样可以达到使前者从整体的混音声音中突出出来的目的。有的时候，即便是你多次提升某些音轨的电平，它们还是会被其他声部所掩蔽，这也意味着均衡处理在某些方面还存在着一定的问题。此时，你就应该去检查一下各轨的设置中，是否出现了频率混叠这种类似的情况。

有时稍微改变一下声像的位置，便可使某一个声部听起来更加清晰

在调整某路音轨的电平之前，还可以试试稍微变化一下声像的位置，是否会对此路音轨的清晰度起到改善作用。如果两件乐器发声频段相似，且两者的声像位置也恰好被摆在了一起，那么这两件乐器的音色就会相互干扰。而一旦将它们的声像位置分开，这个问题马上就能得到解决。

在混音中不要让某些声部的电平起伏过大

通常情况下，柔和细微的电平变化要比夸张剧烈的电平变化更能带给人们舒适的听感。混音这项工作的最终目的，并不是将所有声部的电平都调整在一个合适的范围内就可以了，而是要将作品中的思想情感尽可能原汁原味地表达并传递给听众。混音是一门艺术，而非简单的操作技术。

亮点

对于歌曲中有人声存在的段落，要着重提升人声的亮度及清晰度，而在没有人声作为主要声部的段落中，就要将吉他独奏或架子鼓从众多伴奏声部中突显出来。在人声的段落之间，如歌曲的间奏等部分，可以将吉他声音的亮度提升起来，等人声重新出现之后，再将吉他声还原成原来的样子，这样便可使听众的注意力总是能被吸引到某个声部上。但是要注意，在整首混音作品的播放过程中，同一时间只能允许一个亮点存在。

鼓的滚奏

若想突出小军鼓或通通鼓的滚奏声，那么只要将这两者的混响声提升起来就可以，而不用专门来提升二者本身的电平。只提高混响声的电平，不会对小军鼓和通通鼓原始声的电平造成影响，但却足以使它们从其他声部中突显出来。

尽量保持平稳

除非在歌曲中出现以架子鼓为主奏乐器的演奏段落，否则，一旦底鼓、小军鼓及电贝斯的电平大小比例确定，就尽量不要再对其进行大幅调整。我们都知道将底鼓及小军鼓的电平提升起来的音响效果会很好，但如果你在后续的乐段中还要再将其减弱成之前的电平大小时，听众就会感到声音中好像缺失了什么。这是因为从歌曲的开始到结束，如果歌曲的配器没有很大的变化，其听感变化应该是由简入繁、厚积薄发的递进。所以，当你在途中对某些重要声部的电平进行衰减，肯定就无法满足听众对歌曲的这种期待感了。

要保证人声在混音中至高无上的地位

对于今天的流行音乐来说，混音中最重要的元素非人声莫属。因此，一定要尽可能保证听

众能够捕捉到人声的每个音符及尽量多的细节。

人声在一首歌曲中所占的比例是否合适与歌手个人的音色、音质有很大的关系，有些人声音轨无论被放在哪里，都会是鹤立鸡群一般的存在。对于一个音质厚实、有力的人声来说，你不需要刻意将其从混音中突显出来，它便可以依靠其自身的特点自然而然地展现出清晰、明亮的音响效果。

适当衰减某些音轨的电平，为人声让路

就算你所录制的吉他音轨的音质相当出色，也并不意味着你要将其电平从头到尾都开得特别大。像吉他声、鼓的滚奏声及其他一些声部虽然音响效果也非常棒，但无论如何它们都不可以将人声掩蔽掉。

左，还是右

一整首歌曲的各路音轨声像的摆位要左右分布均匀，当然不必随时都保持左右的平衡，但对于歌曲的整体效果来讲，一定要保证基本的平衡。例如，你可在副歌段落的时候将牛铃的声像摆在左边，而在主歌段落的时候将手鼓的声像摆在右边，这样从歌曲整体的角度来看声像摆位就非常对称平衡了。

在进行声像摆位的时候，要不时以单声道的监听方式对声音进行检查

相位抵消这个问题，可能会使那些在立体声模式下听起来清晰、明亮的声音，在切换到单声道模式时变得极弱无比。如果出现这类相位问题，你可以在单声道的监听方式下来调整某些声部的声像。你会发现在调整的过程中，有些声部会消失，而有的则会突显出来。

你是对的，这件乐器的声像确实是在左侧

一对立体声音轨的声像定位旋钮所对准的刻度，应该控制在 9 点到 3 点，而不要将其打到极左和极右。因为，声像被分得过宽的立体声音轨，如架子鼓的吊顶话筒及钢琴等，会失去其位于声像中央的整体定位感。一般来说，发声频段较低的乐器，其声音的指向性也较差，所以这类乐器的声像更应被集中摆在靠中间的位置。有的时候，电贝斯和底鼓这两种乐器的声像可能并不会被置于整体声像的正中间，而是会稍微偏离声像的中心。这样一来，从声学角度来说，两种乐器的声音便不会重叠在一起了。

可以说，绝大多数的录音师都有将立体声声像打到极左极右的习惯。如老海滩男孩乐队、甲壳虫乐队，甚至是艾利斯·库柏（Alice Cooper）的录音中，都存在将主唱人声的音轨或架子鼓音轨的声像完全打到某一边的问题。不过，这确实是一种给歌曲增加宽度感的最常用的方法。

将吉他声一分为二

你可以试试把一路吉他音轨分成两路相同的音轨，然后将其中一轨反相，这样便可获得一种

较为古怪新奇的音响效果。当然，一定要记得再以单声道的监听方式检查一下声音的效果，因为如果这两路音轨的电平是一样的，那么在以单声道方式重放的时候，它们便会被相互抵消掉。

善用立体声拾音方式

当音源是那类音色很有特点的乐器，比如木吉他等，以立体声的拾音方式来拾取这类乐器的声音所获得的效果会相当不错。但是，以立体声方式录制的乐器，其声像通常也会占用较大的空间。可以说，你在一部混音作品中，所加入的乐器、声部越多，能从整个作品中体现出立体声声像的乐器也就越少。

分而治之

同一路音轨中的高、低频部分可能会需要不同的压缩处理。你可先将这个声音信号的所在音轨分成两路。第二路音轨可专门用来触发声音处理器／效果器的响应方式，却不会改变这个声音本身的音色。但一个经过恰当的均衡处理的声音，在触发压缩器的时候，其各个频段的压缩量也应当是统一的，这样才能使被压缩后的声音各部分电平都能保持一致。

对于人声，你也可以通过调音台将其分成 3 轨，然后再根据歌曲不同的段落的不同风格，对每一轨都进行一些与其他两轨稍有不同的处理。

灵活利用哑音功能

利用哑音功能可以使乐曲呈现出不同的音响效果，比如你可以试着在歌曲进行到一半时，根据节奏将某些音轨哑音。比如，在将音轨第 2 拍的时候哑音，再等到第 4 拍的时候将音轨重新开启，然后听听此时的音响效果发生了什么样的变化。可以说，在将某一轨哑音的同时，就是在给其他音轨留出更多的展现其自身风采的空间。需要提醒的是，以上操作都应先经过制作人的同意才能进行。

利用音轨的哑音功能可将歌曲中某个特定的段落送出

当你需要某种特殊的混响效果时，就可以使用这种方法，如给小军鼓的某个敲击声，或人声中某个唱词加混响效果等。不过要注意，这时候所使用的是通路的送出信号，而不是返回信号。

举例而言，你可以将小军鼓的音轨送到一路新开的音轨中，开启送往混响器的辅助送出电平，要记得这轨的信号是不用被送入主立体声母线中去的。然后将这一轨与乐曲同时重放，只在特定的节拍对其进行哑音及开启。这样一来，就只有那些需要被处理的信号才会被送到混响器中去。记住，这路音轨只是用于激发混响器，而不要将其直接送到监听扬声器重放出来。

加快节奏

如果一个混音作品听起来总是令人感到死气沉沉，那么有些时候你可以试着将乐曲的节奏加快一拍或两拍，说不定就可使整首歌曲都变得活力四射了。不过，还是有许多艺术家不赞同这种做法的。比如有一次，当在我给某乐队录制唱片的时候，制作人就曾试图在某一首歌曲中运用上述的方法，但其中的一位歌手却不同意，因为他认为任何人都没有资格对歌手创作的歌曲做出改动。

在一首歌曲中，各声部的声像定位是非常重要的

通过将不同乐器的声像位置移近或移远一些，可以使歌曲听起来拥有更为丰富的深度感和空间感。比如说，如果某件乐器的声音较纯净、较亮，那么这件乐器的声像便会比较靠近前方，而如果一件乐器的声音听起来比较浑浊、晦暗（作为背景声部），那么其声像就会比较靠后。如果你希望某路音轨的声像向远、向后偏移，那么你可以采取以下做法。

（1）降低音量。一个声部的音量越大，其声像位置也就越靠前。因此衰减某路音轨的电平便可使这路音轨的声像位置向后方靠去。

（2）打偏声像。对于声像定位，我们基本上不会将一个声像定位距离较远的声音放在整个声场中的正中央。但是，如人声这种声部，其声像就会被打到正中间的位置，这时左右扬声器所产生的声功率是相等的，因此当两者叠加之后便会使得这个声部的声像听起来更加靠前、更亲切一些。

（3）衰减声音的高频部分。在实际环境中，当声源在较远的位置发声时，随着声波的传播，其中的高频部分相较于低频部分来说，总是会更早地被空气吸收和衰减掉。这就是为什么当你的邻居播放音乐的时候，你所听到的只有乐曲中低频的重击声，却听不到乐曲中那些音色更为清脆的声音。所以，一轨失去了高频声的乐器，其声像就会让人听起来距我们更远一些。

（4）添加效果。因为在实际环境中，如果一个声源在较远处发声，我们还会听到自然的回音及混响声。

混响声的声像定位

利用混响声的声像来对某路音轨的声像进行定位。例如，你可将某路音轨的声像定在 2 点的位置，然后将其混响声的立体声声像分别置于 11 点和 5 点这两个位置。

堵住你的耳朵

在混音的过程中，你可能会逐渐失去原有的客观性。这时，你可以尝试这一方法——先将混音的电平调到一个合适的大小，然后离开控制室让自己的耳朵休息一会儿。等你回来时，用手指堵住自己的耳朵，闭上眼睛再去听。这可使你体会到两种完全不同的音响效果，尤其在检查人声及小军鼓电平的时候，这种方法显得更加实用。甚至，你还可以试着将门关上，然后站到门外面去听听混音的音响效果如何。以上这两种听音的方法，都是为了能让你更顺利地判断出在混音中是否有某些段落存在着比例过大或过小的问题。

及时捕捉声音中的哼声等噪声

你可以通过使用耳机来监听的方法找出声音中可能存在的哼声、"劈啪"声、脉冲声或"嗡嗡"声等噪声。因为在很多时候，一些在监听扬声器中听起来不那么惹人注意的瑕疵，在耳机中听起来可能却会显得非常清晰、刺耳。

在用耳机监听时，我们要在电平较低的前提下，才能真实地感受到各个乐器的摆位及其相互之间的比例。因为，很多听众是非常喜欢用耳机或耳塞来欣赏音乐的，所以你在混音时也应照顾到听众的听音习惯。

CPU 的占用率不要过高

如果你在一些音轨上加载了过多的插件，会使得计算机的 CPU 占用率过高，这时你便可将其中某些加了压缩器、限制器、咝声消除器或均衡器等插件的音轨生成（或录下来）为新的声音文件，然后再去掉这些音轨上的插件，便可以将 CPU 这部分占用率节省下来。因为只播放某一路音轨所耗费的 CPU 占用率，相较于在播放某路音轨的同时还要对插件进行实时处理所耗费的 CPU 占用率要少得多。

答案就藏在电平里

我们一定要尽自己所能努力找到每路音轨最合适的电平音量、声音效果及声像摆位。

多输出几个（比如 10 个）电平比例不同的混音版本。例如，一个版本的人声电平高一些，另一个版本则键盘的电平低一些或电贝斯电平再高一些，等等。然后，将这些混音版本带回家里，再静下心来听一遍。如果顺利，在这其中可能会出现一个音响效果的整体感、凝聚力都较理想的版本，这应该就是你所期待的能作为终混基础的版本了。

善用自动化处理

如果你在录制一首流行歌曲，那么你应该对人声每一个咬字、气息的变化都进行细致入微的调整、处理。这时候，自动化处理这个功能就派上用场了，它可以令你最终的混音作品锦上添花。虽然在前文中我也提到多人共同协作来完成对各路音轨电平调整的混音方式，但人工处理的精细度及准确度是绝对比不上机器的，因此使用自动化处理可以真正让你按照理想中的构思对每一个音节进行更为精确、细致的调整。

等到了混音后期再添加总压缩

如果你习惯在主母线上加一个总压缩器，那么建议你等到混音后期再将其开启对信号整体进行压缩处理。随着混音进程的推进，越来越多的乐器声部会被加入到合成的信号中来，这个总压缩也随着声部数量的增加而对信号总体加大压缩量，从而进一步改变那些已经经过调整的声音音色。

在不打表的前提下，尽量提高歌曲的整体音量

在使用数字设备输出各个混音版本时，一定要在避免过载的情况下，尽可能地提高最终的输出电平。输出电平越高就意味着信号在"最高有效位"这个区域中的位置越高。换句话讲，就是有效位数的使用率越高，那么最终的声音音质也就越好，听起来也会越丰满。作为录音师，你必须学会如何最大程度地利用好这个有限的动态空间。

学会使用参照物

如果你对混音所要使用的房间环境及监听扬声器的性能不太熟悉，那么在混音初期手边准备几个你已经烂熟于心的参照作品是很有必要的。通过与这些出自业内顶尖大师之手的混音作品相对比，你可以很快地发现自己所混音的歌曲有哪些不足。比如，你可以多对比一下声音的低频部分，如底鼓和小军鼓的电平大小，或是为人声所加的效果声及电平。整体混音作品的听感尺寸也应该算在对比的要素之内，通常大家会认为作品听起来越宏大越好。

人声听起来足够大吗

绝大多数情况下，人声的质量是判断一首歌曲优秀与否的决定性要素。如果人声的电平过低，那么伴奏可能就会喧宾夺主；但如果人声的电平过高，那么伴奏则可能会显得力度不足，无法达到衬托包容人声的目的。因此，一定要找到人声与伴奏之间最优的契合点。

鱼找鱼，虾找虾

不用多说，大家也明白如果你所混音的作品是一首嘻哈风格的歌曲，那么参考作品肯定不能是乡村风格的歌曲。至少要选择同一个类型的歌曲作为参考。

在输出最终的混音之前，先让自己停下来，修整一下

按下混音音轨的录音键之前，给自己几分钟的时间放松一下。在混音的时候，往往不经意间就过去了几个小时，我们在长时间的连续工作过程中，很有可能会对某些声部（尤其是人声）加载了过多的压缩处理。因此，允许自己冷静下来放空一段时间，然后再重新审视混音作品中所作的压缩及均衡等处理，这样所做出的判断及结论会更加客观。

12.9　终混前的准备工作

万事俱备，只欠东风

到了现在这个阶段，与混音相关的一切设备都应当以专业的水准被设置好，且处于一个稳定运行的良好工作状态。检查一下用于记录最终混音成果的设备是否已经被清理干净，是否已

经完成校准，是否装好了已经格式化完成的磁带或硬盘等。

制作两种用于母带处理的混音版本

为同一首歌曲制作两个不同版本的终混作品——一个版本未经过任何压缩处理，而另一个版本则经过了相当大的压缩处理。我相信你的混音作品在添加了母带处理插件之后听起来一定会很棒，你完全可以将这个经过母带处理的成果送到母带处理工程师那里去。当然，同时送到母带处理工程师手里的应该还有一个未经过过多整体均衡或压缩处理的版本。然后，让母带处理工程师自己来决定到底要以哪个版本为基准进行制作。

转换的时间到了

如果你是以数字形式（尤其是遇到需要对声音文件进行格式转换的时候）来保存终混作品，那么即使采取租用的方式，也一定要用一款质量最好的数字 / 模拟转换器来完成此项工作。

直接刻录在 CD 上

如果终混作品要被直接刻录到 CD 上，那么就要事先将混音工程的采样率设成 44.1kHz（也就是 CD 的采样率）。这样一来，在将混音成品送去进行母带处理的时候就不必再经过一道变换采样率的处理工序了。

输出校准信号

在将混音作品导入记录载体之前，要先录制一套校准信号。这使得母带处理工程师可以依照此段校准信号来调节设备的电平。以调音台上 0VU 的电平为标准，将数字设备的输入电平设在 $-12\text{dBFS} \sim -20\text{dBFS}$ 即可，当然这个具体数值应按照录音棚的实际条件来设定。

从传统意义上讲，这些校准信号是用来校准模拟设备之间电平、方位角、偏磁及高低频率等参数的。但是，数字设备的使用者们是无法自行对这些参数进行修改的。因此，有些录音师就认为这些校准信号是没有必要的。到现在，由于模拟与数字技术之间所存在的差异，是否有必要录制校准信号的问题仍然在为人们所争论。

在录制校准信号时，可先将校准信号录到左声道上，之后再同时录到左右两个声道上。这样，母带处理工程师便可根据磁带标签上的标注，来确定自己录音设备的左右声道是否由于失误而被调换过。

以立体声的形式对作品进行混音

你可以直接将混音信号录在数字音频工作站上。在播放各路音轨的同时，这两路混音信号也是在同步录制合成的，所以如果此时需要对混音进行插入录音，理论上讲，应该听不出痕迹。例如，某首歌曲第二段的主歌中吉他声偏弱，那么你只要将这段吉他声的电平提升起来，再重新录一遍就可以了，或者在播放的过程中使用插入功能录到混音信号中去。其实，如果还有剩余空间，你还可多混出几个版本，然后从各个版本中挑出你最满意的段落，再将其拼接成一个完整的终混作品。

用模拟设备录制混音信号

绝大多数的录音师都认为，模拟设备的声音音质，听起来会比数字设备的声音音质要好。如果你有机会，可将某次录音分别用数字和模拟两种混音器混出来，然后对比一下两者的音质。可以说，在此之后你就再也不会夸耀自己那台数字录音机的音质有多么好了。

要为混音后的歌曲做安全备份

制作安全备份绝对是一项非常重要的工作。你既可以将原文件直接复制下来，也可以用音频工作站重新导出来制作备份。不过，光有最终混音成品的备份其实并不够，如果可能，你还应该将混音时所操作的数据也都一并记录下来，才能保证所有资料的完备性。现在硬盘的价格低廉，不用花费太多钱就可以换来一个"能救你一命"的备份，这绝对是再划算不过的投资了。

增加些"味道"

若是想给终混作品再注入一些新的活力，你就可以考虑对整体的混音作品再进行一些均衡及压缩处理。尤其是在当终混作品无法经过专业母带处理的时候，这对于那些想要改善作品音响效果的人们来说，算是一种比较实用且便捷的方法了。想要获得这种效果，你可以采取以下做法。

（1）找出录音棚里性能最棒的均衡器和压缩器，开启二者的单位增益功能。

（2）将均衡器的立体声输入端与调音台的主母线输出端相连，左右声道要连接正确。

（3）将均衡器的立体声输出信号送入压缩器的立体声输入端，然后将信号送回到调音台立体声母线的插入端口。

（4）在设置压缩器时，可以先试着从高门限值和低压缩比这类参数值起步，如果有必要，再逐步细化调整。建立时间较长意味着在压缩器起作用之前，一些动态较大的冲击声会不经过压缩器的处理，直接通过压缩器。例如，假设我们以架子鼓声为参照来设置建立时间（鼓声的建立时间非常短），那么所有的乐器声部的电平就都会被压下去，但建立时间较长的压缩器则会避过架子鼓的敲击声，转而对瞬态峰值较低的乐器做出响应。而较长的恢复时间可减缓由压缩器所产生的抽吸声及喘息噪声。当然，如果有条件，在对混音作品进行压缩处理的时候，最好还是使用多段压缩器对乐曲进行压缩处理，因为对于一般的压缩器来讲，乐曲中、高频部分的压缩方式往往取决于低频部分的压缩方式，否则很容易造成高频信号被误压缩。

（5）表头上数值变化幅度越小，意味着混音作品的动态变化也就越小。这就表示我们可能对混音所进行的压缩处理过多了。

（6）不要在混音时对整体的音响效果进行过多的处理。将加载在主母线上的限制器参数调小一些，然后对单个乐器多做一些压缩处理，这可以使混音拥有更多空间。而且，过分的压缩处理也会使扬声器的性能得不到充分的发挥，也就是说，无论你将扬声器的音量开到多大，都听不到那些乐曲中应有的冲击声。

（7）你是在混音结束12个小时后，才开始进行以上处理吗？在对混音作品进行整体的压缩处理之前，你要先多休息几天，直到你的耳朵对这首乐曲的感觉完全消失。在制作时，除了要将进行过压缩处理的混音版本与未经过压缩处理的混音版本进行比对，还要与一些已经发布的类似歌曲的音响效果进行比较。

不要赶工

终于接近歌曲最后的收尾阶段了，每个人都期盼着能赶快听到一个粗混版本。你一定要静下心来按部就班地把每一步做完、做准确，不要焦躁。如果在输出的时候，你认为人声不够大，或是吉他电平偏低，那就重新来过。人们到最后不会记得当初多等了5分钟，但如果你为了赶工而将瑕疵留到最终的成品中，那么会被听众诟病很久。

他们会将粗混的版本带到车里去听

由于粗混版本歌曲的制作手法不会太精细，更不可能经过母带处理，因此肯定会存在较多的毛刺（通常多见于低频段）。我建议通过车载音响听这些粗混作品时，可以将重放设备的高低频响应设置得平滑一些（不要进行提升处理），以此来抵消粗混作品中过分刺激的高频或低频声。

12.10 终混

混音的输出

首先，在歌曲开始之前，要为母带处理工程师留出 1～2s 的空余时间。其次，要以交叉混合格式，而非两轨分离的单声道的格式输出混音。因为，交叉混合格式在存储数据的时候是以一条完整数据流的形式来生成立体声、或多轨格式的文件的，可以说这种将同一文件的数据信息都整合到一起的存储模式才能保证数据存储的安全性。另外，在设置保存参数时，要尽可能选择最优的字长度来存储文件。在终混开始之前先问自己几个问题。

（1）乐曲的低频声是否足够厚实并富有冲击力，而且，其中底鼓声与电贝斯声在乐曲中所占的比例是否合适？

（2）乐曲的中频声是否足够清晰丰满？

（3）乐曲的高频声是否都足够清脆、干净、明亮？

（4）每件乐器的声像位置是否都已经设置妥当？

（5）在重构的虚拟声场中，是否每件乐器的纵深感及远近都是合适的？每件乐器给人的听感都应该在保证个体清晰、独立的同时，还能与其他乐器融合在一起，进而构成一幅完整的声音画卷。

（6）混合在一起的多轨架子鼓声，其效果是否能带给听众整体感？其音质是否结实有力？声音的整体是否需要添加效果处理？

（7）我是否清楚所有操作的目的及意义？比如，所有的电平变化、高切/低切、声像、特殊的操作及结尾的淡出处理。

（8）各路音轨之间的电平比例是否都是恰当的？需要特别注意的是，如果小军鼓的电平过高，你需要先将主立体声母线的电平降低一些，然后再把小军鼓的电平调到一个合适的水平上。

（9）整首乐曲是否可以在保持流动性的同时，乐器的各个音头、音尾及其变化感也都比较完美？而所谓灵动性就是指乐曲中某些乐器声部音量增高或减弱的变化，纵深感前移或后推的过程。只有时刻都在变化着的乐曲，才能使听众时刻都对这首乐曲保持一份新鲜感。

（10）人声是否足够鲜明突出，每个音节的吐字是否都清晰可闻？

（11）在声音信号的通路中，有哪个环节的信号发生过载了吗？

（12）你所混出的乐曲是一首完整的、音质丰满、听感富于变化的作品吗？

多种混音版本

在现今数字技术的支持下，你可以先制作出几首音响效果各异的混音版本，再从中挑出最令你满意的版本。比如说，在这些经过不同处理的版本中，可以有人声电平较高的版本、人声音量渐强的版本、人声音量较低的版本、电贝斯电平较大的版本、电贝斯电平较低的版本、混响声较强的版本、混响声较弱的版本，甚至你可以做出一个无伴奏的清唱版本等。总之，你所能做出来的混音版本种类是多样的。

每个混音版本都需要拥有其独一无二的歌曲名称、混音版本号及日期备注

这样一来，只要看到某个音频文件的名称，你就能对其中所包含的内容有个概括性的了解。

做一版不带人声的伴奏

不过，在制作的过程中要记得在将人声轨哑音的同时，也要将加在人声音轨上的效果器都关闭。以往，制作伴奏的目的是为了方便演唱者的表演或现场演出，而在今天，这种伴奏则还可以算作一种安全措施。因为录音师要防止出现在所有的混音工作都结束后，又要重新将人声音轨修改几遍的情况。所以说，如果你预先留好了伴奏，那么你就可以只对人声进行修改，而不必再将整首乐曲都重新混一遍。而且，在需要播出的时候，伴奏也能显示出其优点——你可在不影响到整首歌的旋律进行的情况下，将歌曲唱词中的脏字都不留痕迹地删掉。

做一个人声电平较大的混音版本

在你听那些老唱片的时候，总会发现其歌曲中人声的比例要明显高于其他乐器声部。你可以在混音的时候，多混出几个人声电平比例不同的版本，以防在做母带处理时还需要对哪个段落的人声进行修改。如果某首歌曲中人声所占的比例较大，且人声的音色非常优美、富于韵味，那么它对旋律的发展就会起到推动作用；但如果人声所占的比例过大，那么其余音轨的效果便会完全被人声遮住。

简单的混音方式

比如，少混几个版本的乐曲，或者将原先加载的某些效果器去掉，甚至删掉一两路音轨等。因为一首歌曲本身电平大小不同，就意味着其抒发的感情也是不同的。所以，那些虽然只经过了简单的处理工序，但作曲及配器却达到一流水准的歌曲一样也能散发出无穷的魅力。

夸张的混音方式

当大多数人都对某个混音版本的音响效果非常满意时，你还可以再混出一个"处理稍有些过头"的版本。所谓"过头"，就是指将每个送出及返回信号的电平都再调高一些。当然，"调高"的量绝不能太过分。

不管你的想法是什么，你只需将各参量都设得比正常值偏高一点就可以了。因为在录音棚中，那些听起来貌似有些过头的音响效果，对于听众而言却都意味着更大的动态范围及冲击感。这就像电影一样，明明许多情节都已经非常老套，比如说爆炸这类富于冲击力的画面，依然会被一遍又一遍地重复套用。因为更多的听觉刺激，才能令现在的听众时刻感到新鲜感及变化感。在这个录音业整体都在寻觅新出路的时代，你为何不多试试新颖的想法、放手一搏呢？没有任何人会在过时的东西上停滞不前，所以一定要让大家都知道你是个站在时代前沿的录音师。

让其他人也来享受一下吧

在重放的时候，也让别人在录音师的位子上感受一下歌曲的混音效果，这会使得在录音棚中的每个人都能更好地融入录音工作中去，因为任何人都喜欢坐在调音台前听听自己的演奏成果。而你正好也可以趁这个其他人都在享受音乐的空当，到走廊中去让耳朵休息一下。同时，这可能也是你能隔着门听到终混效果的最后一次机会。

12.11　终混完成

听听由各种扬声器重放出来的混音效果

如小尺寸的扬声器、单声道扬声器、在其他声学环境下的扬声器或汽车音响，以及耳机、耳塞，或现在人们常用的手机、天猫精灵等"便携式播放器"，这些都是值得我们参考的重放设备。

只有当你听过通过多种扬声器重放出来的音响效果，你才能确定大多数听众听到的声音是什么样的。比如说，当某一首歌曲在被多种类型的扬声器重放时，都让你觉得歌曲中人声的比例偏小，那么你就应该重新将混音中的人声电平提高一些，然后再将新版混音的效果与原先的版本进行反复比对。而如果一首歌曲在被所有类型的扬声器重放过之后，其音响效果听起来都比较理想的时候，才能证明你的混音作品已经达到标准了。

不过需要注意的是，在用汽车音响重放时，汽车本身所产生的噪声也会对歌曲的音响效果产生极大的影响。而且，噪声越大就意味着车内的人们能听到的歌曲细节越少。所以，如果在用车内音响重放歌曲的时候，你发现大部分声音都会被来自汽车的噪声所掩盖，那么你就有必要在混音时将各路音轨的电平都提高一些。

人们都有一边开车一边听音乐的习惯，大家都喜欢重低音及明亮高频所带来的听感刺激。所以你可以在混音时，对整首歌曲的低频和高频部分都进行一定的提升处理。经过如此调整的歌曲，再通过车内的立体声扬声器中重放出来的音响效果，就一定会令听众满意了。

严格的文件管理方式是非常重要的

记录的内容要非常的详尽，如歌曲名称、乐队名称、制作人、录音师、录音助理、时间日期、歌曲风格/定位，以及所有与歌曲相关的信息都要记录下来。因为，在制作的过程中，各路音轨中某些音频片段的位置不仅会经常调换，而且有些时候连音频格式都会变换多次。所以一定要将你选择的段落，以及段落的位置都记得一清二楚。试想若是你记不清哪个段落是你所中意的，那么你就只能再将所有之前已经处理完毕的各个段落重新听一遍。最后，要强调的是，最终用于进行编辑、存档、复制，以及进行母带处理的母版光盘只能有一个版本。当然，在这个阶段，你只能给歌曲贴上"终混"的标签，而非"母带"这个标签。

监听

如果录音棚规模较小，没有配备大型的远场监听扬声器，那么你可能有必要将混好的歌曲拿到一个空间更大的录音棚里，利用大型录音棚里的大型远场监听扬声器来监听歌曲的制作效果。

把混音的工作推到明天再继续吧

有时，当你连续工作了很长时间之后，就可以考虑将整个混音的工作暂时搁置一个晚上。以此换得双耳一整夜的"充电"时间，这样等到了第二天早晨再开始混音的时候，你应该就能更容易地捕捉到一些混音中的欠缺或漏洞，重新对其进行修改完善了。在完成修改的工作之后，你就可以对这几个最终的混音版本进行输出了。但需要注意的是，不要过分修改歌曲各部分，因为过分的调整很可能会使之前花大力气制作成形的混音作品变得面目全非。

顺序排列

将所有已经完成的混音版本，如各方面都比较完美的混音版本、人声较大的版本、人声较弱的版本，甚至是某个声部电平较大版本等都并轨合成到新建的立体声音轨上去。当然，一定要事先给这个工程文件加上足够多的音轨，然后将所有的混音版本分别罗列在每一轨的同一位置上，以保证所有版本的起始时间都是相同的。而且，你还可以将每路音轨中所导入的混音版本也明确地标注出来，比如1轨、2轨为总体上比较优秀的混音版本，3轨、4轨为人声较大的版本，5轨、6轨为人声较弱的版本等。通过这种排列的方法，你便可以从众多的混音版本中迅速挑选出你所需要的段落，并将其整合成一个新的"完美"混音版本。当然，不言而喻，这个新合成的混音版本的起始时间必然与其他音轨是一致的。

合并淡入 / 淡出操作

音轨中某些设置不恰当的淡入 / 淡出点，会在重放的过程中给歌曲带来一些无法令人忽略的"爆点"噪声。因为，不管是什么类型的硬盘，在一定时间内其计算速度都是有限的，所以为了减轻硬盘的负担，你可以将进行过淡入 / 淡出处理的音频段落重新生成为新的音频段落，以此来减少音轨上编辑点的个数，这样便可以令重放时的硬盘运转变得更加流畅。

时刻注意电平的变化

如果你要亲自对终混作品进行母带处理，那么要注意不要一味地依赖电平表上的显示，而要学会靠自己的耳朵去捕捉歌曲段落间的电平变化。不同的歌曲中包含有峰值电平的段落的多少也是不同的。也就是说，在播放不同歌曲的时候，电平表上的参数起伏程度也必然会随着歌曲的不同而有着千差万别的变化。

总而言之，电平表只能作为一个参考，只是我们工作的辅助设备而已，只有你的耳朵才能对最终的结果做出判断。当然如果有条件，你最好还是将母带处理的工作留给母带处理工程师去做。

记得关闭录音工程文件，并对母版光盘进行封口处理

这些操作虽然听起来非常简单，甚至都不必由我来提醒大家，但是现在母带处理工程师还是会收到大量无法读取的母版光盘。

12.12　母带处理

什么是母带处理

所谓"母带处理"就是指一首经过了各道混音工序，但最后还需要再对歌曲整体进行均衡或压缩处理。一名优秀的母带处理工程师可以在保证歌曲之间电平相一致的同时，还能使歌曲

的音质达到"播出级"的水平。因此，他除了要拥有一个合适的监听环境和母带处理所需的各类处理设备，还必须拥有一对经过多年训练的耳朵，以及长年积累下来的经验。母带处理工程师的存在将使整部混音作品的质量再上一个台阶，达到专业水平。这就好像是给烤好的蛋糕上裱花一样，能起到锦上添花、画龙点睛的作用。有些母带工作室还会根据生产的需求，负责将母带文件生成不同的编码格式。

最棒的母带处理工程师

一定要请最棒的母带处理工程师，不要忽略任何能对唱片音质起到改善作用的操作处理。

为什么要进行母带处理

将所有需要进行母带处理的混音版本，各种可以用于剪辑的混音版本的磁带或硬盘，以及与上述混音相关的详尽参数的笔记等，都一同送到母带处理工程师的手里。因为母带处理工程师只有依靠这些详细的数据才能快速地找出他所需要的那首曲子。假设，当母带处理工程师认为歌曲中某个段落的人声电平最好能再大一些的时候，他只需参照笔记上的记录，就能找出他所需要的混音版本。

送到母带处理工程师手中的最好是终混作品的原件，因为每增加一道工序，人为出错的概率便会变大。而且，多次转换格式也可能造成数据的丢失。从学习的角度讲，如果你已经制作了一个经过了整体压缩的版本，那么你也可以顺便让母带处理工程师听一听，让他以专业的眼光对这个经过压缩处理的版本，甚至是你的压缩技巧提出一些建议。

虚心求教

在母带处理工程师修改你的混音作品时，你一定要多提出一些问题，并将进行过修改后的作品和修改之前的作品仔细进行比对。因为母带处理是对整个作品进行处理的最后一道工序，所以在母带处理工程师对歌曲进行任何哪怕是极为细微的修改之前，你都一定要先与他进行沟通。而且，不要在母带处理过程中就急着对歌曲的音响效果下定论，在各种环境下将经过母带处理后的作品多听几天，才能做出一个比较客观的评价。